新　潮　文　庫

日本海軍400時間の証言

—軍令部・参謀たちが語った敗戦—

NHKスペシャル取材班　著

新　潮　社　版

10020

プロローグ

藤木達弘

「日本海軍400時間の証言」のスタート

ＮＨＫスペシャル「日本海軍４００時間の証言」（二〇〇九年八月放送。全三回）は、放送の六年前、二〇〇三年八月に、ひとりの研究者と出会ったことから始まった。

その日は、うだるような暑さで、私は、東京・九段にある靖国《やすくに》神社と道路を挟んで建つ、歴史博物館・昭和館の前に立っていた。

これから謝罪をしなければならず、何とも重苦しい気持ちだった。私が制作した安全保障に関する番組を基に出版した本の中で、ミスがあったのである。

責任者として、私が謝らなければならない相手は、まだ会ったことがない「昭和館・図書情報部長（当時）戸高一成《とだかかずしげ》氏」という人物だった。

肩書きからして、話し合いは難しそうに思え、

「やっかいだなあ」

と、ついつい足が重くなっていた。噴き出た汗を拭《ふ》き、呼吸を整えてから、大学の研究室のようなたたずまいの図書情報部の部屋に入った。その真ん中の机に、目指す戸髙氏は、座っていた。

「この度は、こちらが大変失礼なことをいたしまして……」

と切り出すと、髭《ひげ》を薄く生やした戸髙氏は、当初、私が抱いていた想像とは違い、眼鏡越しに柔らかい眼差《まなざ》しを私に向けながら、

「こちらこそ、わざわざお出《い》でいただいて、すみません。それは、いろいろありますよね」

と、あっさりとこちらのミスを許してくれた。私はこれ以上ご機嫌を損ねないようにと、社交辞令のつもりで、

「戸髙さんはどうしてそんなに戦争にお詳しいのですか？」

と聞いた。返答に多くを期待していたわけではなかったのだが、戸髙氏の話にたちまち引き込まれていった。

戦後生まれであるにも拘《かかわ》らず、子どもの頃から軍関係の本や雑誌が好きでのめり込んでいったこと。

今も神田の古本屋街巡りが、人生において最も大切な時間であること。

美術大学を卒業した後、あらためて別の大学で図書館学を勉強し、旧海軍士官が中心になって作った財団法人史料調査会の司書になったこと。

そこで海軍と戦場の生々しい話を聞き続けたこと――。

聞きたいことが次々と出てきて、戸高氏に質問を続けた。いつの間にか二時間近くが経《た》っていた。

特に私が驚いたのは、歴史上多くの「空白」がある、旧海軍中枢《ちゅうすう》に関する情報を、詳細に、極めて生々しく語ってくれたことだった。

私は心の中で、

「番組のヒントが満載だ。テレビ屋の我々が絶対手離してはいけない人だな」

と考え始めていた。

「戸高さん、ＮＨＫで定期的に勉強会をお願いできませんか?」

私はその場で頼み込み、二つ返事で快諾してもらった。ここから、戸高氏と私たち「日本海軍４００時間の証言」取材班の六年にわたる付き合いが始まった。

海軍という組織と現代日本の組織

それから二ヶ月に一度ぐらいの割合で、戸高氏を囲んでの勉強会が、東京・渋谷の

NHKの会議室で開かれることになった。毎回およそ三時間、「太平洋戦争の開戦」「特攻」など、テーマを決めて行っていった。何よりの楽しみだったのが、会議室での勉強会が一段落し、近くの居酒屋に場所を移してからの時間だった。酒を酌《く》み交わしながら、縦横無尽に繰り広げられる戸高氏の話は、抜群に面白かった。およそ四十年にわたって、旧海軍の高級士官たちから直接聞いた、戦場での体験、海軍中枢などの話が続いたのである。

「戦艦大和には、戦争中でも軍楽隊が乗っていて、演奏をバックにナイフとフォークで昼食をとる。その時、指揮者は山本五十六《いそろく》連合艦隊司令長官の手元をずっと凝視しているんですよね」

「え、ナイフとフォークの昼食ですか……。優雅ですねえ、戦争中に。しかし、指揮者はなんでそこを見ているんですか？」

驚く私たちに戸高氏は、

「山本長官の右手がナイフを持った瞬間に演奏を始めるためなんですよ。その瞬間を見逃さないようにしている」

次々と興味深い話が続く。そして、最後に必ず、海軍という組織のありように話が及んでいくことになった。

「海軍は所帯が小さいから、仲間意識が強くてね。良いところも多いのだけど、困った点は、失敗しても皆で庇《かば》い合って責任がウヤムヤになりがちなところなんだよね……」

「具体的にはどういった問題を引き起こしましたか？」

戸高氏は一つ頷《うなず》いてから、

「まあ、平時はいいけど、戦時になると偉い人ほど責任を問われない……。作戦を失敗しても、責任者の責任を問わないケースが多くなってしまうんだ。人事も問題が多い。戦時にもかかわらず、平時と同じように行われていた。ミッドウェーの大作戦の前にも、平気で大幅な人事異動をしちゃっているんだから……。戦争をするための適材適所とはとても言えない。それじゃ、戦争はできないですよねえ」

戸高氏の話から浮かび上がってくるのは、旧海軍という「組織」が抱えた問題や犯した罪である。

大まかにまとめるなら、

「責任者のリーダーシップ欠如」

「身内を庇う体質」

「組織の無責任体質」

などであろうか。

それは、そのまま現代日本の組織が抱える問題であり、組織が犯し続けている罪でもある。私たちが番組制作を進めて行く上で、重要なヒントを与えてくれることになった。

引き継いだ歴史への責任

戸髙氏と出会ってから三年近くたったその日――。

この日も居酒屋に私たちはいた。私の横で豆腐をつついていた戸髙氏が、箸《はし》を止め、少し遠くを見るような表情をした。そしてそれまで一度も口にしなかった「軍令部」中枢の海軍士官などによって秘密に行われていた「海軍反省会」とその録音テープの存在を明かした。

「秘密」「軍令部」という言葉に、私とディレクターの右田千代は、激しく反応した。隣に座る戸髙氏の肩を抱きかかえるようにして、

「戸髙さん。そのテープ、ぜひ聞かせてください。一緒に番組を創《つく》りましょう」

とその場で迫っていた。なぜなら「日本はなぜ戦争に突入していったのか」そして「戦争をどう遂行していったのか」という根源的な謎《なぞ》を旧海軍中枢の当事者たちが、

語っているのではないかと期待したからである。

戸高氏が明かした「海軍反省会」とは何なのか？

一九八〇年から一九九一年まで、分かっているだけで百三十一回にわたって、ほぼ毎月、海軍士官のOB組織である「水交会」で開かれていた、秘密の会議である。メンバーの多くが、太平洋戦争当時、軍令部や海軍省に所属していたエリート軍人であった。

戸高氏と海軍反省会の関係は、自らが勤務していた史料調査会の元海軍士官の多くが、この会に関係していたことから生まれたものだった。戸高氏は、反省会の幹事役の土肥《どひ》一夫《かずお》氏に頼まれ、資料作成や整理などを手伝い、その肉声テープを二十年以上保管していたのである。

それでは、なぜ、我々にテープの存在を明かし、その公開を決断したのだろうか？

それは、引き継いだ歴史に対して、戸高氏なりの「責任」の取り方であったと思う。付き合うと良く分かったのだが、戸高氏は実に誠実で、律儀《りちぎ》な人であった。だからこそ、テープを預かった際に、反省会の幹事から、

「自分たちが生きている間は、決してその存在を表に出してはいけない」

との申し渡しを受けると、その約束を頑《かたく》なに守ってきた。しかし同時に、反省会の

議論で話されている内容の重要性は充分に認識し、歴史の空白部分を埋める資料であることを、重く受け止めていた。

はっきりと聞いたことはないが、公表のチャンスを、ずっと待ち続けていたのではないか、と想像するのである。そして、反省会のメンバーがほとんど鬼籍に入った時に現れたのが、我々であった。戸高氏は、我々とともに、その「責任」を果たそうとしたと思えるのである。

「胸のつかえ」

それにしても、判明しているだけで、百三十一回、総計四百時間の議論である。しかも参加者は、当時既に七十代から八十代の老人たち。そこまでして、議論を続けた老人＝旧海軍士官たちの「執念」とは何であったのか？

戸高氏は、反省会メンバーたちが「胸のつかえ」を晴らそうとしたのではないか、と私たちに話した。

「胸のつかえ」とは何なのか？

私はそれを、旧士官たちが「空白の歴史」に対する責任を果たそうとしたのではないかと考えている。

そう考えるようになったのは、反省会テープを聴き続けていた、二〇〇七年春の取材先での出来事がきっかけだった。この頃、私とディレクターの右田千代、内山拓、リサーチャーの土門稔《みのる》は、反省会が開かれていた水交会へ毎日通っていた。

私たちが通っていたのは、そこに保管されていた「小柳資料」を閲覧するためだった。小柳資料は、一九五六年から六一年にかけて、小柳富次元中将が、海軍大臣や軍令部総長、軍務局長など、旧海軍の最高指導者たちから聞き取りを行い、まとめたものである。

海軍反省会で議論されている事実を多角的に分析するために、この小柳資料の閲覧・分析が、番組制作上不可欠であると考えていた。当時は一般には公開されていなかったため、私たちは資料を保管する水交会会長（当時）の佐久間《さくま》一《まこと》氏と研究委員会の古賀雄次郎氏、事務局長の池邑正男《いけむらまさお》氏にその閲覧とコピーを願い出た。

資料管理の責任者である古賀氏はとりあえずの閲覧は認めてくれたものの、

「皆さん、小柳資料をすべてこの場所で一度お読みになって、それから番組の構想を練ったらいかがでしょうか。複写については、それから相談しましょう」

という条件を提示した。古賀氏にとっては、それが旧海軍という組織を知る上で非常に重要な作業であろうという親切心から出た提案であったのだが、常に最短の時間

で目的を達しようとする我々テレビ屋にとっては、有難迷惑でしかなく、時間がもったいな
「番組制作の作業が山のようにある中で、ここに毎日通うなんて、時間がもったいない……」

と内心では不満たらたらであった。しかし、それが条件となれば致し方ない。不満を顔に出さないように返事をし、毎日、水交会へ通うことになったのである。

しかし、この条件は、のちにとても大きな収穫となって、私たちに返ってくることになった。今考えれば、古賀氏には、感謝してもしきれないものがある。

人間、とかく必要なものを手にすると、それだけで安心してしまい、「時間があるときに後で読もう」とサボりがちになってしまう。往々にして、作業は遅れる。ところが、

「とにかく読まなければ次に進めない」

となると、話は違う。反省会が開かれていた会場という恰好《かっこう》の〝ロケーション〟で、旧海軍指導者たちの言葉を必死になって読むことになった。この作業が、やがて海軍士官たちの「胸のつかえ」を知ることにつながってゆくのである。

読み進めていった小柳資料はやはり一級資料であり、番組でも取り上げた重要な新事実や、多くの参考情報、いわゆる「裏」を取るための情報を得ることができた。

しかし、資料を読んで、私が最も重要だと感じたのは、逆に、歴史的に重要な多くの事実を、当事者たちが「述べていない」「遺《のこ》していない」という点だった。小柳資料が作成されたのは、既に戦後十年以上が過ぎた頃である。それだけの時間を経過しても、軍の指導者たちは、なお多くのこと＝こちらが知りたいことを語っていないし、遺していなかった。

反省会においては、この小柳資料で「語られなかったこと」「遺されていなかったこと」が、数多く議論されていた。

私は、原宿にある水交会へ通うため、旧海軍士官が通ったのと同じ道、若者でにぎわう竹下通りを歩きながら、士官たちの心の中を想像していた。その時、初めて彼らの「胸のつかえ」が、少し理解できた気がした。

それは、自分たちが知る本当の事実が伝えられていない、「それをどうしても遺したい」という思いから、そして「空白の歴史」を少しでも埋めておきたいという「責任」ではなかったのか。

命じた側と命じられた側

それでは、この肉声テープを手にした私たちは、どのような責任を果たせばよいのであろうか？

このことを考えるとき、忘れられない風景がある。

私は、シリーズの第二回で取り上げた「特攻」の撮影のため、山口県の大津島に取材へ出かけた。そこには、海軍の特攻兵器「回天」の基地があった。特攻隊員たちは、ここで最後の訓練を行い、出撃していったのである。島に入り、歩きながら目にしたのは、少し曇った空と島の山肌、瀬戸内の海という、のどかな、典型的な日本の故郷の風景だった。

「これが若い兵士たちが見た最期の風景だ。この景色を見た後に、特攻に出撃していったのか」

たまらない気持ちになった。

その直前、島の回天記念館で見た出撃直前の若い隊員の顔写真と遺書がよみがえってきたのだ。涙で周囲の風景が曇ってきた。と同時に、反省会における特攻についての議論が心に浮かんだ。

特攻を命じた側である軍令部は、東京・霞《かすみ》が関《せき》の密室で作戦を立てた。その作戦に則《のっと》り、命じられた側の特攻隊員たちは、軍令部の動きについて何も知ることなく、この風景を最期に見て、ここから出撃していった――。

激しい気持ちに突き上げられ、何かが自分の中で弾《はじ》けた。

特攻隊員たちが出撃した作戦は、誰がどのように立てたのか？　命じた側である軍中枢の動きは今まで充分に検証されてこなかったのではないか？

今まで、戦争で亡《な》くなった末端の兵士たち、つまり命じられた側の悲劇は度々伝えられてきている。しかし、特攻で亡くなった兵士の死に対し、もし私たちに何か応《こた》えることができるとしたら、それは、「命じた側」の全貌《ぜんぼう》に迫ることではないだろうか。

大津島の風景と、その対極にあるような東京・霞が関の情景を対比してみた時、この番組での自分たちの立ち位置が明らかになった。徹底的に、命じた側に絞って、その動きを明らかにする。それが、先の大戦で亡くなった多くの兵士や市民たちへの私たちなりの責任の取り方に違いない。

制作した我々の責任

「命じられた側」ではなく、「命じた側」に迫る番組。

狙《ねら》いは固まってきた。

そして、大日本帝国海軍という組織が抱えた問題は、現代日本の官僚組織、企業でも起きているのではないか、と考えた。

「組織優先で、個人を軽視する」

「失敗した時の責任の所在の曖昧《あいまい》さ」

「流れに身を任せた結果生まれる〝やましき沈黙〟」

などの教訓である。したがって、今回の番組では、現代日本の組織・企業を支える中堅層の人々にも届く番組にしたいと強く願った。

しかし、取材が進み、反省会テープの全貌が明らかになるにつれ、私は、何とも言えない居心地の悪さに襲われた。彼ら旧海軍士官を一方的に非難することに、どうしてもためらいを感じてしまう自分がいたからである。正直に言えば、今、NHKという組織で働く私にも重なる部分があまりにも多かったのである。

例えば次の点について、皆さんはどう思われるであろうか?

確かに、反省会の旧海軍士官たちは、多くの重要な歴史的事実を自分たちの責任において遺した。議論では率直に語り、先輩たちも厳しく批判している。

私が注目したのは、反省会が開かれた時期だった。

反省会メンバーの多くは、先述した小柳資料で取り上げられている、旧海軍の最高幹部たちの直属の部下であった。その点から見ると、反省会が始まった昭和五十年代というのは、かつての上官の多くが既に亡くなった後である。つまり、かつての上司や先輩たちが亡くなって初めて批判を始めたとは、言えないだろうか？

しかも、反省会が開かれている間は、その議論は秘密であり、公《おおやけ》に供されるものではなかった。あくまで仲間内の議論であったのである。

これは、あくまで私の推測に過ぎない。しかし、日本の組織に生きる私には、どうしても反省会メンバーたちが、その会を開いた時期の意味が、理解出来るような気がしてしまうのである。

そして、旧海軍の組織で問題とされた点は、どれも私自身、「他人事《ひとごと》、自分には関係ない」と無視することはできないものばかりであった。

この気持ちは、日本の組織、企業に勤めているサラリーマンの人々には、痛いほど理解していただけるのではないだろうか？

そこで「日本海軍４００時間の証言」の制作にあたっては、

「反省会で話されている海軍の失敗を決して過去の事として語らず、現代への教訓を探す。その際、その事を自分たちの問題として語る」

と覚悟を決めた。

つまり、この番組は、制作者一人ひとりにもその生き方を問うものだと、考えたのである。

そのため、私は、もうひとりのプロデューサーの高山仁と議論を重ね、長く一緒に番組制作を行ってきた取材デスクの小貫武をスタッフの代表として出演させ、その決意を伝えることにした。

「番組制作者である自分たちが安全地帯にいて、視聴者にメッセージが届くはずはない」と高山と共に考えたからである。

ここまで決まると、番組で私たちが伝える意味が、非常に明快になった。

この番組は、過去の事を伝える「歴史番組」ではなく、すべてを現代の問題として伝える「報道番組」である、ということであった。

これは私たち取材班のメンバーが、ＮＨＫ報道局を中心とするニュースや報道番組を制作するスタッフだった、という点が大きく作用した。

幸いこの番組は若い視聴者を中心に大きな反響を呼び、多くの方が、番組の中で取り上げた事を、現代日本に起きている問題、自分たちの問題と重ね合わせて視聴してくださっていたことが分かった。番組は、文化庁芸術祭賞優秀賞、放送文化基金賞番組賞、ギャラクシー賞選奨、早稲田《わせだ》ジャーナリズム大賞などを受賞し、さらに、この番組を大きな理由としてディレクターの右田千代が放送ウーマン賞を受賞した。

今回の書籍化に関しては、担当したディレクター、記者が分担して執筆を行った。各自がこのテーマに挑むにあたり何を考え、そして取材現場で何を求め続けてきたのか。番組をご覧頂いた方はもちろん、残念ながらご覧にならなかった方々にも、本書を読んで頂くことで、我々が番組で伝えたかったことは何か、十二分に伝わる内容になったと自負している。

執筆者が原稿をほぼ書き終え、事実確認について最後のチェックを行っていた二〇一一年三月十一日――東日本大震災が起きた。私を含め、取材班の全員が、震災及び、福島第一原子力発電所事故の取材に取り組むことになった。

私も宮城県の気仙沼、南三陸、女川、石巻の各被災地を取材で回った。どの町も強烈な爆弾で爆撃を受けたかのように徹底的に破壊され、その様子をとても現実のものとして捉えられず、「語る言葉がない現場」としか言いようがなかった。

そして私は今、この文章を福島県で書いている。

震災と巨大津波によって、「絶対安全」と東京電力が主張してきた福島第一原子力発電所が、危機的な状況に陥っている。原発付近の町や村を取材すると、人影が消え、田や畑は放置されたままで、ゴーストタウンのようになっていた。原発事故によって故郷を追われた人々は、長い避難所生活で疲れきっている。彼らの姿を見ているうちに、私は事故発生以来、東京電力の社員や専門家や研究者らが語る、

「〝想定外〟の津波だった」

「〝想定外〟の事故であり、電源が全《すべ》て失われるとは考えられなかった」

という言葉に、強い違和感を抱くようになった。想定外という言葉が、この未曾有《みぞう》の事故の責任を曖昧にしてしまうように思えてならないからである。

この違和感は、これからお読み頂くことになる海軍反省会の議論の中で、軍令部の士官の多くが、

「太平洋戦争には反対だった」

「戦争をやれば必ず負けると考えていた」

などと述べている姿に重なるように見える。

日本人だけで三百十万人、アジアなど諸外国を含めるとさらに膨大な数の犠牲者を生んだ戦争への流れの中で、決定的な役割を果した軍令部の士官たちが、そのことをどこか他人事として語り、開戦の責任も曖昧になっていったと、私には感じられるのだ。

今も予断を許さず、収束の見通しが立たない原発事故。震災で犠牲になった人々の思いに報いるためにも、そして長い避難生活を続ける人々のためにも、私たちに出来ることは、反省会を取材した経験を活《い》かし、対策が後手後手に回っているようにも見える政府の動きを含め、事故の過程で何があったのかを徹底的に検証することだと、今、考えている。

二〇一一年四月

目次

プロローグ――藤木達弘　3
第一章　超一級資料との出会い――右田千代　29
第二章　開戦　海軍あって国家なし――横井秀信　55
第三章　特攻　やましき沈黙――右田千代　161
第四章　特攻　それぞれの戦後――吉田好克　299

第五章　戦犯裁判　第二の戦争──内山　拓　361
エピローグ──小貫　武　477
文庫版のためのあとがき　494
執筆者プロフィール　513

日本海軍400時間の証言

―軍令部・参謀たちが語った敗戦―

写真提供：ＮＨＫ
共同通信社（一八九頁）

第一章　超一級資料との出会い

右田千代

海軍反省会テープ

「海軍反省会の録音テープがあるんだよ」

戸高一成氏の口から、初めてそのことを聞いたのは、二〇〇六年四月のことだった。現在、呉《くれ》市海事歴史科学館の館長である戸高氏と私が知り合ったのは、このときから遡《さかのぼ》ること四年前。二〇〇二年八月放送のＮＨＫスペシャル「海上自衛隊はこうして生まれた」の取材・制作を進めていたときのことである。

前年九月に米国で起こった「9・11同時多発テロ」を受け、自衛隊を取材してきたチームが、一つの集大成として制作した番組で、私もその一員だった。番組では、海上自衛隊と日本海軍の連綿としたつながりを、海自幹部が残した機密資料から解き明かした。その取材の過程で、海軍の歴史に大変詳しい戸高氏の教授を受けたのが、最初の出会いだった。

二年後の二〇〇四年、再び別のNHKスペシャルの制作にあたり、全面的に戸高氏の監修を受けることとなった。「子どもたちの戦争」というタイトルの番組で、太平洋戦争の銃後を生きた市民、特に子どもたちの戦時下の暮らしを通して、戦争の実態を見つめる内容だった。

番組の舞台の一つとなっていたのが、戦時下の市民の暮らしに関する資料を集めている昭和館だった。戸高氏は、この施設の図書情報部長を務めていた。戦争中の記録映像を集め、誰でも簡単にアクセスできるよう、館内のシステムを作り上げた人だった。

戸高氏は、昭和館に残されたこれらの映像を見ながら、戦闘機の型はもちろん、搭載されていた爆弾の型など、キャプションにない情報までたちどころに答えることができた。当時、政府が公表した文書にも詳しく、軍隊、特に海軍についての知識の深さには驚かされるばかりだった。

こうした番組の制作を通じて、日本軍への関心を深めた私たちは、勉強会を開いて、機会あるごとに、戸高氏に講師を依頼するようになった。

戸高氏は、いつも何も手にすることなく、頭の中にぎっしりと詰まった戦争や海軍に関する知識を生き生きと語ってくれた。美術大学卒業で、専門が彫刻だという経歴は、一見、歴史研究とはかけ離れている。だからこそ、その話は、軍の歴史に興味があるから徹底的に知りたい、という純粋な好奇心の賜物なのだろうと思った。

その戸高氏が、これまで見たことのない表情を見せた瞬間があった。

戦後六十年の節目だった二〇〇五年。私たちは、次にどういった番組を提案すべきか議論を重ねていた。戸高氏を東京に招いたり、呉市を訪れたりしながら助言を求めた。その勉強会のある時、戸高氏は「特攻」について語り始めた。

「特攻隊員のことは戦後も沢山語られてきているけれど、誰がどのように特攻作戦を考えたか、実はあんまり知られていないんだよ」

歴史番組が専門ではない私でも、「特攻」はもちろん知っている。人間が敵艦に体当たりする日本軍の作戦だ。隊員たちの無私の犠牲的精神と悲劇。しかし、確かに誰が最初に考えた作戦だったんだろう。改めて考えてみると、その成り立ちについて何も知らなかった。

戸高氏は言葉を重ねる。

「大体、特攻隊員を送り出すとき、幹部は必ずこういったんですよ。『必ず自分も後から行くから』。なのに、本当に約束を守って死んだ幹部なんてほとんどいなかった」

話すに従って、いつも実に楽しげに海軍について語る戸髙氏が、口元を震わせ始めた。

「特攻隊員は死んだら〝二階級特進〟といって遺族がもらえる軍人恩給が増える制度があった。それを聞いたある兵士は、特攻命令を受けた時、こう言って断ったんだそうだ。『あと少し待って下さい。昇進の時期が過ぎて、階級が一つ上にあがったら必ず特攻に行きます』。上官が、何故《なぜ》昇進後がいいのだ、と聞くと、その兵士は『自分が死んだ後、母親に少しでも多くの手当を残せます。それしか親孝行ができないので』と言ったそうだ」

戸髙氏の言葉が途切れた。見ると、顔を手で覆《おお》い、嗚咽《おえつ》していた。

この時から、「特攻作戦」「それを考えた海軍幹部たち」が、今後取材すべきテーマの一つとなった。しかし、歴史に関する番組の企画採択のためには、新資料の発掘などが必要である。決定的な資料が見つからないまま、時は過ぎていった。

そして二〇〇六年四月、番組誕生のきっかけとなる日がやってきた。

戸髙一成氏

その日も特攻やその他のテーマについて、戸高氏の話を三時間ほど聞いた後、場所を移して夕食を取りながら歓談していた。

「歴史についての番組というと、どうしても第一級資料があるかどうかが問われてしまうんですよね」と誰が言うともなく話していると、戸高氏が語り出した。

「海軍反省会っていうのがあって、その録音テープが何十時間分も、うちにしまってある。資料のファイルも十冊近くあって。元海軍幹部だった土肥さんから預かったんだけど、参加者が生存中は絶対非公開が条件だって言われて、二十年以上ずっと大事にしまってきた」

「海軍反省会」——。

初めて聞く言葉だった。戸高氏は、かつて、旧海軍の史料を収集・保管する「史料調査会」の司書を務めていた。多くの元海軍士官と交流があり、そのうちの一人、土肥一夫元中佐のもとで、第一回から「海軍反省会」の手伝いをしていたために、その縁で会のテープの保管を託されたということだった。

「録音テープが何十時間分も」「参加者が生存中は絶対非公開」という言葉に、私は興味をそそられた。

その場にいたのは、後にプロジェクトに参加することになるカメラマンの宝代智夫《ほうだいのりお》、編集の小澤良美《おざわよしみ》、ディレクターの私、そしてチーフプロデューサーの藤木だった。藤木が出席者全員の気持ちを代弁した。

「是非そのテープを聞かせて下さい。番組化を検討したい」

戸高氏は、「もう関係者は鬼籍に入っていると思うので、ご遺族の了解をとれば公開は可能かもしれない」と答えた。ただ、テープは昭和五十年代に録音されたものなので、果たして再生できる状態かどうか、と心配していた。私たちは、NHKの技術で、古いテープも再生可能な状態にできると畳みかけた。まずはテープを預かり、再生できるか確認の上、デジタルコピーをして安心して内容を聴けるようにすると約束し、戸高氏の了解を得た。

「海軍反省会」とは何なのか、一体何が語られていたのか、その核心については、この夜多くを知ることはできなかった。

まずはテープを聴きたい、それがすべての出発点だった。

五月の大型連休中にテープを探しておく、という約束通り、戸高氏から連絡があったのは五月中旬、初めて反省会について聞いてから二週間後だった。持っているはずのテープのうち、半数が見つかったという。戸高氏は千葉市内の自宅の近くに、一軒家を改築した書庫を設けている。そこに、毎週通う古本市などで入手した、膨大な量の資料や書籍を収納している。その中から、二十年以上前に預かったテープを見つけ出すのは、呉と千葉を往復する多忙なスケジュールからいっても、容易ではないようだった。

「反省会のテープ、全部見つかった」と連絡が入ったのは、さらに一ヶ月後、六月中旬だった。戸高氏からのメールによれば、「反省会テープ四十五本、第二十五回まで」が見つかったという。

早速テープを借り受けた。初めて反省会テープを見た時、「思ったより新しいなあ」と感じた。反省会が始まったのは昭和五十五年、私自身におきかえれば中学三年生の時のことだ。戦後史全体から見れば「最近」と言っても良いかもしれない。そんな時期になるまで、海軍幹部が太平洋戦争について議論していたなんて……。戦後三十五年も経《た》って何を語ることがあったのだろう、と少し不思議な気さえした。

ただ、テープに万年筆らしきインクで書かれた「第一回海軍反省会」という文字を目にすると、この字を書いたのも海軍幹部なのだ、会議は本当に行われていたのだ、ということが、現実感を持って迫ってきた。一体何を反省していたのか、一刻も早く知りたかった。

しかし、実際に幹部たちの「反省」を聴けるまでにはまだ手続きが必要だった。後にプロジェクトに参加することになる、音響デザイン部の小野さおりチーフディレクターに助言を求めたところ、放送技術局のエンジニア、大石満を紹介された。早速大石にテープを見てもらった。

大石は、私が持ち込んだカセットテープを大事そうに手にとった。「保存状態は悪くないようですね」という言葉に少し安堵《あんど》した。最悪の場合、テープ一つ一つを修復するのも覚悟していたからだ。

大石は、湿気などでテープが絡《から》みついていないことを確認した。どうやら最大の懸《け》念《ねん》はクリアできたようだ。その上で、慎重に再生機にかける。

テープは静かに、回り始めた。

海軍反省会が、四半世紀の時を経て、現代の私たちの前によみがえったのだった。

進まぬ取材

海軍反省会のテープという、これまでにない貴重な音声資料を手にした二〇〇六年夏。本来であれば、直ちに取材・提案を進め、番組放送に向けて走るのがテレビドキュメンタリー担当ディレクターの仕事である。しかし、まさに、「テープは試聴可能な良好な状態だった」と確認できた五日後に私は休職に入った。初めての出産のためだった。

復職後まで作業を中断して待つという藤木に対しては申し訳ないという気持ち、そしてディレクターである自分自身としては仕事をすぐにでも始めたい、という焦燥感で一杯だった。

出産の四日前、入院先の病院に持ち込んでいたパソコンに、戸髙氏からメールが入った。

「十日ばかり夏休みをとって、連日書庫で段ボール開けの毎日……。せっかくだから、書庫の書棚に入れながら、段ボールを百ばかり開けたところで、先程……出ました!!!!（八月十五日正午に……本当ですよ……発見!!）」

反省会の会場で配布された資料のファイルがすべて見つかった、という連絡だ。この紙資料が、発言者の特定、会話に出てくる難解な専門用語の理解に、後でどれだけ役立ったかわからない。しかし、この時私自身はまだテープを一本も聴けていなかった。

ディレクター不在のまま、藤木は、番組実現に向けて少しずつ作業を進めていた。テープの一本一本を、ＣＤにコピーする作業である。テープを傷《いた》めずに内容を聴くためには、こうするしかない。作業は、音響効果の小野たちの助言を受けながら、他の仕事の合間を縫って行われた。

その後、反省会テープは、戸高氏の自宅に保管されていたものだけではないことが次第に明らかになってきた。

戸高氏が保管していたテープは、第二十五回まで。しかし、戸高氏の書庫で見つかった紙資料などを見ると、その後も会議が続けられていたことは明らかだった。

戸高氏は、もしほかの回も保存されているとしたら、当時、反省会の幹事を務めていた人たちのところ以外にあり得ない、と教えてくれた。二〇〇六年の年末の話だ。

私はそのとき、長男の出産を無事終え、初めての育児で慌《あわただ》しい毎日を過ごしていた。戸高氏の助言を受けて、幹事の一人に連絡したのはずっとあと。年が明けた二〇〇七年三月のことだった。

連絡を取った相手は、平塚清一元少佐である。連絡先は戸高氏から教えてもらったが、戸高氏自身も、長らくご無沙汰《ぶさた》をしているという。

東京・国分寺市にある元少佐の自宅に電話をかけると、最初に電話口に出たのは愛子夫人だった。ほどなく平塚元少佐に取り次いでくれる。

一通り挨拶《あいさつ》をした後、「海軍反省会のテープのことを戸高一成さんから伺いまして

「……」と緊張しながら切り出すと、それまで静かだった声音が、一挙に力強いものに変わった。

「反省会については、一切、外に出さないということだったので、それ以上はお話しできない」

この一声に、私は圧倒された。当事者の迫力に怯《ひる》みそうになった。同時に、海軍反省会は確かに秘密裏に行われていた、ということを確認し、そこで話されていた内容の重大さを確信した瞬間でもあった。

「反省会のことが外に出るととんでもないことになる。天と地がひっくり返るくらいのことが話されている。とにかく、門外不出」「私は出席者の中で最も若かったが、今は九十二歳。推して知るべしです」「会っても同じことです。報道局？　ああ、そりゃあ、ますますお話しできませんなあ」

とりつく島もないと思わせる言葉ではあった。しかし、電話の向こうの平塚元少佐の声からは、大切な何かを思い出させてくれた、というような、拒否だけとも思えない、温かなものも感じられる。そこで、今後連絡を取り合うことだけでも許していただけないか、と尋ねると、平塚元少佐は「構いませんよ」と答えたのだった。

戸高氏に報告すると、平塚元少佐の健在を喜ぶとともに、「反省会後半のテープはきっと平塚さんしか持っていないだろう」と言った。

反省会の幹事は二人いたという。第一回から中心となって連絡・会計・事務一般を取り仕切っていたのは、海軍兵学校五十四期卒業の、土肥一夫元中佐だった。戸高氏は、この土肥元中佐のアシスタントをしていたのだ。

ちなみに、「海軍兵学校を何期に卒業したのか」という情報は、日本海軍を取材する上で必須《ひっす》である。これも戸高さんから教示を受けたことだが、卒業年次と在籍中の学業成績は、その後の組織内での昇進や人間関係に大きく影響している。日本陸軍においても、陸軍士官学校の年次と成績が重要な意味をもったが、海軍の場合、よりその意味が大きいと言えるそうだ。

平塚清一元少佐

海軍は、陸軍に比べ、士官の絶対数が少ない。しかも、狭い艦艇に同乗して戦うため、士官同士の人間関係が非常に重要視される。その基礎となるのが、海軍兵学校の同期、先輩後輩の関係だというのである。組織の中に堅固に組み込まれた海軍エリートたち。その事実が、番組のテーマとしても重要な意味を持ってくることを、このあと取材が進むに従って、ひしひしと感じていくことになる。

話を戻す。土肥一夫元中佐は、当初、幹事として反省会を取り仕切っていたが、五年ほど経ってから、後輩である平塚元少佐にその仕事を託していった。会を記録したテープは、幹事それぞれが保存していたと思われ、第一回から第二十五回までは土肥元中佐から戸髙氏が預かった。それ以降の後半部分のテープは、きっと平塚元少佐の手元にあるはずだ、というのが戸髙氏の推測だった。

平塚元少佐の決断

戸髙氏から預かった、反省会前半二十五回分のテープを聴く作業は徐々に進んでいた。最大の関心事である「特攻」について議論が進められているかどうか、特にその点に注意を払って聴いていく。第二十回になって初めて「水中特攻作戦」というテーマで議論が行われていた。しかし、特攻作戦全体についての内容ではなかった。平塚元少佐が所蔵しているかもしれない反省会後半のテープを、なんとしても聴きたい。その思いが募る。

二十五回分すべてを聴いた直後の二〇〇七年七月末、私は四ヶ月ぶりに平塚元少佐に電話をした。戸髙氏とともに自宅を訪ねようと考えたからである。その旨《むね》を伝えると、元少佐は、面会を了承してくれた。声音からは、旧知の戸髙氏が同行することで安心しているような印象を受けた。訪問するのは、お盆明け、八月二十二日と決まった。

後半のテープの存在を果たして確認できるのか。重要な取材を前に、緊張の日々を過ごすなか、平塚元少佐の奥様、愛子夫人から電話がかかってきた。「何か不都合でもあっただろうか」と一瞬どきりとした。しかし、それは杞憂《きゆう》に終わった。愛子夫人は、私たちが猛暑の中訪問することについて、大変心配し、道順や駐車場の位置までも伝えてきてくれたのである。どんなに嬉《うれ》しい心遣いであったかわからない。

当日は、やはり、とても暑い日だった。国分寺市にある平塚元少佐の自宅近くで、私は戸高氏とともに昼食をとりながら、どう話を切り出し、何を尋ねるべきか確認した。

打ち合わせの合間、戸高氏は「平塚さんのご自宅には、ずっと前におじゃましたことがあるけれど、それ以来だ。懐《なつ》かしいなあ」などと話した。その朗らかな言葉が、こわばる私の気持ちをなごませてくれた。

平塚元少佐の自宅に到着し、呼び鈴を押すと、本人が出迎えてくれた。初めての対面である。このとき平塚元少佐は九十二歳。歩くのはゆっくりだったが、背筋をピンと伸ばした姿勢が、かつて海軍士官だったことをうかがわせる。

元少佐と戸高氏は、久々の再会に、時が経つのを忘れたように思い出話を語り合っていた。そしていよいよ、反省会のテープについて話が及んだ時、平塚元少佐はこう言った。

「テープなら、持っていますよ」

そしてゆっくりと立ち上がり、寝室に案内してくれた。部屋の隅にある机の下、その奥に、段ボール箱が一つ置いてあった。海軍反省会第六十二回から第百三十一回まで、百十本のテープが、ケースにきちんと納められていた。戸高氏の推測通り、後半のテープのほとんどがそこにあった。少なくとも平成三年四月、百三十一回まで開かれていたことがこの時初めてわかったのである。各回で出席者が提出した文書・資料のファイルもあわせて大切に保存されていた。実物を見ると、その存在感に圧倒される。日本随一の海軍通を自任する戸高氏も驚きを隠せない表情で、テープを見つめている。

電話で話していた通り、平塚元少佐が反省会のことを家族にもほとんど話さず、一人胸の内にしまっていたことが良くわかった。その気持ちを思うと、この貴重なテープを自分たちに聴かせて欲しいと言うことが申し訳なく思われた。そんな私の気持ちを察するように、愛子夫人は「せっかくいらしたんだから」と平塚元少佐を促してくれた。

しばらくすると平塚元少佐は、戸高氏に向かってこう言ったのだった。

「戸高さん、貴方《あなた》に、このテープを託しますよ。貴方の判断で公開するかどうか、決めて下さい」

その言葉は、婉曲《えんきょく》にではあるが、NHKに対しても公開を許すことを意味していた。

私は、平塚元少佐の決断に、心からの感謝を込めて頭を垂れた。

私たちにテープを託すにあたって、平塚元少佐は次のように話した。

「命を捨てるという決断が個人個人の考えならば良いが、個人を預かる上官が言い出したのが大きな間違いだった。日本海軍の問題点はそこにあった」

「あの戦争はしてはいけなかったのだ」

後に、テープを聴き続ける中で、この言葉の持つ深い意味が改めて実感をもってわかるようになるのである。

さらなるテープ発見の奇跡

戸高氏が土肥一夫元中佐から預かった第一回から第二十五回までのテープに続き、平塚元少佐から第六十二回以降、百三十一回まで、百本以上のテープが提供された。

残るは第二十六回から第六十一回までの大きな空白を埋め、第十三、十五回など、途中で欠けているテープをどこまで見つけられるかが重大な課題だった。

戸高氏は「反省会の幹事が持っているとしか考えられない」と、第一回以降、平塚元少佐に引き継ぐまで幹事を務めた土肥元中佐の遺族に再度当たってみると言った。

土肥元中佐は、大正十五年に海軍兵学校五十四期で卒業し、少尉《しょうい》候補生となって以来、いわば昭和の海軍のすべてを見てきた世代の一員である。そして主に連合艦隊や軍令部などの参謀として過ごしてきた。

終戦直後から海軍の歴史を研究する業務に携わっており、反省会発足当時は、財団法人史料調査会で海軍文庫主管を務めていた。同じ史料調査会で、戸高氏は主任司書として図書史料の管理をしており、土肥元中佐は直属の上司だった。

海軍について熱心に尋ねる戸高氏を孫のように見ていたのか、元中佐は時間の許す限り、戸高氏を海軍に関する集まりに連れて行っては、多くの海軍関係者を紹介した。戸高氏にとって、土肥元中佐は歴史を考察する上での「師」であり「大先輩」であったという。

「今度、新しい勉強会をすることになったので、ちょっと手伝ってもらいたい」

土肥元中佐が戸高氏に声をかけたのは、反省会が始まろうとする時だった。その後、

第一回からおよそ五年間、資料の調整や配布準備などを手伝った。そうした関係から、土肥元中佐が晩年、反省会のテープの一部を、戸髙氏に預けることになったのだった。

土肥元中佐の反省会への思いの深さや、幹事として熱心に取り組んできた様子を間近で見てきたことから、戸髙氏は、テープが残されているとしたら、後は土肥元中佐のところしかあり得ないと考え、遺族に連絡を取ってくれたのだった。

二〇〇八年一月二十日の戸髙氏からのメール。

「土肥さんの息子さんにテープのことを聞いていましたが、以前反省会のテープを見たことがある、というので探してもらっています。私は〝海軍の会のテープ〟と言ったのですが、〝反省会のテープ〟と返事があったのでかなり期待できます」

私はまだこの時、土肥元中佐の遺族に会っていなかったが、この日から祈るような気持ちで遺族からの返事を待ち続けた。

果たして、それからおよそ半年後の二〇〇八年六月、待ちに待った返事が、戸髙氏を通じて届いた。

「土肥さんから連絡あり。反省会テープ十三本と、その他数本が出てきました。奥さんと家《や》捜《さが》しをしてくれたようです」（六月二日のメール）

土肥一夫元中佐

「土肥さんの家に行きましたところ、テープは更にあり。反省会のテープはかなり埋まります」（六月七日のメール）

私たちはただちに連絡し、戸髙氏とともに、土肥元中佐の長男・一忠《かずただ》氏の自宅を訪ねることを許してもらった。

六月十九日、撮影クルーと同行した。

杉並区の閑静な住宅街の一角に、土肥元中佐の自宅はあった。晩年までここで暮らしたという、昭和の香りのする、木造の落ち着いたたたずまいの一軒家だ。通された居間は、季節の草花が風に揺れる気持ちのよい庭に面していた。一忠氏と一緒に反省会テープを探してくれたという、かおる夫人が丹精している庭とのことだった。

裏庭にあった物置の扉を開けると、その中に、段ボール箱が積まれていた。開けると、まさしく「反省会」と書かれたテープが並べられている。

欠番となっていたもののうち、第三十七回、四十三回から五十九回まで飛び飛びに、合わせて三十五本のテープがあった。

前半部分の空白を埋めるテープが見つかったことに、一同、興奮するばかりだった。

有難く拝借して、同じように大切にＣＤにコピーし、聴き取る作業を始めた。

これでもう残りのテープが見つかることはあるまいと思っていたところ、二〇〇八年十月二十日、一忠氏から電話が入った。

「先週、整理をしていたら、またテープが沢山出てきたんです。ひょっとすると、その中に反省会のものがあるかもしれない」

すぐに日程を決め、自宅へ飛んで行った。

草花が秋の装《よそお》いに変わった庭に臨みながら、一忠氏は、既に用意しておいたテープの箱を見せてくれた。

面倒見がよく、人望も厚かったという土肥元中佐は、晩年様々な会の幹事役を務めていたとのこと。それらを記録したテープにまじって、「反省会」の文字を認めた時の気持ちは、何と表現したらよいか分からない。

かつて土肥元中佐が戸高氏に預けた第一回から二十五回に続く、二十六回から四十六回まで、欠番はあるものの、最初に借りたものと合わせると、前半部分はほぼ、網羅できたといってよかった。

戸高氏に報告すると、史料収集の難しさを知り尽くしている氏も、興奮の面持ちだった。

「テープがほぼ発見できたことは、二十年以上も三ヶ所に分散していたことを考えると、奇跡的です。凄《すご》いことですよ」（十一月四日のメール）

まさに、奇跡だった。土肥元中佐が幹事だったからこその奇跡ともいえる。

一忠氏は、父親が反省会の幹事をしていた当時をよく覚えていた。会で使う資料やレジュメ等の準備に時間を割き、会から帰ると、テープを聞いては夜遅くまで内容を文字に起こしていた。その後ろ姿を忘れることができないという。

自分の仕事について家族にはほとんど語らず、ましてや戦時中の心情などは一切口にしない父だったという。しかし晩年を迎えると、折に触れて戦争当時の自分の行動や歴史的事実について、解釈や批判を語ることもあった。その時聞いた言葉から、一忠氏は反省会幹事の仕事に没頭した父の気持ちを推し量って語った。

「戦争中に連合艦隊や軍令部の参謀を務めてきた海軍軍人として、戦争を始めたことや負けてしまったことに非常に責任を感じていたのだろうと思います」

元中佐は戦時中、命を落としてもおかしくなかったことが三回はあったという。

「生き残った人間の義務として、過《あやま》ったことや間違ったことを記録して、後世に残さなきゃならん、と思ったのではないでしょうか」

海軍の仲間たちに愛されていたといわれ、家族も敬愛するその人柄は、反省会のテープの声からも偲《しの》ばれた。温かな、太い声で、時に紛糾する議論を穏やかにおさめる場面がいくつもあった。

戦後、どのような思いで反省会の幹事を続けていたのかは定かではない。しかし、今に残る反省会のテープや手書きの膨大なテープ起こし、毎回配られたという資料の束を目にするにつけ、後世にこの議論を伝えたいという、土肥元中佐の執念のようなものを感じずにはおれない。

なぜ我々は日本を崩壊させたか

反省会のテープという重要な資料を託され、私は、番組に結実させるため、提案票を書く作業を本格的に進めることにした。

テープには、リラックスした仲間同士の雑談会という風情《ふぜい》の会話も録音されている。しかし、一旦《いったん》戦争の内実が議論され始めると、ぞくっとするほどの緊張感が走る。

なぜあの戦争をしてしまったのか、なぜ負けてしまったのか。

反省会では毎回テーマが立てられていた。特に詳しいメンバーが「講師」としてレジュメを読み上げ、質問に答える形式をとっていた。

教育や人事。海軍士官を育成する海軍兵学校の問題点について取り上げられた回もある。

「海軍兵学校では、エリート養成にこだわりすぎて、現場を理解できない幹部を育ててしまった」

「皆昇進することを最優先して、訓練でいい成績を上げようと、競って優秀な人材を部下に揃《そろ》えようとした。しかし、実際戦争が始まると、そんな偏《かたよ》った編制ができるわけがない。実戦には通用しない訓練ばかりやっていたのだ」

といった逸話までが赤裸々に語られていた。

中でも、開戦にいたる経緯を議論したくだりには、衝撃を受けた。

この頃はまだ、誰がどういう立場で語っているのか、判然としないまま、手探りの状態でテープを聴いていたが、次第に、海軍の作戦計画の中枢《ちゅうすう》であった軍令部の元部員に対し、「なぜ開戦に至るような決断を下したのか」などと、質問が集中していることがわかってきた。

これに対し、元軍令部員は「日米戦争になったら必ず負けると思っていた」「上官を説得するまではしなかったが」などと語る。ほかの出席者が「それはいい考えだったが、残念だった」と返すと、会場内に「わははは」と笑いが広がっていった。

開戦の翌年のミッドウェー海戦の敗因についての議論に至っては、様々な言い訳が並べ立てられていた。誰も自らの責任を述べようとしていない。

立ち止まって考えてみる。ここに集まっているメンバーは、皆、元海軍幹部で、中枢にいた人たちのはずだ。しかも、元軍令部員が多く含まれている。彼らは最も多く情報を持っており、それに基づいて、開戦の決断や、その後の作戦計画の決定がなされたのではなかったか。海軍の頭脳ともいえる人たちは、こんなにも無責任に物事を進めていたのか。

戦争はこんなふうに始まってしまっていたのか。そのために、日本人だけでも三百十万人という人たちが死ななければならなかったのか。

そう思うと悔しさと憤《いきどお》りで涙がこみ上げてきた。

テープを聴きながら、私は、番組提案票のタイトルにこう書いた。

「なぜ我々は日本を崩壊させたか」

提案票上、最初期のタイトルはこうだったのである。この主語の「我々は」は、当初、戦争を遂行した日本海軍の幹部たちを示していた。しかし、それが、戦後の平和を謳歌《おうか》する私たちにもつながっていることが、海軍反省会のテープを聴き進めるごとに、徐々に、骨身に沁《し》みるようにわかってくるのである。

補記

平塚清一さんは、二〇一三年九月二十六日、九十八歳で逝去した。最後まで人の手を借りずに生活し、頭脳明晰《めいせき》であったという。腸閉塞で入院し、十日で旅立った。愛子夫人は、「今から思えば、皆さんの取材を受けた時は、奇跡的なタイミングでした。あれより少し早かったら、本人は取材を受けなかったかもしれませんし、もう少し遅かったら体調が許さなかったと思います」と語った。

第二章　開戦　海軍あって国家なし

横井秀信

秘密の資料

「すごい資料が手に入ったらしい」

ＮＨＫ報道局でディレクターをしている私が、そんな噂話《うわさばなし》を耳にしたのは、二〇〇八年秋のことだった。ＮＨＫの各番組は、ディレクターが書く「番組提案票」をもとにつくられる。日々、いくつもの提案票が出されるが、目を引く提案票は自然に局内で話題となる。

私の耳に入ったのもその一つで、

「旧海軍の元幹部たちが戦後密《ひそ》かに集い、戦時中を振り返った録音テープが大量に見つかった」

というものだった。大学時代に現代史をかじっていた私は、戦時中の歴史にある種の空白があることを知っていた。終戦直後、連合軍が日本を占領する前に、旧軍部が重要資料の多くを急いで焼却したからだ。そして戦後も、軍の中枢《ちゅうすう》にいた人々の多くは、口を閉ざしてきた。

聴いてみたいな——私は率直にそう感じたが、当然の事ながら担当者でなければ聴くことはかなわない。録音テープは、ロッカーか金庫に入れられ、厳重に保管されているはずだ。おまけにその頃、私は現代史とは全く分野の違う「事件」を追っていた。当時、最悪のペースで増え続けていた振り込め詐《さ》欺《ぎ》の犯人を追ったドキュメンタリーである。

「すごい資料」は、提案票を記したディレクターの右田と内山拓、そして、記者の吉田好克のものだ。うらやましさを感じながらも、自分とは関係のない番組だと、納得するしかなかった。

ところが、翌二〇〇九年二月二日——。

前述の振り込め詐欺の番組の編集作業が大詰めを迎え、私がパソコンディスプレイに映し出された台本原稿と向きあっていた時だった。この番組のプロデューサーである高山仁から声をかけられた。

「横井、ちょっといいか?」

高山は、誰もいない隣の編集室へ行こうと指で示した。

何か、嫌な話だろうか……放送直前になって、取材先が放送中止を求めてきたり、番組の宣伝を見た視聴者から抗議が来たりすることはままある。振り込め詐欺に荷担した当事者を、私生活も含めて取材するという前例のない挑戦的な内容だっただけに、おそらくその類《たぐい》の話だろう。私の気は重くなった。

高山は、無数の編集用テープが置かれた棚の前に置いてあるくたびれたソファにどかっと座ると、いつものようにいきなり本題を切り出した。

「お前さ、海軍の元幹部たちの番組、やる気ある？」

「えっ、どういうことですか？」

訳が分からずあっけにとられる私に、高山は要点を説明した。

番組は、半年後の夏に三本シリーズで放送する。ディレクター二人、記者一人の体制で臨んできたが、録音テープの量が四百時間分と膨大で取材先も多岐にわたることから、どうしてももう一人、ディレクターが必要になった、という。

「すごい資料だからさ、戦争に詳しいお前じゃなきゃ、できないんじゃないかと思うんだけど……」

以前、戦争関連の番組に携わった経験を買って私を指名したいが、極めて厳しいスケジュールなので、意思を確認したい、と高山は付け加えた。いつもの「ほめ殺し」

攻撃であった。

私は反射的に「やります」と即答していた。

「ほめ殺し」に乗ったのではない。この業界に身を置いていると、「スクープ」という言葉をよく耳にするが、本物に出会えるのは、十年に一度あるかないかだろう。まだ見ぬ資料ではあったが、高山の口ぶりから本当に「すごい資料」であることは容易に想像がついた。実際に取材に入れば、先行する三人の担当者に追いつくだけでも大変だろう。それでも、ネガティブな考えは一切浮かんでこない。元幹部の肉声を聴ける特権を得た喜びしかなかった。

重いリスト

番組の正式なタイトルは、放送直前まで決まらない。その頃、取材班は「海軍プロジェクト」と通称されていた。二月十六日、私はその打ち合わせに初めて参加した。局内の会議室の扉を開けると、映像取材部の宝代智夫が座っていた。報道系のディレクターなら知らない者はいない、名カメラマンである。このプロジェクトの重みをいきなり胸元に突きつけられ、私は少なからず緊張した。

ディレクターの右田が、ホワイトボードを使って、入手した資料の説明を進めていく。

この時初めて、私は件《くだん》の資料が「海軍反省会」という会合の様子を記録したカセットテープであると知った。

反省会に参加した元海軍士官は、確認できただけで四十二人。会は昭和五十五年から平成三年まで月に一度行われ、百三十回以上続いた。ところが、会の様子を記録した写真は一枚もないという。関係者以外立ち入り禁止の非公開で行われたからだ。この話に、私はかえって歴史の中に潜む「闇《やみ》」の存在をリアルに感じた。誰かが何らかの形で記録に残さなければ、事実であってもいつかはなかったことになってしまう。誰にも気づかれない膨大な闇が恐らくは存在している。私たちの知る歴史は、果たして真実と言えるのであろうか。

歴史の闇を照らし出すかもしれない反省会のカセットテープ。その数は二百二十五巻に及んだ。貴重なテープを傷《いた》めないよう、全《すべ》てがCD－Rに録音し直されていた。収録時間はおよそ四百時間。毎日十二時間以上聴き続けても一ヶ月以上かかるという、途方もない量だった。

そして右田から、Ｂ４判のリストを手渡された。

「『海軍反省会』主要参加者一覧」。

リストの一番上に「参加者氏名」「階級」「期」「略歴」という項目が並んでいる。「期」とは、海軍兵学校の何期か、という意味である。

リストの中で私がかろうじて知っていた人物は二人だけだった。海軍の軍務局長をつとめ、戦後国会議員となった保科《ほしな》善四郎元中将と、戦犯裁判研究の必読書と言われた『戦争裁判余録』を著した豊田隈雄《くまお》元大佐である。自分の無知が恥ずかしくなったが、右田の言葉を聞けば、このリストの重みはすぐに理解できた。

「『略歴』の欄を見て欲しいんですけど、多くのメンバーが軍令部に在籍していました。軍令部とはつまり、大本営です」

ここで「軍令部」と言われてもピンと来る読者は少ないのではないか。私も同じだった。しかしそれが、陸軍でいうところの参謀本部であり、戦時中の大本営海軍部である、と聞けば大体のイメージはつかめるのではないかと思う。

明治憲法下では、軍隊の最高指揮権である「統帥権《とうすいけん》」は、大元帥たる天皇の大権のひとつとされ、軍への命令は全て天皇の名の下に行われた。天皇を補佐するのが軍令部であり、具体的な作戦や編制計画を立案していたのは、ここに属する軍令部員＝参謀たちであった。飾緒《しょくちょ》と呼ばれる紐《ひも》状の飾りを肩から胸にかける参謀は、外見からして他の士官とは異なっていた。最終的な勝利を目指し、時々の戦況を見据えながら

「○○諸島方面の要地を攻略」といった作戦目的を定め、そのために必要な兵力を割り出し、艦隊を指導する。

右田が、ホワイトボードに系統図を記す。トップに天皇、その下に政府と軍令部が並列している。軍令部は政府からも独立した存在で、総理大臣でさえ作戦に口を差し挟むことはできなかった。これを一般に「統帥権の独立」という。どんな作戦が計画、遂行されているのか、軍令部は政府に知らせる必要すらなかったという。国力の全てを戦争に注ぎ込む総力戦ともなれば、軍令部の権力が絶大となるのは必然だった。

軍令部は、総長をトップに四つの部からなっていた。作戦や編制を担当していた中枢が第一部。第二部は、兵器の選定、整備、研究など、軍備の充実を担《にな》った。諸外国の情報分析、インテリジェンスを担当したのが第三部。第四部は、暗号などの通信を受け持っていた。

右田が、第一部の囲みの中に「作戦課」と記した。

軍令部第一部第一課。通称、作戦課。

軍令部員の中でも限られた参謀しか入室が許されない「奥の院」であった。その様子を、元海軍中佐で戦後は海軍に関する幾多の著作を残した吉田俊雄《としお》氏がリアルに書いていた。吉田氏が、軍令部を訪ねた時のエピソードである。

「廊下に何気なく立っていたりすると、『何の機密を盗みに来たか』といわんばかりの険しい目付きで、睨《にら》みつけられる。不愉快きわまる目付きである。いや、これは、部外の人たちに対してばかりではない。とくに作戦課の部屋に入ると、大変だ。『何の機密を盗みに来たか』パッと、デスクの上に拡《ひろ》げていた書類を伏せる。一緒に、険しい目付きで、こちらの一挙手一投足を、ジーッと見つめる」（雑誌「丸　別冊　戦争と人物7」）

身内に対してもこの対応である。軍令部、なかでも作戦課が今もってブラックボックスのままなのは当然と言えば当然であろう。

驚いたのは、作戦課に所属する参謀の数であった。わずか十人ほどだったという。これだけの人数で、アジアから太平洋に広がる広大な戦域の全ての作戦計画を立てていたというのである。唖然《あぜん》とするほかない。

ただし、精鋭揃《ぞろ》いであったのは確かなようだ。

軍令部の参謀になれるのは、海軍兵学校を優秀な成績で卒業した、ごくごく一部の職業軍人のみだ。この兵学校に入るのがそもそも大変で、当時は帝国大学と並んで、最も入るのが難しいと言われていたという。

兵学校では泳ぎや短艇漕《こ》ぎの猛訓練はもちろん、外国語、歴史、航法、砲術など海軍士官としての基礎を学ぶ。航法や砲術は数学や物理など、いわゆる理系の素養が必《ひっ》須《す》であり、且《か》つ海外駐在のための高度な語学力も求められた。海軍士官の多くは、外国語を操るバイリンガルである。この事実だけでも、当時の日本社会で彼らがいかにエリートだったかが分かるだろう。

兵学校を卒業する時の成績が、のちのちのキャリアにまで影響した。大抵の場合、一番早く出世するのは、天皇から「恩賜《おんし》の軍刀」を下賜された、数人の成績上位者＝恩賜組であった。その後、艦隊勤務などを経て、選ばれた者だけが海軍大学校へ進む。軍令部へ配属となるのは、多くが海軍大学校の卒業生で、その中でも限られた者だけが、作戦課に足を踏み入れられる。課員はまさに、エリートの中のエリートなのだ。

右田に手渡された「『海軍反省会』主要参加者一覧」に記載されていたのは、反省会の出席回数や発言が多い二十四人。その半数が一度は軍令部に籍を置いていた。

ここで右田は、一枚の写真を示した。昭和十六年十二月の真珠湾攻撃直後に、軍令部の作戦室で撮られた写真である。大勝の後とあって、写っている九人の参謀は胸を張り、誇らしげだ。

右田は、二人の人物を指し示した。

「佐薙毅《さなぎさだむ》大佐と三代一就《みよかずなり》大佐。開戦の真相を知っているこの二人が、反省会に参加していますー」

開戦時の参謀二人が、戦後の極秘の会合で、何を話しているのか――。

早く肉声を聴きたかった。その反応を見越したように、チーフプロデューサーの藤木が口を開いた。

「横井には、開戦までにこだわって番組をつくって欲しい。三本シリーズのうちの一本目。トップバッターだから大変だと思うけど、できるでしょ」

いつもは恨めしく思う軽口も、この日は全く気にならなかった。

率直な声

「海軍プロジェクト」には、四十平米ほどのプロジェクトルームが与えられていた。

部屋に入ってすぐに目に付いたのが書籍の山だ。幅三メートル高さ二メートルの本棚にびっしりと戦争関係の本が買い揃えられていた。旧防衛庁が公刊した戦史『戦史叢書《そうしょ》』、戦時中の天皇の言葉を記録した内大臣木戸幸一の『木戸幸一日記』、『現代史資料』などなど。私が学生時代に四苦八苦しながら読んだ書籍と、改めて格闘しなければならないのかと思うと、苦笑いがこみ上げてきた。

海軍士官たちの肉声が収められたCD-Rは、鍵《かぎ》のかかる引き出し式のロッカーに入れられていた。その上の棚には、音声を文字に起こした幅十五センチの大きなファイルが五冊並べられている。これだけで、一万ページ近い分量だった。

CDの再生機が二台。その前に置かれたヘッドフォンは、酷使のためかは分からないが、耳に触れるスポンジの部分が剝《は》がれかけていた。とにかく肉声を聴いてみようと、一枚のCD-Rをロッカーから取り出した。何の飾り気もない白地の無骨なラベルには、「反省会　第1回　昭和55年3月28日」と書いてあった。

はやる気持ちで再生ボタンを押した。声がいきなり聴こえてきた。

「どうぞ、適当な所へ。ノモトさん、真ん中へ……」

音声は、想像以上に鮮明だった。コーヒーカップか湯飲みがカチャカチャと鳴る音、咳払《せきばら》い、イスを引きずる音、部屋全体の音が拾われており、臨場感に溢《あふ》れていた。深いしわを刻んだ老将が背筋を伸ばし、警戒するような目つきで開会を待つ。そんな場面が浮かんできた。音声のみというのが、かえって想像を掻《か》き立てる。

ところが、肝心の話がなかなか始まらない。参加者の多くが知人の葬式に参列しているために開会が遅れる、というのだ。当時、元士官たちの多くは、七十代から八十代であった。独自の健康法の開陳、人里離れた場所に別荘を持ちたい等々、よもやま話が延々と続く。

拍子抜けしたが、意外な展開にかえって親近感が湧《わ》いた。昭和五十年生まれの私にとって、軍人は映画や小説でしか知らない遠い存在であり、そこで描かれるのは決まって居丈高で暴力的な姿だ。ところが、CD－Rから聞こえてくる肉声は、そんなイメージとは全く異なり、表現は悪いがどこにでもいそうな「おじいちゃん」という感じなのだ。

同時に、「反省会」という会合にある種の信頼感を抱いた。参加者の言葉に「録音されている」という警戒心を、全くと言っていいほど感じなかったからだ。録音を意識すれば、発言者は言葉を選ぶし、都合の悪いことには口をつぐむ。この種の「証言」の弱点は、証言者が内容をコントロールできる点にある、と言って良いだろう。反省会も当然証言のひとつに過ぎないが、意外なほど率直で、自由な雰囲気であった。階級の差はあれど、「仲間うち」という気安さが、参加者たちの警戒心を解いていたのかもしれない。

さらに言えば、同じ時代、同じ組織に身を置いた人たちが一堂に会しているため、一人の証言で生じがちな記憶違いや事実誤認の修正も効くのではないか。

とりあえずCD－Rをパソコンでリッピングし、反省会十回分の音声ファイルを携帯音楽プレーヤーにコピーした。

自宅で、通勤電車で、そして職場で、ひたすら証言に向き合う日々が始まった。

証人たちの横顔

証言を聴き始めてから最初の関門は、発言者の特定だった。そのよすがとなったのが、戸高一成氏が提供してくれた反省会の議事録であった。また、国会図書館でも、平成に入ってからの反省会の議事録を閲覧することができた。参加者の一人だった扇《おうぎ》一登《かずと》元大佐の遺族が、寄贈したものだ。

議事録を読みながら証言を聴き、この声は某大佐、この発言は某少佐という具合に特定していく。ところが議事録は、最初の十数回分のほかは飛び飛びにあるだけで、議事録のない回は耳で判断していくしかなかった。そこで私たちは、議事録で特定できた発言者の声を集めたサンプル集をつくり、声色をくり返し聴いて耳に染《し》みこませていった。最初はかなり大変で、投げ出したくもなったが、人間の耳とは不思議なもので、慣れてくると難なく判別できるようになる。それでも分からない時は、元士官たちとの付き合いが深かった戸高氏に聴いてもらい、チェックをした。

並行して行っていたのが、参加者のプロフィールを頭にたたき込む作業だった。現代史研究の第一人者、秦郁彦《はたいくひこ》氏が編集した『日本陸海軍総合事典』に記された、参加者の略歴をくり返しチェックし、それぞれの人物像を摑《つか》むことから始めた。

主に参謀の道を歩む軍令部系か、予算や人事など官僚的な仕事に就く海軍省系か、艦隊勤務が多い現場系か、といった具合に大ざっぱに把握していく。戦後の仕事や役職は、インターネットの新聞記事検索、人物事典などを利用して調べ、自分なりのデータベースをつくっていった。

はじめは元士官のイメージを摑むためにこの作業をやっていたのだが、発言を聴きながら常にデータベースに立ち返るというのは極めて重要な意味を持っていた。元士官たちは戦時中の記憶と、その後に得た知識とをゴチャゴチャにして話していたりもする。戦後三十年以上も経《た》てば当然のことなのだが、証言の資格を帯びるためには、記憶と知識とを厳密に区別しなければならない。時々の時代状況、その時の任務、上司などを精査し、「後知恵」と思われる発言は排除していった。

ここで、発言機会が多かったメンバーをご紹介したい。遺族への取材などで知り得た人となりは後述するとして、主に戦時中の任務を記す（敬称略）。

保科善四郎（一八九一年～一九九一年）元中将
開戦時の海軍省兵備局長で終戦時は軍務局長

戦後は衆議院議員を四期つとめた

野元為輝《ためき》（一八九四年～一九八七年）　元少将

航空母艦の瑞鳳《ずいほう》、瑞鶴《ずいかく》の艦長を歴任

佐薙毅（一九〇一年～一九九〇年）　元大佐

開戦時の軍令部作戦課の参謀

戦後自衛隊に入り航空幕僚長をつとめた

大井篤《あつし》（一九〇二年～一九九四年）　元大佐

開戦時は海軍省人事局　のち軍令部参謀、海上護衛参謀を歴任

戦後、『海上護衛戦』『統帥乱れて』を著した

三代一就（一九〇二年～一九九四年）　元大佐

開戦時の軍令部作戦課の参謀

末国正雄（一九〇四年～一九九八年）　元大佐

軍令部総長をつとめた皇族の伏見宮博恭王《ふしみのみやひろやすおう》元帥の副官

戦後は旧防衛庁戦史室に勤務

反省会に参加した元士官で、「一番末席に座っていた」と謙遜《けんそん》した市来《いちき》俊男《としお》元大尉

（一九一九年〜）は、反省会を「海軍の中で第一級の人物ばかりが集まっていた」と評したが、その言葉通り、歴史の当事者であり目撃者たちであった。

第一回海軍反省会

初めての反省会が行われたのは昭和五十五年三月二十八日のことだった。

会場は、原宿にある「水交会」。戦前の「水交社」から連綿と続く、海軍士官や海上自衛隊員のOB団体である。

およそ三十年前のこの日の東京は、曇り空だった。原宿は、現在と同じく、若者たちで溢れていたに違いない。当時、奇抜なファッションを身に纏《まと》い、集団で踊る「竹の子族」が注目を集めていた。携帯音楽プレーヤーの先駆けである、「ウォークマン」が若者の間で大流行した年でもある。最寄《もよ》り駅の原宿駅から水交会へ向かう道すがら、七十代から八十代となっていた元海軍士官たちは、若者たちの姿に何を思っていたのだろうか。

水交会があるのは、竹下通りを抜けた東郷神社の一角。日露戦争の英雄、東郷平八郎元帥《げんすい》を祀《まつ》った神社である。反省会の出席者は、取材した市来元大尉がそうであったように、神社の本殿に向かって一礼、深呼吸してから水交会へ向かったかもしれない。

境内にある日本庭園の水面には、ほころび始めた桜のつぼみが映っていただろう。

午後二時、反省会は始まった。

この日の議事録によれば、参加した元士官は九人。前述した野元元少将、佐薙元大佐、扇元大佐、三代元大佐、末国元大佐のほかに、山本親雄《ちかお》元少将、寺崎隆治《たかじ》元大佐、中島親孝《ちかたか》元中佐、土肥一夫元中佐という顔ぶれであった。後の回から参加する市来元大尉や平塚清一元少佐（一九一五年〜二〇一三年）の記憶では、長テーブルが「ロ」の字型か「コ」の字型に並べられ、階位順に座っていたという。この日であれば、野元元少将、山本元少将が、部屋全体を見渡せる上座に座っていたことになる。横を向けば、しだれ桜と数十センチの大きな鯉《こい》が悠々と泳ぐ庭園の池を眺めることができる。

ややしゃがれた、大きな声で、会の開始が宣言される。

「今日、初めての会合でありまして、（略）フリートーキングでですね、何なりとお話を承る。そしてそれを今後、みなさんのコンセンサスに基づいて実行していくことが、海軍のため、あるいは、日本のためにですね、役に立つんじゃないかと」

声の主は、寺崎元大佐だ。

この日までに、会の進行役をつとめることが決まっていたようだ。遺族によれば、海軍はもとより、陸軍関係者にも顔が広く、亡《な》くなる直前まで様々な会合に出席していた。頼まれれば「ノー」とは言えない質《たち》で、司会や挨拶《あいさつ》をつとめることも多かったという。この日出席した九人がどのような経緯で選ばれたのか、詳しいことは分からなかったが、テープを聞くと、寺崎元大佐が司会、土肥元中佐が幹事、という分担があらかじめ決められていたと分かる。

恐らく、この二人が海軍兵学校の同期を中心に、参加を呼びかけたのだろう（寺崎元大佐は五十期、土肥元中佐は五十四期）。回を経るごとに参加者が増えていくが、その多くは兵学校五十期台である。

寺崎元大佐に促されて発言したのが、野元元少将である。この時八十五歳。彼こそが、反省会の発起人であった。年齢を感じさせない太い声で、参加を呼びかけた経緯を語り出す。

「柄にない、私がお願いしたことがこんなことになりまして、はなはだ恥じ入る次第でございますが、よろしくお願い致します。（略）一昨年の暮れに、中澤《なかざわ》中将が亡くなって、（略）中澤氏がよく話しとった、反省のことをやったらどうかと」

中澤氏とは、中澤佑《たすく》元中将のこと。

昭和五十二年に八十三歳で亡くなっていた。戦時中、軍令部の第一部長もつとめた大物である。野元元少将にとって、現役時代は遠い存在であったかもしれないが、戦後は家が近いこともあって、特別に親しくしていたようだ。生前、中澤元中将から聞かされていた反省会の構想を引き継ぐ形で、野元元少将が開催を呼びかけたのだ。

「とにかく、この事件（戦争）が起こった因果関係というものはある。敗戦の原因は何かっていうことを考えるだけでも、それは大いに後世のために役に立つんじゃないか」

野元元少将が、かつての戦争をどのように捉《とら》えていたのか、ここでは披瀝《ひれき》されていないが、彼が残したメモには、負け戦《いくさ》をした当事者として、言わば敗軍の将として、その原因を「反省」して後世に残すべきであると書かれていた。

後に会に参加した市来元大尉は反省会の目的を、私たちにこう語っている。

「なぜ、あんな風な戦争をやったんだ、二度とこういう戦争をやってはいけないというのが根本ですよね。アメリカのような、国力が日本と比べて大きく違う国とどうして戦争をしたんだろうという、普通に考えればやることのない戦争ですからね。同じような間違いを次の時代に繰り返さないというのが、皆さんの思いではなかったのではないかな」

しかし、こうした考えには異論もあった。番組では時間の関係で触れられなかったが、そもそも反省会という名称に反対した人物がいる。戦後、旧防衛庁戦史室に勤めた学究肌の人物、末国元大佐である。

「反省会という名前がついているもんだから、結論を出さにゃいかんように思うわけだ。だから、これは反省会でなしにね、海軍の採ってきたいろいろな施策のね、経緯をいろんなところから集めて、それに対する考察を加えるという程度のものなんじゃない」

これに対して「ぜひ、反省ということに重点を」と呼びかけたのが、佐薙元大佐だった。開戦時に軍令部作戦課に在籍していた、反省会のキーパーソンである。

「どこが悪かったか。なぜ負けたんだというところをね、これはもう、先輩、大先輩、長官以下、あるいは、軍令部総長以下、尊敬する先輩に対して非常に批判、辛辣《しんらつ》な攻撃を含むことがあるかもしれないと思います、結果的には。しかしそれはもう、やむを得ない」

軍隊では上官は絶対である。反省会の席次が階級順に決まっていたことが象徴するように、戦後も元士官たちはかつての上下関係を多かれ少なかれ引きずって生きてきた。佐薙元大佐の発言は、タブーの領域に踏み込もうという、ある種の決意表明でもあった。佐薙元大佐の言葉に、多くの参加者が賛同し、会の名称は「海軍反省会」と決まった。

佐薙元大佐の思いの裏には何があったのか。遺族を訪ねると、膨大な日記を残していたことがわかった。長男の恭《きょう》氏は父を「真面目《まじめ》で几帳面《きちょうめん》」と評したが、その言葉通り、日記帳はきれいな小さな字で毎日びっしりと書かれていた。

日記には、「事実がきちんと伝えられていない」という思いが滲《にじ》んでいた。当時、防衛庁が編纂《へんさん》していた『戦史叢書』に対する不信感である。政府が日中戦争、太平洋戦争を記録したいわば公式の戦史について、佐薙元大佐は日記の中でくり返し批判している。第一回反省会が行われた日には、こう記していた。

〈海軍の元少佐が記した）開戦経緯は戦史室陸軍側から相当の反対が出て重要な部分を削られたという。従て公刊されたものは根本に触れていないところが多々あるという〉

陸海軍の対立は有名な話だが、戦後二十年以上を経て戦史を記す際にも、対立を引きずっていたとは興味深い逸話である。これが事実なのかどうかはともかくとして、数々の発言から考えて、反省会の参加者たちが「自分たちこそが事実を伝え残すのだ」という思いを共有していたことは間違いない。そしてそれが、年老いた元士官たちを奮い立たせるモチベーションになっていた。

しかしこの思いは、会のあり方とは矛盾していた。前述したように、反省会は、関係者以外立ち入り禁止の非公開で行われた。後に幹事をつとめる平塚元少佐は私たちの取材に、「一般に世間に出すということは、全然考えていなかったですね。もしそれを考えたら、本当のことをみなさん話さないから。ざっくばらんな真相をやろうということで、部外には出さないということで始まったわけです」と述べ、非公開が「自由な発言をし、海軍の恥を含めてさらけ出す」重要な担保となっていたと指摘した。

一方で彼らは、記録を残すために、初回からカセットデッキとマイクロフォンを持ち込み、数時間にも亘《わた》る議論を録音していた。十一年間、百三十回以上もである。その目的が「間違いを次の時代に繰り返さない」ためであるならば、何らかの形で公開しなければならないはずだった。

秘密にしたいのか、伝えたいのか――元士官たちの思いも、振り子の様に揺れていたのかもしれない。会の消滅後二十年近く、机の下の段ボール箱にテープを保管しつづけた平塚元少佐は言った。

「テープを（戸高氏やNHKに）出すということは、身を切られるような思いがしていますね。先輩に（対して）、果たしてこれでよかったのかという、自責の念にかられる点があります。まぁしかし、時代が変わっているんじゃないでしょうかね。第三者的に、客観的に海軍というものを国民に見ていただけるような時代になったんじゃないかと。そうであるならば、今後のためにですね、今後間違わないために、反省会の資料も参考になるかもしれんという気持ちに、今はなっています」

複雑で微妙なバランスを保ちながら、反省会のテープは私たち取材班の手元に届いた。

それはある種の奇跡だったと言えるかもしれない。

初めて明かされた、開戦の驚くべき内幕

チーフプロデューサーの藤木は、無類の読書家である。机の上はもちろん、藤木が利用できるあらゆる空間に本が山積みされていた。そのほとんどが戦争関係の書籍である。海軍プロジェクトを何としてでも成功させなければならないという意気込みの表れでもあった。その藤木が、何度目かの打ち合わせの時に言った。

「何を読んでも、なぜ日本が戦争を起こしたのか、今ひとつピンと来ない。開戦から七十年近く経《た》っているのに、日本社会全体が確固とした解答を持っていないんじゃないか」

戦時中の公文書が大量に焼却されてしまった日本では、歴史を検証する際、日記やメモなどの個人的な記録、あるいは証言などの記憶に頼らざるを得ない面がある。しかし、当時の為政者や軍人たちは、事実を十分に明らかにしてきたと言えるだろうか。いつまで経っても戦争の原因が判然としないのは、当事者たちが口をつぐんできたからではないのか——藤木の問題意識はここにあった。

「軍令部参謀の言葉から、開戦の真相に迫ってほしい」というのが私自身に課せられた至上命令であった。

携帯音楽プレーヤーに入れた証言をひたすら聞き続けていた私が衝撃を受けたのが、第十回反省会であった。開催されたのは、昭和五十六年一月三十日。この日初めて、開戦に至る経緯が詳しく語られたのだ。

議論の口火を切ったのは、この日初めて参加した保科元中将。開戦時、軍需品の供給を担《にな》う海軍省兵備局長の要職にあり、反省会開催日のこの時、八十九歳だった。対米戦争に踏み出すのか、回避するのか、政府、軍部で激論が交わされている中、開戦に傾いていく海軍首脳の姿を証言する。

「僕は嶋田《しまだ》さん（開戦時の海軍大臣、嶋田繁太郎《しげたろう》大将）に聞いたんです。もし陸軍が（言うことを）聞かなかったら、あなた（大臣を）辞めたらどうかって。（略）嶋田さんがね、〝お前、そんな子供らしいことを言うな〟って（私に）言われたのを覚えているんです」

当時の日本は、軍部がつくり出した危機によってがんじがらめになっていた。少し長くなるが、おさらいしておこう。

昭和十二年、局地的な衝突から始まった中国との戦争は、出口が見えないまま泥沼化していた。昭和十五年にはいわゆる「援蔣《えんしょう》ルート」（蔣介石の国民政府軍を軍事援助するための補給ルート）を遮断するためにフランス領インドシナ北部に進駐（北部仏印《ふついん》進駐）。翌年には、基地確保のためにインドシナ南部にまで兵を進めたが（南部仏印進駐）、これが更なる危機を招く。

中国を支援するアメリカは、日本の勢力拡大を阻止しようと、日本に対する石油の輸出を禁じる経済制裁を発動。インドシナのみならず中国からの撤退を求めた。時の陸軍大臣、東條英機《とうじょうひでき》中将は、これまでの戦闘で数十万にのぼる死傷者を出しており、今さら撤退できない、撤退すれば陸軍はガタガタになる、統制できなくなるとし、対米強硬論を主張していた。

嶋田海軍大臣が恐れていたのは、陸軍による内乱＝クーデターだったと保科元中将は言う。

「（嶋田大臣は）〝もし自分が（対米開戦に）反対すれば、陸軍が内乱を起こす〟と言うんですよ。内乱が起こったら、今の状態よりも悪くなるから、向こうから押しつけられてね、始末ができなくなると」

内乱に対する危機感については、昭和天皇も証言している。終戦直後の昭和二十一年に作成された、いわゆる「昭和天皇独白録」に、以下の言葉がある。

「私（昭和天皇）が若《も》し開戦の決定に対して『ベトー』（拒否）したとしよう。国内は必ず大内乱となり、私の信頼する周囲の者は殺され、私の生命も保証出来ない」

（注・ルビとパーレン内は筆者）

こうした危機感の背景にあったのが、昭和十一年に陸軍の青年将校たちが引き起こした二・二六事件であろう。現役の大蔵大臣をはじめ、天皇の側近である内大臣が殺害され、侍従長が重傷を負ったこの事件は、宮中、政治家、そして軍人たちに衝撃を与えた。こうしたキナ臭さが、開戦直前にも存在していた、というのである。

しかし、こうした危機感に対しては、異論もある。具体的な計画があったわけではないし、起こったとしても憲兵隊や警察によって封じ込められる規模であっただろうと、歴史学者たちは指摘している（藤原彰・粟屋憲太郎・吉田裕・山田朗『徹底検証　昭和天皇「独白録」』）。「内乱の恐れ」は、戦争を止めることができなかった人々が、自らを正当化するために持ち出した論理ではないか、というのだ。

海軍の中枢《ちゅうすう》は「内乱の恐れ」をどの程度まで深刻に受け止めていたのだろうか。

当時の空気をリアルに証言したのは、開戦時の軍令部作戦課参謀、佐薙元大佐である。

「内乱の発生の恐れがあったかどうかという問題につきましてね、私、当時軍令部におりまして、ワーキングレベルで陸軍と接しておった感触から言いますと、私は内乱が発生すると、こう思っておりました。というのは、当時の国内の状況をね、陸軍の大陸政策、それから陸軍が国内を大東亜圏とかいろいろあれしてですね、国内の一般の世論はですね、マスコミもあれですし、政治家もあれしている時に、アメリカの言いなりになればですね、これはもう内乱が発生すると。陸軍は少なくとも参謀本部の我々の接触する範囲ではそういう空気。私もやっぱり、このままアメリカの言い分を飲み込めば内乱は必至だと、こう感じておりました、率直に」

佐薙毅元大佐

佐薙元大佐はこの日の日記に、昭和天皇の弟で、開戦時は陸軍大佐だった秩父宮雍仁親王《ちちぶのみややすひと》を担《かつ》ぐクーデターの噂《うわさ》があったと記している。結果としてクーデターが成功したかどうかは別として、少なくとも軍令部の参謀たちがこうした事態を恐れていたのは確かなようだ。

しかし、内乱の恐れがあったのであれば、それを未然に防いだり、起きたときにどう鎮圧するのかを考えるのが軍上層部の責務であろう。外国との戦争に踏み切る理由にはならないはずだ。

ここで、佐薙元大佐と同じく、作戦課参謀だった三代元大佐が衝撃的な証言をする。軍令部のトップ、永野修身《おさみ》総長は、陸軍のクーデターによって、海軍が陸軍の支配下に置かれる事態を恐れ、開戦を決意したというのだ。

「内乱を起こすと人数上ですね、海軍は（陸軍に）かなわないから、何ヶ月か後にはですね、（海軍が）鎮定されて、結局そういう連中、右翼の内閣ができてですね、時機を失して、日本としては不利な時期に戦争をやらなきゃならぬということになると。そういうことよりも、どうせ戦争をやらなきゃならぬというのならですね、少しでも勝ち目のある間にやるべきだということが僕（永野総長）の考えだと、こう言われましたね」

確かに永野総長は、開戦の半年前、アメリカが対日石油禁輸に乗り出す直前に、昭和天皇に対し「寧《むし》ろ此際《このさい》打って出るの外なし」という考えを伝え（『木戸幸一日記』昭和十六年七月三十一日）、その後は一貫して主戦論を唱えている。

なぜ、中国戦線でほとんど犠牲者を出していない海軍が、ここまで開戦に前のめりだったのか、私は常々疑問に思っていたのだが、その理由が組織防衛にあったとは……。

国家の存亡、国民の命がかかっていたこの時期に、海軍首脳部は自分たちの組織のことばかり考えていたのである。後の反省会で、豊田元大佐が、軍部は「陸海軍あるを知って、国あるを忘れていた」と自己批判するが、海軍を守るために一か八かアメリカと戦争するというのは、まさに「海軍あって国家なし」という思考そのものである。

それでは兵士は、何のために死んでいったのか。「自存自衛」、「アジアの解放」という大義は何だったのか。

反省会で怒りの声を上げた人がいる。東部ニューギニアの最前線で戦った、本名進元少佐である。

「この開戦はこういうわけで、自存自衛のために戦争せざるを得ないという、そういう考えでやったんだという、そういう考えが全然出ていませんけれども」
「相当の者が、本当に日本の自存自衛のために、日本の独立を守っていくためには、戦争せざるを得ないんだと、そういう考えで戦争に走ったと思うんですよ。そうじゃないんでしょうか」

大井元大佐が、議論を踏まえて答えた。

「それだと非常に良いんですがね、そうじゃないから問題になってるんですよ」
「陸軍の将校が、一部立身出世のために何の計画もなしにですね、名義のない、強盗侵略戦争をやったということが、それは事実なんですか。それを我々は認めるわけですか」（本名元少佐）
「（戦争に）負けると思った方は、内乱を恐れてやったと。内乱を起こそうという連中はですね、勝つと思っていたわけです」（大井元大佐）

戦争は避けられたはずだった——保科元中将が語気を強めた。

「東條さんがね、最後に開戦の決を決める時に、〝海軍が反対すりゃできません〟と言った。戦争はね、そういうことは、海軍が反対すれば戦争、要するに陸軍もどうにもしようがないということなんだね。（略）海軍が戦わなきゃ、アメリカと戦争できないでしょ。だからその辺はどうもおかしいんだよね。軍令部は内乱が起こると言う。内乱が起こったってね、海軍が反対すれば結局戦争にならない。あれだけの人を殺して戦争するよりも、そういうことで若干譲歩をしてね、そして決をとる方法があったんじゃないですか。いわゆる大戦略だな。そういうことが足らなかったんじゃないかということは、これは反省していいと思うんだ、当然」

あの戦争で、三百十万もの人が亡《な》くなった。私事で恐縮だが、私の叔父二人も亡くなっている。一人はニューギニアで〝玉砕〟し、もう一人は満蒙《まんもう》開拓青少年義勇軍に志願し、十六歳で亡くなった。〝玉砕〟の知らせを聞いた祖母は、思わず「無駄死にだ」と落涙し、近所の人々に〝非国民〟と糾弾されたという。それから六十年以上の時を超えて、反省会の議論を聞いた私に、祖母のひと言が迫ってきた。

日本人の誰もが、大きな犠牲を払った。そしてアジアをはじめとする諸外国では、一千万人を超えるとも言われる無数の命が失われたことも、決して忘れてはならないだろう。

この日の反省会の議論は白熱し、普段より一時間長い、四時間に及んだ。聞き終えた私には、やるせない思いしか残らなかった。

軍令部暴走の原点

よく「海軍は陸軍に引きずられて開戦を決断した」と言われる。しかし、統帥部《とうすいぶ》に見る限り、「主戦論」であることに陸海の差はない。開戦を主張しつづけた軍令部の責任は厳しく問われなければならない。その一方、取材班が抱き始めたのが、なぜ軍令部を止められなかったのか、という疑問であった。

というのも、歴史的に見れば、軍令部が「統帥権の独立」を楯《たて》に、強大な権力を振るったのは昭和に入ってからで、それ以前には海軍省が優位に立っていたとされるからだ。改めて、海軍という組織を俯瞰《ふかん》しながら、両者の関係を調べてみることにした。

海軍は、海軍省、軍令部、艦隊という三つのグループから成り立っている。

海軍省は、予算や人事など、ヒト・モノ・カネの手当てをするのが仕事で、いわば海軍の役所部門である。軍令部は前述の通り、国防計画や作戦計画を立案し、天皇の統帥権を補佐した、いわば海軍の頭脳とも言える集団である。そして軍令部の作戦をもとに戦うのが艦隊である。

海軍というと、山本五十六大将が司令長官をつとめた連合艦隊のイメージが強いが、山本長官は軍令部総長の指導を受ける立場にある。

海軍省と軍令部は、鹿鳴館《ろくめいかん》で有名なイギリス人建築家、ジョサイア・コンドルが設計したレンガ造りの建物に共に入っていた。土産物の絵葉書になるほど、有名な建物だったというが、一階正面には巨大な大理石の階段があり、三階まで吹き抜けになっているという、堂々たる佇《たたず》まいであった。一階から二階に海軍省が入り、三階が軍令部だった。

同じ建物に入ってはいるものの、海軍省は政府に属する行政機関であり、軍令部は政府から独立した天皇直属の統帥機関である。海軍という組織の中に、ふたつの権力が併存していたことになる。ちなみに、霞が関にあったこの建物は空襲で焼け、現存していないのだが、戦後作られた碑には「海軍省跡」「軍令部跡」と、わざわざ二つの名前が刻まれている。

私たちは番組の中で、軍令部の作戦室をセットで再現しようと試みたのだが、これが想像以上に大変な作業であった。新聞社や防衛省防衛研究所で写真や図面などを探したものの、建物の内部についての史料がほとんど存在しなかったのである。国家の最高機密を扱っていたゆえなのであろうが、公文書の類《たぐい》では、外形的なことさえつかめないことに改めて愕然《がくぜん》とさせられた。

何とか手に入れた写真が、壁を背に九人の参謀が並ぶものと、永野総長が作戦について説明を受けている様子を撮影したものの二枚だった。これでセットをつくれないかと、映像デザイン部の岡部務に相談したのだが、「リアルなものは難しい」という答えだった。映像デザイン部は、番組のねらいを視覚的に表現するために、スタジオ、ロケのセット、CGなどの映像設計を手がける専門職集団である。

岡部によれば、写真に写っている参謀の肩幅や背丈から、天井の高さや、机などの家具の大きさの類推は可能だが、肝心の部屋の広さが分からないのだという。これまで、NHKを代表する数々の番組のデザインを手がけてきた岡部の答えだっただけに、私たちの落胆は大きかった。

番組の主役は、反省会の議論を記録したカセットテープである。何かの重要な場面や、キーパーソンのインタビューなどの映像で構成する通常の番組と違い、ビジュアル的な工夫が必要であった。誰も見たことのない作戦室を「再現」することは、番組を魅力的にするために不可欠な要素だったのである。

しかし、裏付けがなければ、セットのつくりようがない。再現ではなく、雰囲気を近づけただけの「イメージ」にするしかないのではないか――。

光明が差したのは、あきらめムードが漂っていた五月中旬だった。ある海軍士官の遺族から、「父の古いアルバムが見つかった」と連絡を受けたのである。待ち合わせ場所となった自由が丘の喫茶店でその写真を見つけた私と右田は、人目もはばからず「あっ！」と声を上げた。永野総長が作戦の説明を受ける写真の、別カットが二枚綴《と》じられていたのである。神棚や金庫、棚の上に丸められた地図と思われるものなどが写っていた。

これで部屋の細部が判明するのではないか。私たちは遺族に礼を言うと局に戻り、すぐに岡部のところへ持って行った。さすがはプロである、岡部は、私たちが気づかなかった点に着目した。写真の右端、出入り口の付近にカメラが写り込んでいたのである。

「おそらくこのカメラでこちらの方向を撮影して、その写真がこれ。反対側から撮影したのがこの写真だから……」

すらすらと、部屋の見取り図を描いていく。偶然にも、三方向から写真が撮られていたため、部屋の様子を立体的に知ることができたのである。

「何か、はかったみたいですね」。岡部は柔和な笑顔を見せた。

六月末に完成したセットは、写真とそっくりの素晴らしい出来だった。タイムトリップと言ったら少し大げさだが、いてはならないところに自分が忍び込んだような、奇妙な錯覚を覚えた。リアルなセットが醸《かも》し出す緊張感は、画面を通して視聴者に伝わったと思っている。

さて、話を戻そう。

先ほど、軍令部よりも海軍省が優位だった時期について触れたが、それは大正から昭和初期にかけての、海軍休日（Naval Holiday）と呼ばれる軍縮体制に象徴される。当時日本はアメリカ、イギリスなどと結んだ軍縮条約によって、保有できる軍艦の量が制限されていた。

条約締結前、軍令部は米英に比べて保有量が少ないことに猛反発した。特に、昭和五年のロンドン海軍軍縮会議の際は、いわゆる「統帥権干犯問題」がわき起こり、軍令部、海軍省、政府、政党、右翼などを巻き込んだ大騒動に発展したが、軍事費を抑えたい政府と、政府の一員である海軍省が押し切るかたちで、条約締結が実現した。この頃までは軍令部の影響力に、一定の歯止めがかかっていたのだ。ところが、その十年後には、軍令部は陸軍とともに主戦論を唱え、政府を太平洋戦争開戦に引きずっていったのである。一体何があったのだろうか。

実は反省会で、この点に関して問題提起を繰り返していた人物がいた。海軍反省会の発起人、野元元少将だ。

軍令部の権力が拡大した背景には、一人の皇族の存在があり、この問題に正面から向き合う必要があると主張したのである。

「つらつら考えるに、開戦一年前の永野、嶋田両大将のことを批判するだけでは、それはははなはだ範囲が狭いのであって、私のまあ、経験、所見から申しますると、大正二年に兵学校に入った、（略）アメリカとは必ず戦争をするんだというような風に、私どもは教育されておったのであります」

そして野元元少将は、言葉を選びながら続けた。

「こうならしめたさらにその原因は何であるかというと、もうこういう下地ができていると。それが海軍の空気をつくっておったということ。もう少し具体的に言いますならば、人事のことについて、（皇族の）博恭王《ひろやすおう》が九年間も軍令部総長をやっている。ああいうのはどうも妙な人事である。殿下がひとこと言われると、もうそれは〝はい〟と。（略）言い過ぎかも知らんけど、もう少しその、皇族に対する考えということは、もう少し、あるブレーキをかけるような空気がなかったのを、はなはだ遺憾に思うのであります。これは、海軍としては大きな意味の反省のひとつにしなければならないことである」

（昭和五十八年九月十四日　第四十六回反省会）

野元元少将は、五回、十八回、三十一回の反省会でも同様の発言を繰り返し、「博恭王」への強いこだわりを見せている。

皇族が軍令部総長をつとめていたということは知っていたが、博恭王と言われても私はピンと来なかった。表現は悪いが「お飾り」の様な存在であろうという先入観を抱いていた。ところが少し調べてみると、皇族というだけでなく、軍人としても大変な人物であることが分かってきた。

伏見宮博恭王は、明治八年に生まれ、十八年から海軍兵学校に通い、海軍軍人としての道を歩み始めた。三十七年の日露戦争の際には、日本海軍が勝利を挙げた黄海《こうかい》海戦に参加。この時、博恭王は戦艦三笠《みかさ》の分隊長だったが、近くで爆弾が炸裂《さくれつ》し、肋骨《ろっこつ》を負傷したといわれる。

軍隊でモノを言うのは、何よりも実戦経験である。

日露戦争以来、本格的な海戦を経験していない海軍の中にあって、名誉の戦傷を負い、しかも皇族であった伏見宮元帥は、まさしく英雄であったに違いない。

昭和七年に、後の軍令部総長にあたる海軍軍令部長に就任し、直後に元帥府に列せられた。ここから、日米の危機が深まった昭和十六年四月まで、じつに九年間もの長きにわたって、軍令部トップの座にありつづけた。

『博恭王殿下を偲《しの》び奉《たてまつ》りて』という評伝には、昭和天皇が「海軍の元老として、将又皇族の長老としての殿下に、御頼り遊ばされること特に深くあらせられた」とある。

伏見宮博恭王

ちなみに、伏見宮元帥は昭和天皇よりも二十六歳も年長であり、天皇は「独白録」の中で、伏見宮元帥に対して敬語を使っている。

当時の伏見宮元帥の存在の大きさを、取材班が痛感させられた映像があった。昭和十八年に戦死した山本五十六司令長官の国葬の模様を伝える、当時のニュース映画である。東條首相らが次々と拝礼していく中、突然映像が途切れて画面が真っ暗になり、ナレーションだけで「伏見元帥宮殿下」と恭《うやうや》しく告げられる。当時天皇の写真は「御真影《ごしんえい》」とされ、めったに見ることができなかったが、伏見宮元帥も同様に、見るのもはばかられるということなのだろう。

皇族と軍令部。この映像が象徴するように、歴史の空白地帯であった。

老将の決意

野元元少将が、伏見宮元帥にこだわったのはなぜなのか。遺族が都内に住んでいることが分かり、取材に向かった。

戦前は、海軍関係者が多く住んでいたという幹線道路近くの一帯は、今では大きな家と外国車が並ぶ、高級住宅地になっている。事前に電話で聞いていた通り、ピンクのバラに囲まれたコンクリート造りの家があった。玄関口はバラのトンネルになっていて、ほんのりと甘い香りがする。呼び鈴を押すと、「ようこそおいで下さいました」と、野元元少将の義理の娘である芳苗《よしえ》さんと、孫の桂《けい》氏が笑顔で迎えてくれた。

桂氏は「祖父にはよく飲まされましてね。夕方になると、晩酌の相手が欲しくなるらしくて、高校生くらいから飲まされていたんじゃないかな」と冗談を言って笑わせてくれた。「軍人」の遺族相手に、緊張していなかったと言ったらウソになる。芳苗さんと桂氏の温かい応対に、ほっとした。

早速、反省会について切り出すと、芳苗さんは「よく義父から伺っておりました」と応じた。

芳苗さんは、手が震えて思うように字が書けなくなっていた野元元少将にかわって、反省会で配布する原稿を清書していたという。

「いつも緊張して怖いぐらいの面持ちで、水交会に通っていました。思い出すのは、帰りが遅いので、心配して（家の外に）私が見に行ったことがありました。そしたら、うちの車庫の手前で倒れていたんですね。〝おじいちゃま、おじいちゃま〟と言って起こしたんですけれども、その時に〝もうそこがうちだと思ったら、力が尽きた〟って。それで私、手当てをしたんですけれど、足は血だらけでした。それほどまでに、ギリギリになるまで水交会に通っていたんですね。義父にとって反省会は命でした」

野元為輝元少将

驚いたことに、芳苗さんは、野元元少将が伏見宮元帥にこだわっていたことを知っていた。と言うより、忘れることができないくらい、強烈な印象が残っているという。義父の言葉を清書していた時のことだった。

「義父は、ご自分の反省記を書いているのだと私は思っておりました。そうしましたら、その宮様のお名前が出て来たので、これは大変だと思って、義母と一緒に〝宮様のお名前を出したらいけないんじゃないの〟と、義父に初めてその時申しました。そうしましたら義父が、〝女どもは黙っていろ〟と。〝これは戦争に対して核（心）の問題だから、これを言わなかったら何にもならないんだ〟と。義父は多くのことをしゃべりませんでしたけれども、（口出しをした私に対して）とても怒りが厳しかったです」

戦前の教育を受けてきた芳苗さんにとって、皇族に対する問題提起など考えられないことだったのだが、義父の剣幕に並々ならぬ決意を感じたという。

孫の桂氏も、伏見宮元帥《げんすい》に対する祖父の言葉を覚えていた。海軍時代の経験を面白おかしく語るのが常だった祖父が、珍しく批判的な言葉を口にしたからだという。

「宮様ということだけで、何も言えなくなってしまう。何も批判ができなくなってしまうということでですね、一種のタブーみたいになってしまっていると。そのために、本当のことが分からなくなってしまうんだというようなことを申しておりました」

皇室への畏敬《いけい》の念を生涯抱いていたという野元元少将が、なぜ「宮様」にこだわるのか。その詳しい理由については、家族が何度たずねても、教えてくれなかったという。「想像ですが」と前置きして、芳苗さんは慎重に語ってくれた。

「義父は、毎朝三時に起きてお祈りをし、写経をしておりました。戦争で、同期の方々、先輩、後輩を大勢失っていますから、一字一字、祈りを込めて書いていたのだと思います。あの戦争が何だったのか、自分なりに突き詰めて考えていく中で、宮様に至ったということではないかと思います」

芳苗さんも桂氏も、厳しくもユーモアと慈愛に溢《あふ》れていたという野元元少将を尊敬していた。

「義父の苦悩が、ようやく報われるような気がしています」

私たちが反省会の番組に取り組んでいることを、とても喜んでくれたのが印象的だった。

末国正雄元大佐

軍令部の「謀略」

野元元少将がくり返し伏見宮元帥に言及したのは、元帥の元側近が反省会に参加していたからであろう。昭和十四年からおよそ二年間、伏見宮元帥の副官をつとめていた末国正雄元大佐である。

二人の間でどのようなやりとりが繰り広げられているのか。私たちは反省会の証言を聞き続けたが、末国元大佐が伏見宮元帥に関して発言することはほとんどなかった。その後、末国元大佐の遺族が都内に住んでいると分かり、話を聞いたが、戦時中のことについては全くと言っていいほど話さなかったという。次男の勝敏《かつとし》氏は、

「宮様に可愛《かわい》がられていたということは何となく知っているけど、詳しいことは分からないね。僕なんかは、親父《おやじ》は全部しゃべって死ぬべきだったと思っているけど」

と、申し訳なさそうに話してくれた。

何か書き残しているのではないかとも考え、物入れを探してもらった。しかし、伏見宮元帥から下賜《かし》されたという銀色の花瓶と、千代田区紀尾井町にあった邸宅に招かれた時の記念写真は残されていたが、日記や手記の類《たぐい》は一切出てこなかった。

反省会が行われていた当時、終戦から三十年以上が経過していたが、それでも元士官たちにとっては伏見宮元帥に触れることはタブーであったのかもしれない。

ならば、自分で調べるしかない。重要なヒントとなったのが、末国元大佐のひと言だった。反省会の中で、質問に答える形で、気になる言葉を漏らしていたのだ。

「昭和八年に軍令部の改定があるんです。それまで軍令部は、どちらかというと海軍省の下にあるというような関連でずっときている。（略）軍令部の権限を強化するということになる、昭和八年にそれ（法令）が通るんです。で、昭和七年に伏見宮殿下が軍令部総長になっていらっしゃる。（法令が）通ったあとですね、海軍省、要するに海軍の内部で、いわゆる良識派という人たちが、次から次に辞めていくわけです。（略）末国さんどうですか」「私はそれがね、大東亜戦争の最初の原因がその付近から出るんじゃないかと思う」（木山正義《まさよし》元中佐）

「海軍大臣が持っていた力を、少し軍令部へ割いた程度で、実際には、手のひらを返したようには違っていないと思う」（末国元大佐）

「それはね、私はなぜ強いかというと、バックが違うから。バックが宮様ですもん。だから人事でも何でもね」（木山元中佐）

「それ（法令）を通したいために、宮様を高橋三吉さん（軍令部次長をつとめた海軍大将）が持ってきたんだから。これ、謀略ですよ」（末国元大佐）

（昭和五十五年七月二十五日　第四回反省会）

「謀略」という言葉が妙にひっかかった。答えづらい質問を受けた末国元大佐が、煙《けむ》に巻くために、この言葉を使ったような印象を受けたからだ。何か重大な意味が隠されているのではないか。

まず、このやりとりにあった「軍令部の改定」の中身を調べてみた。確かに、伏見宮元帥が軍令部長に就任した翌年の昭和八年に、海軍に関する二つの重要な法令が定められていた。

九月の「海軍軍令部令」と翌月の「海軍省軍令部業務互渉規程」である（以下、前者を軍令部令、後者を互渉規程とする）。

分かりやすいところでは、この法令によって軍令部のトップが「海軍軍令部長」から「軍令部総長」に改められることになった。陸軍の「参謀総長」に対抗するためと言われているが、「部長」では軽い感じがするからだろうか。

より重要なのは、互渉規程の第三条である。そこには「兵力量に関しては軍令部総長之《これ》を起案」とある。軍艦の数や装備といった兵力量に関して、軍令部が主導すると明記したのだ。この条文が、日本の進路にとって決定的に重要な意味を持つことになる。

前述の通り、当時日本は、アメリカやイギリスと軍縮条約を結んでいた。戦艦や空母の保有量を制限したワシントン海軍軍縮条約と、巡洋艦などの保有量を制限したロンドン海軍軍縮条約である。政府や海軍省の主導で締結された二つの条約は、軍備拡大を図りたい軍令部にとっては、無理矢理はめられた足かせ以外の何物でもなかった。そこで軍令部は、兵力量決定の主導権を自らの手におさめるため、新たな法令を制定しようと考えたのである。兵力量の決定を天皇の大権の範囲内であるとして「統帥事項」にできれば、「統帥権の独立」を盾に、海軍省や政府の干渉を排除できる。軍縮体制からの脱却も可能となるわけだ。

それでは、この法令を通すため、軍令部がめぐらした「謀略」とは、一体何だったのか。

私は、リサーチャーの土門稔とともに、目黒にある防衛省防衛研究所史料閲覧室に通い詰めた。「防研」と称されるこの施設は、戦史を研究する者であれば、その生活の大半を過ごすことになる、重要な場所である。米軍に押収《おうしゅう》され、後に返還された旧軍関係の公文書を中心に、十五万冊の史料を保管している。私が学生のころは、研究者風の中年男性や、分厚いメガネをかけ、ブツブツ言いながら一心に史料をめくる

「らしい」若者ばかりだったが、久しぶりに訪れた防研には、若い女性も何人かいて驚かされた。

史料探しで最も重要なのは根気だ。防研では、一応コンピューターで史料を検索することはできるが、「互渉規程」と入力して、欲しい史料が手に入るほど甘い世界ではない。検索結果は、大雑把にしか表示されないため、とにかく手当たり次第に史料を引き出し、閲覧するしか方法がないのである。

何日目だったか、土門が一冊の機密史料を引っ張り出してきた。全三回シリーズで放送されるこの番組の全《すべ》てのリサーチを請け負っていた彼の勘は冴《さ》えていた。「軍令部令改正の経緯」と題されたB５判の、質素な冊子であった。史料に質素という表現もおかしいが、有名な軍人の判子が押してあったり、万年筆で書かれていたりする史料には、どこか色気を感じる。この史料は表紙が筆書き、中身はタイプ打ちで、何の変哲もない報告書という感じだった。ところが、これが実に生々しい代物《しろもの》だった。「経緯」とは題されているものの、事実を時系列で羅列したものではなく、改正に関わった当事者たちの生の声が記されていたのである。語り手は、軍令部側は高橋三吉次長。海軍省側は、法令の制定に抵抗した軍務局の井上成美《しげよし》第一課長である。ちなみに、聞き手は海軍随一の情報通と言われていた高木惣吉《そうきち》元少将だった（以下、史料を引用した際には、原文のカタカナをひらがなに、旧仮名遣いを現代仮名遣いに直し、適宜句読点を補った）。

証言は、法令をめぐって軍令部と海軍省の交渉がスタートする前から始まる。ある時、高橋次長が井上課長のもとを訪ねてきた。二人は旧知の間柄だったのである。高橋次長からすれば、「よろしく頼む」という感じだったのかもしれないが、説明を聞いた井上課長は〈之は由々しき大事と思った〉という。

特に気になったのが、高橋次長の〈今やらねばやれぬ〉という言葉だった。井上課長は〈今やらねばやれぬのだとの意は××御在任中のことと感じた〉と述べている。「××」は記すことがはばかられる伏せ字。つまり、伏見宮元帥を指す。伏見宮元帥の在任中に法令の制定をしなければならないと意気込む高橋次長の姿に、井上課長は〈由々しき大事〉を見て取ったわけだ。そして、交渉が始まった当初から、互渉規程第三条の内容を重大視し、次のように見解を述べている。

〈海軍省は兵力を準備する。軍令部は準備された兵力を活用するのだと云《い》える。所が準備と活用との間には非常に密接な関係が必要になる、其処《そこ》で所謂《いわゆる》統帥幕僚たる軍令部としては其の準備の範囲を自分の手に収めることが自分に便利であると考えるのは当然である。然《しか》し此《こ》の兵力の準備の方面は経費と密接なる関係があり、そう大臣の手

を離す訳には行かぬ〉

井上課長は、兵力量決定のイニシアチブを海軍省の手から奪おうとする軍令部の意図を見抜いていた。〈重要なることは何でも軍令部で決め〉海軍大臣が〈ロボット〉になる事態は、海軍のためにならないと指摘している。井上課長は、後に軍務局長として、米内光政《よないみつまさ》海軍大臣、山本五十六次官とともに、日独伊三国同盟阻止に力を注ぐことになるが、将来を見通す力はさすがというほかない。

対する軍令部、高橋次長の手法は、海軍大臣に対しても「喧嘩腰《けんかごし》」という強引なものであった。

〈洵《まこと》に乱暴なものがあるということは自分ら之を知っている。知って尚且《なおかつ》之を為《な》さんとするは必要止《や》むを得ないからである〉

〈要するに喧嘩分れで改正を断行した〉

〈大臣が時々話すことは只《ただ》聞き流して置いた〉、交渉が難航すると〈断然退席すると席を立った。全く喧嘩腰〉という有様だった。

高橋次長の狙《ねら》いは、海軍省と交渉して法令の内容を練るというのではなく、むしろ決裂させて、軍令部案をほぼそのままの形で押し通す点にあった。「喧嘩腰」では交渉が難航するのは当たり前である。交渉は、課長同士から、海軍省軍務局長と軍令部の第一班長、海軍省次官と高橋次長と、どんどん大物同士の話し合いとなっていった。そして軍令部で最後に登場するのは、「宮様」である。これこそが、末国元大佐の言う「謀略」ではないか。

井上課長は証言する。

〈軍令部の最後案になってから××は、此の案が通らねば○○を辞めると大臣に云われた〉

前後の文脈から××は伏見宮元帥、○○は海軍軍令部長を指すのは明らかだ。つまり伏見宮元帥は海軍大臣に対し「軍令部の法令案が通らなければ、自分は海軍軍令部長を辞任する」と述べていたのだ。

海軍大臣の対応を不満として、皇族が公職を辞したとなれば、大問題に発展するのは間違いなかった。勝負あり、の瞬間だっただろう。私は、伏見宮元帥の前でうなだれる海軍大臣の姿を想像した。ちなみに、なおも反発する井上課長に対し、軍務局長は「こんな馬鹿《ばか》な案で改正をやったと云うことの批難は局長自ら之を受けるから曲げて此の案に同意してくれぬか」と説得したという。軍務局長が「馬鹿な案」とまで言う組織の大改正が、皇族の威光を背景に強行されようとしていたのだ。

ところが、ことはすんなりとは運ばなかった。さらに取材を進めると、軍令部が巨大な壁に突き当たっていたことが分かってきたのだ。大元帥昭和天皇である。

昭和天皇の憂慮

本章の冒頭で、敗戦直後に軍部が大量の公文書を焼却したことに触れた。

しかし、自らの歴史を抹消していくに等しいこの行為に、抵抗を感じていた人も少なくなかった。私たちが入手した史料も、ある軍人が「これだけは」と海軍省の金庫から密《ひそ》かに持ち出したものだと聞かされた。あちこちに「極秘」の赤スタンプが押された、電話帳ほどの厚さの史料綴《つづ》りである。

真っ赤な表紙に、金の文字で「日本海軍軍令部条例《じょうれい》　海軍省軍令部互渉規程」と記されていた。七十年を超える歳月を経てきたとは思えない光沢を放つその表紙をめくると、肉筆でこう記されていた。

〈陛下よりの御下問及大臣の奉答は之が解釈運用上極めて重要意義あるものなるを以《もっ》て之を参照するを要す〉

この史料には、軍令部令や互渉規程に対する昭和天皇の考えが、記されているのである。

昭和八年九月二十五日、軍令部に「敗北」した大角岑生《おおすみみねお》海軍大臣は、葉山御用邸を訪れた。昭和天皇に、法令の内容を説明し、「御裁可」をもらうためである。午後一時四十分に〈拝謁《はいえつ》を仰《おお》せつか〉り、法令の制定により〈統帥《とうすい》と軍政との関係は一層明確にせられ〉〈海軍の任務遂行上得る所多大なるものありと確信致す次第で御座ります〉と説明した。ところが、昭和天皇は納得しなかった。〈奉答の趣を文書奉呈すべき旨《むね》御沙汰《ごさた》を拝す〉、とある。つまり、口頭説明だけでなく、文書を提出せよ、と命令したのである。わずか十分の拝謁で、大臣は退《さ》がっている。

この時、大臣の秘書官として御用邸に随行し、別室で控えていた矢牧章《あきら》元少将は、大臣の様子を後年次のように記している。

「廊下の方に足音がして私は急いで迎えに出た。大臣の顔は稍々《やや》高潮し何か重苦しい表情を直感した。控え室に入られるや『大変なことになった（略）即刻文書にして出せとの仰せである、すぐ準備するように……』（略）平たく言えば陛下は『待ったをお掛けになって即刻覚書にして出せ』と仰《おっしゃ》って謂《い》わゆる世俗の『一札お取上げ』という御趣意のものである。責任大臣として真に恐懼《きょうく》の限りである」（『金澤正夫《かなざわまさお》伝』）

「陛下」と「宮様」の間に挟まれた大角大臣は、生きた心地がしなかったのかもしれない。あわてぶりは相当なものだったようだ。

史料に戻ろう。大臣は、御用邸の応接室で〈直ちに（略）奉答書を作製し〉、午後三時に〈再度拝謁を仰せ〉つかった。ところが、これでも昭和天皇は満足せず〈本件は事重大なるを以て東郷元帥に御諮詢《しじゅん》〉するよう命じている。

昭和天皇が、すんなりと「御裁可」しなかったのはなぜなのか。

これより二年前、昭和天皇は陸軍の暴走を目《ま》の当たりにしていた。満州に駐屯していた関東軍が鉄道を爆破し、これを中国側の仕業だとして戦闘を開始した、いわゆる満州事変である。この時、関東軍に呼応する形で、朝鮮軍も独断で越境し満州へと兵を動かした。

苦々しい思いを抱いていた昭和天皇は、軍の動きに神経を尖《とが》らせていた。新たな法令を制定しようとする軍令部の意図を見抜き、憂慮していたのである。史料には、大臣に対して厳しい態度で臨む昭和天皇の姿が生々しい筆致で描写されている。

〈軍令部の権限拡張せらるる結果海軍に於《おい》ても陸軍同様のこととなる事なきか〉

〈陛下の御顔色が極めて「シーリアス」に拝せられたるは、従来の陸軍の遣《や》り口に鑑《かんが》み、今次海軍に於ける制度改正後或《あるい》は軍令部が勝手に外国に兵を出すが如《ごと》き事等の如きこととなることなきやを御軫念《しんねん》遊ばせられたる〉

史料では、大臣が昭和天皇の考えを「拝察」、つまり推し量ったことになっているが、ここまで具体的に書かれていることからすると、昭和天皇の言葉と考えていいのではないだろうか。特に〈陸軍の遣り口〉というフレーズは、統帥権を持つ昭和天皇の、軍をコントロールできない怒りやもどかしさを表しているようで、何ともリアルだ。

しかし、立憲君主を自認する昭和天皇は、翌日には法令を裁可している。こうして軍令部は兵力量決定の主導権を握ることとなったのである。そして、昭和天皇の憂慮は現実のものとなっていく。

およそ一年後の昭和九年七月、伏見宮総長は、軍縮体制から脱退しなければ、海軍は統制できないと昭和天皇に奏上（『本庄繁《ほんじょうしげる》日記』）。日本政府は十二月に、ワシントン条約の廃棄を関係国に通告する。昭和十一年にはロンドン軍縮会議から脱退し、「海軍休日」に終止符を打った。日本は、軍令部の意向のままに大軍拡へ突き進み、アメリカ、イギリスと直接対峙《たいじ》する道へと、足を踏み入れたのだ。

伏見宮総長は、昭和十六年、開戦の直前まで軍令部総長の座にありつづけた。戦争で、海軍士官だった息子を失い、紀尾井町の邸宅は空襲で焼失している。終戦の翌年に七十歳で亡《な》くなった。

戦後三十年以上を経て、反省会という場で、軍令部と伏見宮総長の関係を見つめようとした野元元少将。軍令部につとめた経験はなく、太平洋で空母の艦長などとして戦った現場の人であった。多くの戦友、部下を目の前で失ったからこそ、軍令部が暴走していった過程を、タブーなしで検証したかったのではないだろうか。反省会でくり返し、呼びかけている。

「これは我々の反省であり、殿下に対する批判も少し、言い過ぎかも知れないが、そういう批判も必要であるけれども、それを将来の日本が同じような過《あやま》ちを犯さないようにすることが、大きな反省会の目的と考えなければならないとも、思うのであります」

（昭和五十八年九月十四日　第四十六回反省会）

開戦のシナリオ？

伝統的に、政治とは一線を画してきたと言われる海軍。中でも軍令部は、与えられた兵力の中で力を最大限発揮するための作戦を練り、天皇を補佐するのが任務であった。その軍令部が海軍省、政府を動かし、軍縮体制からの脱退という悲願を達成したことは、海軍が〝一線〟を越えた歴史的な事件であった。

昭和五十五年から始まった海軍反省会は、平成の時代に入り、海軍が戦争へと突き進んでいった責任を改めて問い直す議論を始めていた。

「海軍が、なぜああいうことをやって、戦争まで日本を持って行ったか。私はそこに、海軍側の大きな責任があると思うんですよ。（略）だから私は、海軍が悪いとか陸軍が悪いとか、要するに責任のなすりあいをしたって仕方ないんで、それよりも海軍が悪かったと、自分が悪かったと。
要するに私は、大正、昭和における日本の軍部は徹底的に悪かったと、これを反省しなきゃいかんと思うんですよ」（鳥巣建之助《けんのすけ》元中佐）

（平成元年四月二十四日　第百十一回反省会）

発言した鳥巣元中佐には『日本海軍　失敗の研究』『太平洋戦争　終戦の研究』など、多数の著書があり、研究家としての顔を持っていた。その鳥巣元中佐が、海軍が反省すべきものの象徴として、ある報告書の名を口にした。

「『現情勢下に於て帝国海軍の執るべき態度』という文章を作っております。（略）この文章につき、検討批判を加えていく必要があります。この文章は端的に言って、敵を知らず、己を知らず、世界を見ざる独り善がりの魔性の海軍と言うべきか、あるいは稚拙な欠陥論と言うべき代物《しろもの》であります」

「戦争にむちゃくちゃに持って行くような策を作っているわけです」

鳥巣元中佐が口を極めて非難した「現情勢下に於て帝国海軍の執るべき態度」とは、何か。

防衛省防衛研究所に、その全文が残されていた。海軍内に設置された「第一委員会」という組織が、開戦の半年前、昭和十六年六月に完成させた機密報告書である。鳥巣元中佐が言うように、その内容はかなり過激であった。以下、一部を引用する。

第一　情勢判断

一、情勢判断の基礎条件　速に和戦孰《いず》れかの決意を明定すべき時機に達せり

第二　帝国海軍の執るべき方策

六　武力行使に関する決意　帝国海軍は左記の場合は猶予《ゆうよ》なく武力行使を決意す

るを要す

（イ）米（英）蘭が石油供給を禁じたる場合

七 結論

（ロ）泰《タイ》仏印に対する軍事的進出は一日も速に之《これ》を断行する如く努るを要す

（ロ）政府及陸軍に対する態度 戦争決意の方向に誘導するを要す

「これは開戦までのシナリオではないのか」――防衛研究所の閲覧室で、私は言いようのない恐ろしさを感じた。仏印への軍事的進出、アメリカが石油の供給を禁じた場合の開戦……。

歴史はこの報告書通りに展開していくのだ。

第一委員会の闇《やみ》

報告書を作り上げた第一委員会とは、一体どのような組織だったのか。

私たちは例によって防衛研究所で片端から史料を閲覧した。そして見つけたのが「会議・委員会 海軍省」とだけ記された内部資料だった。薄紙に「軍極秘」の朱印が押され、余白には「閲覧済み」を示す軍令部総長、海軍大臣などの印鑑が、所狭しと並んでいる。ここに、第一委員会設置の目的や、委員となる者の役職が記されていた。

第一委員会の正式名称は「海軍国防政策委員会・第一委員会」といい、軍令部と海軍省の課長級で構成された組織横断的なタスクフォースであった。

主要なメンバーは四人。軍令部作戦課長の富岡定俊《さだとし》大佐（階級は当時、以下同）、同じく軍令部の大野竹二大佐、海軍省軍務局第一課長高田利種《としたね》大佐、第二課長石川信吾《しんご》大佐である。

委員会は、〈国家総力戦準備の完整〉のための〈神経中枢《ちゅうすう》機関〉と位置づけられており、その役割は〈政府に協力し国民を指導〉することにあった。興味深いことに、文書はタイプ打ちであるのに、〈協力し〉という部分だけが手書きで挿入されていた。よく見ると、タイプ打ちの原文は〈政府及国民を指導〉となっていたことがわかる。別の箇所でも〈政府及国民を指導する〉という一文が、二本線で消されている。第一委員会が「政府を指導する」のが本音だったのかもしれないが、さすがに表現が露骨過ぎると考えたのだろうか。

ちなみに、ほぼ同じ内容の書類がもう一通綴《と》じられていて、押された印鑑から類推すると、一通が軍令部へ、もう一通が海軍省の各セクションに振り分けられたようなのだが、軍令部に送られた書類の方は〈政府及国民を指導〉のままとなっていた。決裁された日は、昭和十五年十二月十二日である。

これとは別に、第一委員会について言及した史料も見つかった。委員会の「幹事」をつとめた柴勝男《しばかつお》元大佐の「聴聞書《ちょうもんしょ》」である。柴元大佐によれば、第一委員会は〈軍令部の作戦室を使って極秘裏に審議せられ〉〈前後、十五、六回ぐらい会合した〉という。なぜわざわざ、軍事機密を扱う作戦室で審議するのか。絶対に表に出してはならない事項を話し合うからに違いない。想像を掻《か》き立てられる情報ではあった。

しかし防衛研究所で迫れたのはここまでであった。先行研究にも当たってみたが、史料が乏しいためか、委員会への評価はまちまちであった。

石川信吾元少将

研究家の角田順氏は、昭和十六年には「政策決定はむしろ殆《ほとん》どこの委員会の下固めによって進んだと見ても差し支えないまでとなり」「中堅層が首脳部の決意を迫ってつきあげ、海軍部内限りでは対米開戦の決意に文書上も同意を獲得した」とその影響力の大きさを指摘している（朝日新聞社『太平洋戦争への道』）。

一方、海軍随一の情報通と呼ばれ、戦後は数々の歴史評論を著した高木惣吉元少将は、「第一委員会が対米開戦を促進したかのごとき観測は、原因と結果の倒錯であって、海軍の内情に疎《うと》い傍観者の観測にすぎない」と断じている（『私観太平洋戦争』）。

真実は一体どこにあるのだろうか——。

永野軍令部総長の変節

反省会で、第一委員会を「魔性の海軍」と批判した鳥巣元中佐。この発言を機に、議論が白熱していく。鳥巣元中佐の、第一委員会が「むちゃくちゃに戦争に持って行った」という主張に対し、豊田隈雄元大佐が反論する。終戦直後、戦犯裁判の対策に深く関わり、裁判後も真実を追いつづけ、軍幹部への聞き取り調査をつづけた人物。第五章で詳述する「戦犯裁判」のキーパーソンである。

「常識的に考えてもね、第一委員会というのがね、国の戦《いくさ》になるかどうかということを決定されるですね、権限が与えられてはいないんじゃないかと思うし、また堪えられないんじゃないかとも思うし」

「軍令部だって、その作戦の面はですね、考える大きな組織があって、しっかりとしたものが、陸軍にも海軍にもあるんだから、それをこういうところへ委員を一人ぐらい出してですね、ここがこう言ったからといって、戦が決まったようにですね、考えるのは、非常にちょっと不合理な気がしてしょうがない」（豊田元大佐）

豊田元大佐は、軍令部という作戦を担《にな》う確固たる組織があるのに、そこから第一委員会に委員を「一人ぐらい出し」たからといって、開戦が決まるわけがないし、その権限もない、と指摘したのだ（実際には、前述の通り、軍令部から二人が参加している）。

鳥巣元中佐は「そういう不合理なことをやったから戦争になった」と、豊田元大佐の言葉をとらえて再反論し、堂々巡りとなる。

二人の経歴を調べると、両者とも戦時中は第一委員会について詳しく知り得る立場になかった。豊田元大佐はドイツに駐在していたし、鳥巣元中佐は潜水艦の水雷長だった。そこに割って入ったのが、当時軍令部作戦課参謀だった佐薙元大佐である。第一委員会のメンバー、富岡作戦課長の直属の部下であり、委員会に近い位置にいたと言っていい。

佐薙元大佐はまず、閉鎖的な第一委員会のあり方を証言する。

「第一委員会の構成メンバーは、ご承知のとおり、軍務局の一、二課長と軍令部の一課長と（音声不明瞭《ふめいりょう》）、海軍における軍令軍政の、エリート中のエリートの集まりであったというわけで、この人たちはですね、少しエクスクルーシブというか排他的というか、そういう傾向があったと思うんですね」

委員会は、都合の悪い意見を言う者を寄せつけなかった。佐薙元大佐は、ある場面を目撃していた。

「相当重要な結論を出すという会議があったときに、軍令部の（第二部）四課長の栗《くり》原《はら》さん（栗原悦蔵元少将）が、自分もこれに当然出席する権利があるというか、必要があるというので、その会議に資料を抱えて入ろうとしたら、富岡さんから止められてですね、〝あなたは入る必要がないんだから〟と言って、それを止められたわけです（第四課は、臨戦体制を整える出師《すいし》準備、国家総動員に関する業務を担当していた）。

栗原さんは非常に不満であったようで、栗原さんは、物動（物資動員）とか出師準備とかそういう方面の責任者であって、そういう見地から、自分の意見を述べようと思っていたのが、除外されてしまったというような一つの例があるんですが。そういうまあ、エリート中のエリートがですね、よそのその関係のある人を除外して決めてしまったと。（略）恐らく艦政本部とか、航空本部は相当異論があったと思うんです」

「立ち入りを禁ず」との札がかかる作戦室。「エリート中のエリート」四人が、密室で「武力行使」を迫る報告書を書き上げる。そんな場面が思い浮かんだ。

しかし、豊田元大佐が指摘したように、第一委員会の権限は極めて曖昧《あいまい》であったのも事実である。報告書に、どれほどの重みがあったのか。

ここで驚くべき事実が、佐薙元大佐の口から明かされる。第一委員会の報告書は、まともに検討されることもなく、上層部に鵜呑《うの》みにされた、というのである。

「それ（第一委員会の報告書）がもう、そのまま、軍令部総長の所へ通って、通ってというのは、回覧をされて、（永野）軍令部総長は〝部課長は非常によく勉強している〟ということで、これを鵜呑みにしてしまったと。永野総長は（昭和）十六年の五月、六月ごろまでは、それほど（開戦に）積極的でなかったのですが、この第一委員会の資料が出て以降、非常に強硬的になった、強硬な意見を持つようになった。（略）こと永野総長に関する限りは非常に影響を与えたということは間違いないと、こう思います」

永野修身総長は、会議の席でも居眠りをし、作戦計画に鋭い指摘を飛ばすこともなかったと、反省会で語られている。開戦か非戦か、国家の重大な岐路にあっても「部下任せ」であったということか。

永野総長が昭和天皇に「寧《むし》ろ此際《このさい》打って出るの外なし」と上奏したのは、第一委員会の報告書が出された翌月、昭和十六年七月であった。その後永野総長は、天皇が臨席する事実上の最高意思決定機関、御前会議でも「主戦論」を展開した。

第一委員会に、海軍としての意思を決する権限が与えられていなかったのは確かである。権限がないから、過激なことを言えた、と捉《とら》えることもできる。

しかし、過激な言葉が軍令部総長の言葉となったとき、その影響力は甚大《じんだい》なものとなった。永野総長はもとより、第一委員会にも、開戦に対する重大な責任があると言わざるを得ない。

第一委員会の政治将校

不可解なのは、日米交渉が深刻な行き詰まりを見せる前、政府が真剣に妥結を模索していた昭和十六年六月というタイミングで、第一委員会が早々と「戦争決意」を海軍首脳部に迫り、政府や陸軍を「戦争決意の方向に誘導」すべきだと主張した点である。

「エリート中のエリート」と称されたメンバーたちは、どのような目的をもって、報告書を練り上げたのだろうか。

私はまず、メンバーの一人である石川信吾元少将に注目した。というのも、硬軟さまざまな海軍モノの書籍の中で、「主戦派」の代表格と位置づけられているからである。

例えば、海軍についての著作を多く持つ工藤美知尋《みちひろ》氏は、第一委員会の報告書は「石川信吾の手によって作成されたもの」だとして、「日本海軍を太平洋戦争開戦へと傾斜させていった中心人物であるとの仮説を持つ」としている（『日本海軍と太平洋戦争』）。

その根拠の一つとしてあげられているのが、昭和六年、当時軍令部に属していた石川元少将が執筆した『日本之危機』という本で、日本は、アメリカなどから権益を脅《おびや》かされる「危機」の状態にあり、これに対抗できるだけの兵力を備えなければならないという主張が展開されている。日本の「生存権」を確立するために「満蒙《まんもう》の重大性」を説く辺りは、陸軍と相通ずるものがあるが、この本を推薦する「序」を記しているのは陸軍少将である。

ちなみに、この本の著者は「大谷隼人」となっていて、石川元少将の名前は伏せられている。発行された当時、「海軍休日」のただ中だったからだろうか。現役の軍人が偽名で過激な主張を展開する。謀略の臭《にお》いがして、興味をそそられた。

実は反省会でも、石川元少将について検証すべきだという声を上げた人がいる。開戦翌年の昭和十七年、石川元少将の後任として、軍務局第二課長に就任した矢牧章元少将である。一貫して「主戦派」だったという石川元少将の姿を証言する。

「石川信吾氏は、(かつて)例の軍令部のご承知のように三課におりまして、あの時に方針を変えたのも、(昭和)十二年にアメリカの方(の戦力が)がグーッと急速に上がっていくんで、やるならば十二年前にやるべきだと石川さんは一人で宣伝した」

さらに、陸軍首脳との密接な関係を示すエピソードを語った。

「私が軍務局の二課長になって、(昭和)十七年、東條さんの所に挨拶《あいさつ》に行きましたよ。そうしたら石川さんと東條さん、非常に仲良さそうにお話をしておられるのでびっくりしたんです。（略）ともかく、（昭和）十二年前後のあの（アメリカとの）海上兵力の比較、あの時点において、石川は相当に陸軍側に情報を入れておると、私は思った。やるなら今だよということ。あれは何も上に断ってやったんじゃない、勝手にやった」

（昭和五十六年一月三十日　第十回反省会）

海軍組織内でのスタンドプレーとも言える過激な発言が、やがて第一委員会という正式な組織の報告書につながっていった、ということなのだろうか。しかし残念なことに、矢牧元少将は反省会が始まった二年後に亡《な》くなったため、石川元少将に関する発言は限られている。手がかりを求めて、私たちは、矢牧元少将の遺族に話を聞くことにした。

四男の一信氏と会ったのは、二〇〇九年四月末だった。夏を思わせる強い日差しが照りつける中、取材に訪れた私を家の外で待っていてくれた。すらりと背が高く、きれいな白髪で、俳優と見紛《みまが》う紳士だった。海軍士官は「紳士であれ」と教育されたというが、取材に応じてくれたご子息も紳士であることが多かった。

一信氏の海軍についての知識は大変なもので、関連書籍の読破はもちろん、反省会に出席していた市来元大尉の講演会などにも度々参加していた。こうした一信氏の姿勢もあってか、矢牧元少将は、海軍の内幕をよく話してくれたという。私が、石川元少将のことを切り出すと、一信氏は「聞いていますよ」と応じた。

「父は、海軍には珍しい〝政治将校〟として、石川さんは突出していたと、言っていました」

そして、一枚の年表を私の前に差し出した。

「終戦直後、戦時中の資料は全部焼いてしまったんですがね、父はこの表だけは取っておいたんですよ」

Ｂ３サイズの青地に白抜きで〈満州問題に関する米国の動向〉とある。欄外には〈昭和八年六月　軍令部三課〉の文字。全く擦《かす》れておらず、大切に保管されてきたことが一目で分かる。

表には、満州問題というよりは、アメリカがどのように〈太平洋海軍〉を増強していくかが描かれていたのだが、目をひいたのは〈日米海軍兵力量〉の〈概念的表現〉である。

昭和七年から二本の直線が引いてあり、上の線に〈日〉、下の線に〈米〉とある。

つまり、この時点では日本の海軍力が優勢、という意味である。それが日本を示す線はどんどん下へ、アメリカは反対にどんどん上へと伸びていき、昭和八年後半には日米が逆転、そこからどんどん差が開いていく。そして昭和十一年の欄に、アメリカの〈極東問題の解決を目途とする外交政策竝《ならび》に海軍政策は、概《おおむ》ね此《こ》の時期を目標として集中されつつあり〉とあり、備考に〈大西洋海軍政策を犠牲とし、依《よ》って以《もっ》て太平洋海軍政策を強化せり〉と記されている（原文はカタカナ、句読点を適宜補った）。

「石川さんがこの表を持って、〝やるなら今しかないよ〟と、説いて回ったということなんですね」

反省会で矢牧元少将は、「やるならば（昭和）十二年前にやるべきだと石川さんは一人で宣伝した」と証言しているが、この表の内容とピタリと一致する。

そして、昭和十五年、石川元少将は軍務局第二課長の要職に就き、やがて第一委員会のメンバーとして「戦争決意」を迫っていくことになる。ここでも、矢牧元少将との〝因縁〟があったという。

「実は、父を第二課長に、という話があったんですよ。ところが父は、〝石川さんの方が適任だ〟と言って降りてしまった。二課長は、陸軍を抑えるための要職だから、陸軍にも人脈がある石川さんの方がいいだろうと考えたと、こういうことなんですね」

もし、矢牧元少将が第二課長になっていれば、第一委員会には石川元少将の代わりに矢牧元少将が出席しているはずだった。

「父は岡田啓介《けいすけ》さん（元首相、海軍大将）を非常に尊敬しておりましてね。岡田さんと同じく、アメリカとの戦争は、避けなければならないと考えていました。だから、自分が二課長にならなかったことに対して、痛恨の思いを戦後もずっと持っていました」

矢牧元少将は、アメリカに二年近く駐在した経験があり、その圧倒的な国力を、身をもって知っていた。矢牧元少将が第一委員会のメンバーだったら、どんな報告書を書いていたのだろうか。取材の帰り道、電車に揺られながらそんなことを考えていた。

足踏み

一歩一歩、石川元少将に迫っているという気がしていた。その人物像を描くことができれば、番組の核となるはずである。ゴールデンウィーク中に行われた番組の構成検討会で、石川元少将の新史料を何としても発掘して、第一委員会の真の狙《ねら》いを明らかにしようという方針が確認された。

この直後、かねてから話を聞きたいと考えていた、石川元少将の遺族とようやく連絡が取れた。突然の電話に、長男の信道《のぶみち》氏は驚いていたが、「知っていることは話しますよ」と取材に応じてくれることになった。

信道氏は昭和三年生まれで、父のあとを追いかけ、自身も海軍兵学校に進んだという。自宅を訪ね、緊張しながら呼び鈴を押した。

「どうも初めまして」

ドアから出て来た信道氏は、私に深々とお辞儀をしてくれた。優しそうな目と、柔らかな笑顔に、緊張がほぐれた。「ここならゆっくり話せますから」と、連れて行ってくれた喫茶店は、木のイスとテーブルが並び、壁際《かべぎわ》にはピアノが置いてある、素敵なお店だった。

「私は父が大好きでしてね。亡くなった時は、涙が止まりませんでしたよ」

石川元少将は家族思いの優しい父親だったという。銀座や新橋の夜店でおもちゃを買ってくれた時の話を、懐《なつ》かしそうに話してくれた。

軍人であっても、家庭では夫であり、父である。当たり前と言えば当たり前なのだが、良き父の「政治将校」「主戦派」としての顔について聞かなければならないことに、申し訳ない思いがこみあげてきた。重い気持ちで取材の趣旨を詳しく説明すると、やはり信道氏は残念そうに語り出した。

「父について書かれた本は必ず買っていて、家にはこんなに並んでいます」

家の本棚に並ぶ本の量を、信道氏は両手を一杯に広げて示したあと、つづけた。

「父がまるで〝戦争屋〟みたいに見られているのは、心外なんです。父が言ったとかいう〝この戦争を始めたのはオレだよ〟という言葉が、定型句みたいに独り歩きしている。根拠が曖昧じゃないですか。だいたい、いち大佐の身分で、海軍全体を動かせる訳がない」

戦後、様々な批判を浴びたのは、異色の存在だったからだろうという。

「父がいろいろ言われるのは、目立ったからだと思いますよ。政界、財界、陸軍に顔が利《き》いたし、佐官なのに、運転手つきの真っ赤なオープンカーに乗ったりしていましたし。自分自身を軍人というよりは政治家だと考えていたと思います。当然、快く思わない人も大勢いたと思いますよ」

そして、意外な事実を語ってくれた。

「父は、日中戦争には大反対していたんですよ。中国相手に金やガソリンをつぎ込むことに強く反対していた。でも中央には受け入れられなくて〝左遷《させん》された〟と言っていました」

信道氏は、私の不躾《ぶしつけ》な質問にも誠実に答えてくれ、その言葉には説得力もあった。一方で、日中戦争に反対していた石川元少将が、その四年後にはアメリカとの戦争を迫る報告書を書き上げたのはなぜなのだろうか。その問いに答えがあるとすれば、当人の日記や証言の中であろう。お父様のご遺品を改めて見ていただけないかと頼み、取材を終えた。

喫茶店を出ると、信道氏は、私の姿が見えなくなるまで見送り、手を振ってくれた。真実に近づいているのか離れているのか、分からなくなってしまった。

もう一つの「肉声」

その後、五月から六月にかけて、何度か信道氏とお会いした。信道氏は、軍艦の中で撮影されたという、勲章を提げた石川元少将の写真と、家族写真を見せてくれた。それまで、雑誌や書籍で紹介されていた石川元少将の写真は、不鮮明なものばかりだった。初めて見る鮮明な姿は、ハンサムで白人のような顔立ちだった。なるほどオープンカーも似合いそうだ。さらに、大谷隼人の名義で書いた『日本之危機』も持って来てくれた。「石川信吾」のサイン入りで、一冊しか持っていないという。

しばし、取材を忘れて「お宝」に目を奪われたが、日記や戦時中の書類などは一切見つからなかったという。

「やはり終戦後に焼いたのだと思います」——信道氏なりに、父の判断に納得したような口ぶりだった。

　放送まで二ヶ月。その歴史的役割をめぐって研究者の間でも評価が割れている第一委員会の真実に迫りたいという気持ちは日増しに高まっていたが、タイムリミットが近づいていた。あてもなく、防衛研究所や国立公文書館、国会図書館で関係史料を探しては、肩を落として帰る日が続いた。取材は完全に行き詰まっており、このままでは、第一委員会のパートが成立しないのは目に見えていた。ディレクターにとって、取材するネタが見つからない時ほど辛《つら》いことはない。

　にわかには信じがたい情報が入ってきたのは、そんな時だった。四人いた第一委員会の主要メンバーの一人、高田利種元少将が委員会について語っている肉声テープが存在している、というのだ。その一部を聞いたことがあるという関係者の記憶では、かなり率直な話しぶりだったという。いい情報は、いつもどん底の時に入ってくるから不思議なものだ。

　高田元少将のことは、気にはなっていた。実は、反省会に一度、顔を出していたからだ。

出席したのは昭和五十七年十二月の第三十七回。高田元少将は歳《とし》を感じさせない堂々たる声で、戦前・戦中の思い出話を披露していた。しかし、海軍大臣だった及川《おいかわ》古志郎大将の話がほとんどで、開戦に関しては「海軍部内で、戦争に賛成したか、反対したか、こういうこともう忘れました。（略）日本海軍で、日米戦争をやれば絶対に勝つと、思っていた人があったかなかったか、わたくしには分かりません」と述べるに止《とど》まっていた。

出席者も肩透かしをくったと見え、後の回で「高田さんは絶対にしゃべらない」という声が上がっている。その高田元少将が、別の場で第一委員会について語っていたとは……。

高田利種元少将

関係者の間を駆けずり回り、ようやくその肉声を聞くことができたのは放送の三週間前、編集作業の段階に入ってからだった。提供者の名前を明かすことはできないが、元海軍士官が遺《のこ》した資料の中に、件《くだん》のテープが含まれていたのである。

録音されたのは昭和三十六年。高田元少将が六十六歳の時である。

再生ボタンを押すと、反省会の時よりもさらに張りのある、大きな声が聞こえてきた。聞き手も元海軍士官で、インタビューや講演といった形式張ったものではなく、リラックスした話しぶりだ。時々「止めて」と言って録音が中断されるものの、聞き手が突っ込むと「それはね……」などと言って、逡《しゅん》巡《じゅん》しながらも話し始める。真実を知る者として、やはり話しておきたいという気持ちがどこかで働くからであろうか。

第一委員会の話が出てこないか、今か今かと待ち受けた。「当たり」だった。高田元少将は、第一委員会の内幕を、赤裸々に語っていたのである。

高田元少将はまず、第一委員会を設立した経緯から説き起こした。軍令部と海軍省を横断する委員会をつくることで、全海軍として陸軍に対抗しようと考え、自らのイニシアチブで第一委員会を立ち上げたという。反省会での証言通り、委員会の影響力は、やはり強大なものだった。

「私が（軍務局）二課長予定者でおる時に考えたんです。さて二課長で軍政を引き受けるのは、これは大変なことだと。陸軍と喧嘩《けんか》しなきゃならない」

実際には、高田元少将は一課長に、石川元少将が二課長に就いたのは前述の通りだ。

「これを結集した力でやらなければいけない。だから私は、海軍何とか委員会、海軍（国防）政策委員会規程をつくって、第一委員会（略）をつくった」

インタビュアーの質問に答える形でのやり取りがつづく。

「その後の省部（海軍省と軍令部）の下固めは、第一委員会で固めて進んだと了解していいんですか」（聞き手）

「そうです。その通りです。その点で、第一委員会に非常な責任がありますよ」（高田元少将）

「責任というんじゃなしに、ウェイトの置き方」（聞き手）

「第一委員会は審議するが、決定機関ではない。で、軍令部、海軍省（に内部文書が）まわる。上の人が、〝これは第一委員会でパスしたのか？〟と言われて、〝パスした〟、〝はい〟と言うと、みなさん〝よかろう〟となったね」（高田元少将）

「ある時、永野軍令部総長が、何かの席上でしたね、〝課長クラスが一番よく勉強しておる。局長クラスは忙しいと見えて勉強する暇がないようだ。わしは課長の意見を採用する〟と、こう言われた」（同）

第一委員会は、まさに「課長クラス」の組織であった。高田元少将の話は、第一委員会の報告書を、永野軍令部総長が重視していたという、反省会での佐薙元大佐の言葉と一致した。

そして、高田元少将の証言は核心へと向かっていく。

「戦争決意」の真実

高田元少将はそれまでの話に区切りをつけ、「ところで」と本題を語り始めた。日米開戦を決定づけたと言われる、昭和十六年七月の日本軍によるフランス領インドシナ南部への進出、南部仏印進駐についてである。

この直前、第一委員会は報告書の中で、「泰《タイ》仏印に対する軍事的進出は一日も速に之《これ》を断行する如《ごと》く努るを要す」と主張しており、望んだとおりの展開であった。

これに対しアメリカは、南部仏印進駐を、イギリス海軍のアジアでの拠点があったシンガポール、石油を産出していたインドネシア（当時はオランダ領）などに対する野心の表れと捉《とら》え、すぐさま在米日本資産の凍結と対日石油禁輸を断行した。

第一委員会はアメリカのこの対応を見越したように、同じ報告書の中で「石油供給を禁じたる場合」に「武力行使を決意するを要す」と提言し、「戦争決意」を迫っていた。

しかし、当事者の高田元少将が語ったのは、意外な言葉だった。

「ところで私はね、南部仏印進駐で、あんなにアメリカが怒るとは思っていなかった。泰仏印はよろしいと、あそこまでは。仏印から外に出ると大事《おおごと》になる。私はシンガポールは反対だったから、泰仏印で止めようじゃないかということだったんですよ。ところが南部仏印でアメリカがあれほど怒ったんです。夜中にわれわれ起こされまして、〝お前ら集まれー〟って、海軍省に集まって〝これはしまったー〟って言う訳ですよ、第一委員会の連中は。こんなにアメリカ怒るとは思わなかったなあと。それは読みがなかった。申し訳なかったですよ。南部仏印から後ですね、日米関係が悪くなったのは」

「南部仏印まではいいと思ってた。よかろうと思ってた。今になって、誰かに言われたからではなくて、今にして思うと、私はそう信じていたと思う。根拠のない確信でした。私は外務省の意見を聞いた訳じゃないが、なんとなくみんなそう思ってたんじゃないですか」

多くの歴史家が、南部仏印進駐を、日米開戦を決定づけた〝ポイント・オブ・ノー・リターン〟だと見なしている。エリートたちの読みの甘さによって、日本は後戻りができない道へと足を踏み入れてしまったのである。

しかし一方で高田元少将は、海軍の対米戦の見通しは「一、二年は持つ。三年延びたら負ける」というものだったと語っている。

それではなぜ、武力行使の具体的な条件まで掲げて、「戦争決意」を迫ったのだろうか。

「それはね、それはね、デリケートなんでね、予算獲得の問題もある。予算獲得、それがあるんです。あったんです。それぞれ。それが国策として決まると、大蔵省なんかがどんどん金をくれるんだから。軍令部だけじゃなくてね、みんなそうだったと思う。それが国策として決まれば、臨時軍事費がどーんと取れる。好きな準備がどんどんできる。準備はやるんだと。固い決心で準備はやるんだと。しかし、外交はやるんだと。というので十一月間際になって、本当に戦争するのかしないのかともめたわけです」

「だから、海軍の心理状態は非常にデリケートで、本当に日米交渉妥結したい、戦争しないで片づけたい。しかし、海軍が意気地がないとか何とか言われるようなことはしたくないと、いう感情ですね。ぶちあけたところを言えば」

「戦争決意」は見せかけだった——。この言葉を信じられない気持ちで聞いた。と同時に、ある研究者の言葉を思い出していた。雑談の中でのひと言だ。

「軍人であってもヒト、モノ、カネを取れる人が出世していたのが実態ですよ。武人としてのプライドがあるから自分から話しませんが、そこは今の官僚と同じなんですよ」

予算を獲得するためには、何かしらの根拠が必要である。軍にとってのそれは、すなわち軍事的衝突の危機である。日米衝突の危機が深刻であればあるほど、海軍は軍備の充実を求めることができ、より多くの予算を手に入れられる。限度がきたら、日米交渉をまとめる。それが高田元少将たちのねらいだったのだ。

しかしその限度を見誤ったらどうなるか。何百万、何千万の命がかかっているという自覚が、「エリート中のエリート」たちにあったのだろうか。彼らは、組織内で評価されるために、予算獲得という「業務」に埋没していただけではなかったか。海軍は国防という本来の任務から乖離《かいり》し、組織を肥大化させることが自己目的となっていた。まさしく、海軍あって国家なし、である。

高田元少将は言う。

「いや、下はね、(和戦)二股《ふたまた》かけちゃ仕事ができないんです。予算取ったり、戦備取ったり。どっちか早く決めてくれですよ。どっちかはっきりしてくれないと仕事できないんですよ。戦備も予算も。そうなんです。ですから国の将来なんか考えるよりも、いや考えなきゃいけないんでしょうが、本当はね。僕、自分の局部局部でやりまして、上の人が決めてくれるものだと、こう思ってますから」

背信の軍令部

当時の日本は、石油のおよそ七割をアメリカからの輸入に頼っていた。その石油を止められたら、戦艦も戦闘機も動かすことはできない。戦争回避のために行われていた日米交渉が行き詰まるなか、むしろ石油の備蓄が底をつく前に開戦を急ぐべきだという倒錯した主張が次第に正当性をまとっていった。

昭和十六年九月六日、御前会議で「十月上旬頃に至るも尚《なお》我要求を貫徹し得る目途《めど》なき場合に於《お》ては直ちに対米（英、蘭）開戦を決意す」との方針が決まる（「帝国国策遂行要領」）。遂《つい》に、開戦への期限が切られたのである。

軍令部の永野総長は、大元帥《だいげんすい》たる天皇の前で主戦論を唱え続けた。こうした態度をとる以上は、確固たる戦略なり戦備なりを整えておくのが軍令部のつとめであろう。しかし、反省会で明らかになったのは、信じられないほど杜撰《ずさん》で無責任な実態だった。証言したのは、当時、永野総長の部下だった、軍令部作戦課の佐薙元大佐である。

「対四カ国（米英蘭中）作戦がですね、本当にやれるのかどうかということを徹底的に突き止めて。ある程度のリスクというものは、避けきれないリスクといいますか、ある程度のリスクは冒すのは当然ですけれども、この程度のリスクなら冒してもやれると、そんなことを全然考えてなくて、勢いに乗じて」

「致命的悲劇の根本はですね、軍令部に勤務されたり、海軍省に勤務された偉い方がおられる。十分、作戦計画の根本というものはご承知のはずであるけれども、それを本当に検討されずにですね、どんどん勢いに流されていったと」

（昭和五十六年一月三十日　第十回反省会）


佐薙元大佐の言う、「作戦計画の根本」とは何か。

後の回での発言や佐薙元大佐の日記から、昭和十一年に昭和天皇の裁可を受けた、「帝国国防方針」を指していることが分かった。三項目のごく短い内容だが、当時軍令部作戦課長だった福留繁《しげる》大佐が「対一国以上の戦争にしない方針を再確認する」ことを陸軍に提案して制定されたものであった（黒野耐『帝国国防方針の研究』）。福留大佐は開戦時の軍令部第一部長であり、佐薙元大佐の上司にあたる。昭和十一年に「対一カ国作戦」を提案した当人が、五年後の開戦時には対四カ国作戦に「どんどん流されていった」ということであろう。

日本の国力を考えれば、「国防方針」の考え方は妥当なものだった。それならば、佐薙元大佐自身は軍令部の参謀として、「国防方針」に掲げられた原則の堅持を主張しなかったのであろうか。ここで本人の口から出て来た言葉は、唖然《あぜん》とさせられるものだった。

佐薙元大佐だけでなく、軍令部総長も海軍大臣も、天皇の裁可を受けた国防方針を、「知らなかった」というのである。

「国防方針というものは、こういう方針で立てられているのだから、四カ国作戦というのはできないと。いわゆる今で言えば抑止力であると。戦争をするための兵力がないということを明確に（軍令部、海軍省の両首脳は開戦前に）表明されるべきであったと思いますが、遺憾ながら私も軍令部におりまして（略）定められているということを知っておりませんでしたが、恐らく永野軍令部総長、あるいは及川海相もご存じなかったのではないかと」（佐薙元大佐）

「根本的事項を海軍首脳部に徹底していなかったと。（略）これは変なことだと思うのですが」（野元元少将）

「私自身、国防方針がどこにしまってあったかということについて、軍令部にいた時に、見たこと、聞いたこと、教えられたことがなかった」（佐薙元大佐）

（昭和五十八年八月三十日　第四十五回反省会）

原則がなければ、場当たり的な対応をくりかえしていくほかない。海軍で一貫していたのは、軍備の拡張、つまり、高田元少将が語ったように、多くの軍事費を獲得することだった。

佐薙元大佐と同じく、開戦時の作戦課参謀だった三代元大佐が証言する。

「私が申し上げておきたいのはねえ、私は軍令部におる間はね、感じておったことはですな、海軍が〃アメリカと戦えない〃というようなことを言ったことがですね、陸軍の耳に入ると、それを利用されてしまうと。

どういうことかというと、海軍は今まで、その、軍備拡張のためにずいぶん予算を使ったじゃないかと、それでおりながら戦えないと言うならば〃予算を削っちまえ〃と。そしてその分を、〃陸軍によこせ〃ということにでもなればですね、陸軍が今度はもっとその軍備を拡張し、それから言うことを、強く言い出すと。（略）そういうふうになっちゃ困るからと言うんでですね、一切言わないと。負けるとか何とか、戦えないというようなことは一切言わないと。こういうことなんですな」

（昭和五十八年九月十四日　第四十六回反省会）

対米戦に備えるという名目で軍備を拡張してきたので、今さら「戦争できない」とは言えない、これが軍令部の本音だった。しかし、石油の七十パーセントをアメリカからの輸入に頼っていたことに象徴されるように、国力の差は歴然としている。開戦前、作戦立案のためのシミュレーション、図上演習を行っても当然悪い結果しか出なかった。

軍令部は、客観性をかなぐり捨てていった。大井篤元大佐が語る。

「西川亨って私のクラス（兵学校の同期）に、あそこの下におったんです。（戦争準備計画を担《にな》っていた軍令部第二部の）栗原さん（栗原悦蔵元少将）の下に。（私は）〝栗原さんの下におってどうしてね、貴様おい、こんなに船舶の被害を小さく見積もったのか〟とこう言ったんですよ。（昭和十六年の）十月の末、もう十一月、末の末、なってからですが、図上演習をやったんですね、あそこで、軍令部。

軍令部の中で船がどれくらい沈むかということを（内閣の）企画院から言われて。これでやってみたところが、ぼろぼろと沈んでね、こんなことじゃ十パーセント（の損害見通し）なんか成り立たないと言うんですよ。ところがね、（軍令部作戦課の）神重徳さんが来てね、表があるでしょう、サイコロ（の目をもとに結果を判定する表）。（神さんが）〝そんなもの持っているからいかん〟と〝これを使え〟と言ってね。そして強引にこのあれを、戦力判定か、あれを変えたって言うんですよ。それでやってみたところが、ちゃんと（都合良く）数字が合うっちゅうんです（笑）。そりゃ、そういうヤツが、そういうヤツ（表を）作ったんだから」

（平成元年四月二十四日　第百十一回反省会）

これは捏造《ねつぞう》と言っていいだろう。紙の上で練り上げた計画は、現実とどんどん乖離していく。開戦当時、艦隊などへの軍需品の供給を担う兵備局の局長だった保科元中将は、「夢みたいな」計画であったと証言している。

「私が兵備局長をやらされて、調べてみるとね、出師《すいし》準備なんていうのは、まるで夢みたいなものなんだ。作文はできておったんです。計画が」

「まるで使うことができないような兵器まで載せているわけだ。帳面をあわせるために」

（昭和五十六年一月三十日　第十回反省会）

予算獲得のために危機を煽《あお》り、事態が予想を超えて深刻化すると、引っ込みがつかなくなってさらに強硬な意見を主張する。その主張を正当化するために、現実をねじ曲げる。できあがったのは「夢みたいな」計画だった。

しかしそれは、国民にとっては悪夢でしかなかった。

破綻《はたん》の足音

昭和十六年十一月、ついに日米交渉は決裂した。

アメリカが突きつけたのは、中国、インドシナからの日本軍の全面撤退という、予想をはるかに超える要求だった。太平洋を航行中だった海軍機動部隊に、攻撃実行を意味する暗号、「ニイタカヤマノボレ」が打電されたのは、十二月二日のことであった。

日本時間の八日、機動部隊は、ハワイ・パールハーバーに停泊していたアメリカの太平洋艦隊を奇襲。戦艦四隻《せき》を沈める大戦果を挙げた。日本軍は、フィリピン、シンガポール、ビルマ、インドネシアの攻略にも成功し、太平洋、アジアの広大な範囲を勢力下におさめていったのである。

連戦連勝の報に、国内は沸き立った。しかし皮肉なことに、軍令部では深刻な事態に直面していた。勢力圏が広がれば広がるほど、作戦、編制、補給計画は複雑化してゆく。軍令部には、それをフォローするだけの人手がなかったのである。

当時の軍令部の写真を見ると、壁一面に巨大な地図が貼《は》られている。ニューギニア、インドネシア、シンガポール、果てはビルマまで含まれる「南方要域図」である。

私たちが作戦室をセットで再現した際、印象的なこの地図を複製して掲げたのだが、「こんなに手を広げたのか」と思わず溜息《ためいき》が出た。この広大な戦域の作戦計画を立てていたのは、作戦課に属する、わずか十人ほどの参謀であった。「無理がある」というレベルをとうに超え、狂気さえ感じてしまう。参謀たちは目の前の「業務」に追い立てられ、長期的な作戦、戦略を考えることはできなかった。

昭和六十年十二月十六日に行われた、第七十二回反省会で、軍令部作戦課、佐薙元大佐は率直に当時の実情を告白している。

「軍令部の欠陥というか、欠点をちょっと申し上げますと、開戦前から、開戦になってから、軍令部一課（作戦課）の定員は平時定員のままなんです。平時定員のままで戦争が忙しくなって、特に陸軍との折衝が頻繁にあると、それから作戦部隊との交渉その他もいろいろあると、あるいは戦地への出張もあると。（略）作戦が始まってから、日常の業務に相当追われている。
海軍の軍令部には、ロングスタンディングの計画を冷静に、日常の業務にかかわらず、長期、あるいは中期計画を検討している、日常のことにとらわれずに研究するというスタッフがいなかったと」

平時における軍令部の仕事は、仮想敵国を相手とした年度作戦計画を立案することで、前年度の計画を踏襲しながらの作業となる。しかし、実戦ではそうはいかない。想定外の海戦が始まることもあれば、戦闘で思ったより深刻なダメージを受けることもある。日々変化する現実を前に、確実かつスピーディーに新たな作戦を立てなければならない。と同時に、どのように戦争を終結させるのか、中期的、長期的な作戦を立てる必要もある。

開戦時、海軍は三十二万の将兵と、およそ四百の艦船を有していた。上層部は「大海軍」と称された巨大組織を、わずか十人で動かすことができると考えていたのだろうか。人手不足の現実に直面した軍令部が採った「対策」は、またしても机上の数合わせだった。

三代元大佐の証言である。

「(私は)航空関係の作戦にあてられてですね、航空軍備と、それから作戦計画と両方を担当させられたんですが、そればっかりじゃなくですね、初めからワシは軍令部二課の部員を兼務させられたんですが(略)そのうちに(海上交通保護などを担当する)第十二課ができまして、〝これにも航空が必要だから、三代君、ひとつやってくれんか〟と、こういう要求があったんですが〝いや、とてもワシはもうそういう余裕はありません〟と。だから〝ほかの者にして下さい〟と言ったら、〝名前だけでいいですよ〟と。(略)結局、名前だけ入れられちゃったということで、いろんな方面に対してですね、そういうふうなことがあったんです」

「それで今度は、ワシは人事局にだいぶ申し込んだんですよ。〝せめて一人でも、ワシのアシスタントになる人でも出してくれ〟と言うたら、〝そうはいかん〟と。〝あなた方のところでどんどん部隊を増やしたりするもんだから、そのために人が必要であって、そういう余裕がないんだからしょうがありません〟といって断られちゃったんですね」

ほころびは、緒戦の大勝からわずか半年後にやって来た。昭和十七年六月のミッドウェー海戦である。

この戦いで海軍は、真珠湾攻撃に参加した空母四隻を一挙に失う大敗北を喫した。日本側の戦死者は三千人以上。優秀なパイロットが多数亡《な》くなった。この敗北をきっかけに、海軍の優勢は崩れ去っていった。

ミッドウェー作戦を主導したのは、軍令部ではなく、山本五十六司令長官率いる連合艦隊だった。ハワイへの更なる攻撃を目指し、ミッドウェー島を占領するとともに、アメリカ海軍太平洋艦隊をおびき出し、決定的な打撃を加えようとしたのである。

しかしミッドウェー島は、ハワイからも、海軍の拠点があったトラック島からも距離がありすぎ、一時的には攻略できても維持することは困難であった。軍令部は、この作戦に強く反対した。本来であれば、連合艦隊は軍令部に従うべき立場であったが、真珠湾攻撃を成功させた英雄であった山本長官は、自説を強硬に唱えて譲らなかった。

作戦実行の決め手となったのは、軍事目的とは何の関係もない、海軍内部の人間関係だったことが、反省会で明かされていた。

「ワシなんかはもう、連合艦隊長官の意見に対しては極めて反論してですね、頑張ったんですから。それだけれども結局抑えられちゃったというのは何かというと、（略）軍令部の（伊藤整一）次長と、それから（福留繁）一部長が軍令部に来るまでの間、山本（連合艦隊司令）長官の下の参謀長だったわけですね。

そして山本長官がいかに鼻っ柱が強いかということを経験してこられたわけなんですなぁ。そういうところに真珠湾作戦が成功したもんですから、ますます山本長官が強くなってですね。（略）そういうことでワシと渡辺（安次連合艦隊参謀）の議論を聞いておられた（伊藤軍令部次長と福留一部長の）お二人は、こう腕を組んで下を向いておられたんですが、それを聞いて一部長が、〝どうですかなぁ、（山本）長官があぁ言われるんですから長官にお任せしたら〟と言うたら今度は次長が、ハッと、やれやれというような情勢で〝そうですねぇ、それがいいでしょう〟と。こういうようなことで決めちゃったわけなんですなぁ」（三代元大佐）

山本長官の威光を背景に連合艦隊に押し切られていく軍令部。そのトップの決断は、またしても無責任極まるものだった。

「それから今度はさらにその（永野）総長のところまで行かなきゃいけませんから、相携えて総長のところまで参りまして、そしてそのことを申し上げたと。そしたら、〝そうか、それじゃあ山本にやらせてみよう〟というようなことで決めちまったと。極めて残念なことだと思うんですが、ミッドウェー作戦やったら大変だということで、ワシよ。こりゃ、駄目だと思って、ミッドウェー作戦やったら大変だということで、ワシは泣いちゃったんですけどもね、そういうことだったんですよ」（三代元大佐）

ミッドウェー海戦の一ヶ月前、ニューギニア沖、珊瑚《さんご》海での海戦で、海軍は小型の空母一隻を失い、空母一隻に損傷を受けるなどし、補修が必要な艦船が少なくなかった。軍令部はこうした現場の状況を分かっていながら、ゴーサインを出したのか――。

ミッドウェー作戦に潜水艦部隊の参謀として参加した、泉雅爾《まさちか》元大佐が声を荒らげた。

「今のに関連してね、とにかく航空艦隊も潜水艦隊も（作戦実施を）延ばしてくれいとあれほど言うたのにですね、その辺はどうなんですか」

「何ですか。今あんたが言われたのは」（三代元大佐）

「一ヶ月作戦を延期してくれっていうことですよ」（泉元大佐）

「それがね、（軍令部）一部にどのくらい届いておったかというわけだ。またそのことに対してね、軍令部一部がどのくらい研究しておられましたか」（同）

「いや、そいつはもうわかっとったんでね、やはりその少なくとも半月くらいは延ばさなきゃいかんだろうということだったんだけれども、それも連合艦隊に押し切られてしまったということだな」（三代元大佐）

「いや、あなたはね、わかっておったというように言っておられますけれども、わかってないですよ。わかってないからそういうことになっちゃった」（泉元大佐）

「いや、あの、連合艦隊に言ったんだよ」（三代元大佐）

「いやいや、駄目ですよ。そんなこっちゃ駄目ですよ。言ったって駄目ですよ。本当にね、やっぱり軍令部の担当者もね、それから連合艦隊の担当者も、潜水艦はどういう行動してるか、ね、それを本当に知っておったらね、出来ないですよ」（泉元大佐）

「いや、潜水艦ばかりじゃないよ。他の部隊だって同様さ」（発言者不明）

「いや、それがですな、本当の前線に実際やってる人間と同じようにですね、本当に腹に入っておったらですね、連合艦隊にね、駄目だと言えたはずなんですよ」（泉元大佐）

軍令部と連合艦隊で作戦目的すら共有されず、なれ合いで決まったミッドウェー作戦が、失敗に終わるのは必然だった。司令系統を守らず、いわば「下克上」で作戦を強行した連合艦隊、最終的に実行を認めた軍令部の責任は厳しく問われなければならないはずである。しかし、責任を取った者は誰一人としていなかった。

ミッドウェー海戦後の大本営発表で、虚偽の発表がなされたのは有名な話だが、海軍報道部はもともと、空母四隻喪失のところ、「二隻喪失、一隻大破、一隻小破」と発表しようと考えていた。ところがこれに軍令部が強硬に反対し、「一隻喪失、一隻大破」と大幅に少なく発表させた（冨永謙吾『大本営発表の真相史』）。敗北という厳然たる事実に対し軍令部が取った方策は、またしても、表面上の数字合わせであった。

未決の開戦責任

海軍が優勢を保ったのは、わずか半年だった。

一度戦力が均衡すれば、工業力で勝るアメリカが形勢を逆転するのは必定であった。海軍最大の過《あやま》ちは、勝算もないままに戦争に突き進み、無数の人々の命を失わせたことに尽きるであろう。この事実に対し、「海軍の恥」をさらし、「尊敬する先輩に対して批判」も辞さないとした反省会は、どこまで向き合ったと言えるのだろうか。

エリート同士が仲間うちで、非公開を前提に行っていた反省会の言葉は、きわめて率直で、証言の名に値するものだった。その一方で、聴き続けるうちに次第に物足りなさを感じるようになっていたのも確かであった。この会に参加した元海軍士官の多くが、「戦争に反対だった」「消極的だった」という立場を取っており、自らの言動を反省した発言がほとんどなかったからだ。

特に、私が違和感を覚えたのは、以下の様なやりとりだった。

「あなたは戦争に勝つと思ったですか」（大井元大佐）

「それは分からないですよ」（佐薙元大佐）

「しかしね、勝つとは思わないでしょ」（大井元大佐）

「勝つつもりでやってるわけですよ」（佐薙元大佐）

「いやいやしかしね、勝つならばね、勝つならば私（は開戦に）賛成だと、こういうことですよ」（大井元大佐）

「開戦はね、不可避という状況だったんですね」（佐薙元大佐）

（昭和五十六年一月三十日　第十回反省会）

「あなたの話を聞いていると、あなたはこの戦《いくさ》は負けるんだと。それで（そのことを）誰かに言っとったと。誰にあなたは言っとったんですか」（矢牧元少将）

「誰にも。（戦争を）やるとは思わなかったんですから」（大井元大佐）

「思わないことと言うことと違うんです。誰に（対して）あなたが意見を具申したか」（矢牧元少将）

「いや、具申ということは海軍ではみんなやらんようにしておるから、誰にも具申することないですよ」（大井元大佐）

「重大なことだから（具申を）やろうと思ったらやったらいいじゃないか！」（矢牧元少将）

「この戦はやってはいけないとみんな言い合っておりましたよ。海軍では」（大井元

大佐）

（昭和五十六年七月十四日　第十八回反省会）

「あなたは戦争になると必ず負けるということを、富岡（定俊作戦）課長、あるいは（福留繁）一部長を経て、永野総長を動かすだけの働きをどの程度おやりになったのか」（発言者不明）

「そこまでやる必要を感じなかった。（略）実際、課長は部長に話をされたと思うんですね。（略）だから我々としてはね、それ以上に、総長まで話をしとけというまでには……」（三代元大佐）

「そうでしょうね、三代さん。いい考えだったんでしょうけども、恐らくそうだったんでしょう。残念でしたね」（発言者不明）

（昭和六十年八月二十日　第六十八回反省会）

最後のやりとりに、会場は爆笑となる。

この戦争で、三百十万人の日本人が亡くなり、植民地や諸外国の犠牲者は一千万人を超えているとされる。その当事者たちが、なぜ笑えるのだろうか。

元海軍士官たちの、戦死者を悼《いた》む思いは強い。戦後も毎日祈りを捧《ささ》げていたり、高齢になっても海外へ慰霊の旅に出たりと、失われた命と向き合おうとする姿は、遺族たちに強烈な印象を残していた。生き残ったことで、自らを責めつづけていたという人も多かった。元士官にとって、重い十字架を背負いながらの戦後であった。

しかし、その祈りが向けられていたのは、同期や先輩、後輩など、主に仲間に対してではなかったか。反省会で、徴兵され死んでいった一兵卒や、空襲で亡くなった民間人に話が及ぶことは、ほとんどなかったのである。

「局部局部」で業務を遂行していたという海軍にあって、開戦の決断を彼らが「他人《ひと》事《ごと》」と受け止めていたのはある程度仕方がなかったかもしれない。しかし、なぜ戦争を止められなかったのか、自分たちにも出来たことがあったのではないか、こうした視点で当時の自分自身と向き合っていれば、そこから絞り出す一人称の言葉は、同じ「反省」であっても、違ったものになっていたのではないだろうか。

開戦をめぐる議論において、証言の多くが第三者的に感じられたことが残念でならなかった。

しかし、元士官たちのこの姿勢が、厳しく問われたテーマがあった。

若い兵士たちを死に追いやった「特攻」である。死を前提とした「必死」の作戦は、海軍部内で「邪道」とされ、きつく戒められていたという。それが決行され、美化されるようになったのは、なぜなのか――。

海軍最大のタブーが元士官たちに突きつけられていくことになる。

第三章　特攻　やましき沈黙

右田千代

「特攻」というテーマへの思い

人間の肉体を爆弾代わりにして、敵艦に人間もろとも衝突する作戦、特攻。人類の長い歴史の中でも、国家が、組織をあげて、この作戦を実行したのは、日本だけだと言われてきた。

「海軍反省会」のテープの存在を知る前から、私は「特攻」についての番組を制作したいと思っていた。きっかけは、前述したとおり、戸高一成氏から聞いた話だった。若い特攻隊員が、後に残す母親のため、遺族への手当を少しでも多くしたいと、一階級昇進してから出撃させてくれと頼んだという、あの話である。

特攻というと、死んでいった隊員の、私利私欲を超えた、犠牲的精神に圧倒される思いばかりだった私は、戸高氏の話を聞いた時、彼らを死地に送り込んだ側の人たちのことを改めて考えた。特攻には「二階級特進」という「特典」がついていた。戸高氏によると、それは当時、国家として正式に採用した制度だったということだ。人間はここまで非情になれるものなのか。

「特攻作戦を考え、推進した側の人間のことを知りたい」

その思いが番組の出発点となった。

二〇〇九年三月、プロデューサーの藤木が「鹿児島・知覧《ちらん》の特攻平和会館を見学に行こう」とスタッフに声を掛けた。鹿児島県南九州市にある「知覧特攻平和会館」には、主に陸軍が行った特攻作戦に関する資料や特攻隊員たちの遺品・遺書などが展示されている。特攻について考えるために一度はこの場所に赴くべきだというのが藤木の提案だった。

同行したのは、藤木と高山プロデューサー、取材デスクの小貫、編集を担当する予定の小澤良美。私は二歳の長男をつれて、日帰りで参加した。

羽田空港から飛行機で二時間、鹿児島市内からも車で一時間あまりかかるところにある知覧。実際に訪れてみると、想像以上に多くの見学者がいることに、まず驚かされた。壁に隙間《すきま》なく並べられた若々しい特攻隊員たちの写真。そして、遺書。一つ一つ読み進めるだけで、歩みが止まってしまう。それは他の見学者も同じようで、遺書の周りには人垣ができていた。

しかし、ここでは、「誰が」「どのように」、あの特攻作戦を始めたのか、詳しく知ることはできなかった。

特攻隊員の「悲劇」とそれにまつわる「涙」は、戦後も多くの人々によって共有されている。しかし、その作戦を誰が行ったかは、特に関心をもたれることなく時が流れている。その事実に、恐怖にも似た、不気味さを感じた。

私たちが成すべきことが明確になった旅であった。

番組共通の「巻頭言」

同じ頃、プロデューサーの藤木から命じられていた仕事があった。番組の「巻頭言」を書くことだった。

巻頭言は、番組を貫く制作者の志である。特に今回は、重要な資料が大量にあることから、三本のシリーズで番組を構成する。それだけに、チーム全体を一つに収斂《しゅうれん》させていくためにも明文化した「志」が必要だということだった。

それは、取材・構成だけでなく、音楽や美術にも貫かれる志となるはずだった。

しかし、いざ言葉を書こうとしてもなかなか進まなかった。

番組を貫く志を書くという責任の重さ、そして、それ以上に、戦争を体験していない私が、どういう思いで「戦争を始めてしまった軍の幹部たち」に向き合うのか、気持ちが定まらなかった。

戦争は二度としてはいけない。しかし、それを使い古された常套句《じょうとうく》に聞こえないようにするには、借り物ではなく、自分自身の言葉で語らなければならないと思った。

藤木に告げられた締め切りまでに答えを出せないまま、勤務時間の終わりを迎えた。子どもが生まれるまでは、勤務時間に「終わり」はなく、ひたすら考え続け、職場で夜を明かすこともしばしばだった。しかし今は、子どものことがすべてに優先する。帰宅し、深夜、明かりを落とした寝室で子どもを寝かしつけながらも、頭の中からは「巻頭言」のことが離れなかった。

私にとって「戦争」とは何だろう。なぜこのテーマに取り組んでいるのだろう。

私が「戦争」というテーマと向き合い始めたのは、一九九三年にNHK広島放送局に異動し、被爆者の方と出会ったときからである。

「広島に何しにきたん」と真正面から問いかけてきたある被爆者の方に、志を何も持たずに、その地に立ったことに気づかされ、報道機関に身を置く一人として心から恥ずかしく思った。

そこから被爆者の方々とつきあいを深める中で、彼らの人間としての魅力に惹《ひ》かれていった。「核兵器は廃絶すべき」「戦争を二度としない」と語り合った。私にとって「核廃絶」や「不戦」は理念ではなく、「大切な人たちとの大事な約束」となった。

以来、太平洋戦争、旧ユーゴスラビア紛争、コソボ紛争、イラク戦争などについて、取材を続けてきた。

戦争で深く傷ついた人たちとの出会いから考えさせられたのは「もしも自分が彼らだったら」ということだった。自分がいま戦争のない国や時代に生きているのは単なる偶然に過ぎない。自分も「彼ら」だったかもしれない。「他人事《ひとごと》として戦争を語ってはいけない」という思いが心に深く刻まれた。

そしていま、日本人として、自分の国にも他の国々にも、最大の惨禍をもたらした戦争に本格的に向き合おうとしている。

ようやく寝付いた子どもの顔を眺め、そのぬくもりや重さを腕に感じながら、「もし、この子が特攻隊員になったら」「もし、この子が空襲で猛火に巻き込まれたら」と想像した。涙が出た。

熱が出たら大騒ぎして病院に連れて行く。泣いたり笑ったり、その表情に一喜一憂する日々。小さな命を守ることに必死になっている毎日。一つの命の存在がいかに奇跡的なものであるか、一つの命が育《はぐく》まれるにはいかに大きな愛情が注がれているか、母親となって初めて実感していた。その命が、国家の命令によって一瞬で消し去られる。想像すると身が切られるような思いがした。

「この子を戦争で死なせることだけはしたくない」

その実感を抱きながらようやく書き上げた「巻頭言」では、一人一人の命の大切さがテーマとなった。以下、その全文である。

Nスペ海軍　巻頭言案　右田
今、私たちは「命」を大切に思って生きているでしょうか。

自分の命、そして、人の命。見知らぬ人の命。まったく知らない国の人の命。

不況の中で、紛争の中で、様々な逆境の中で、懸命に家族の幸せな暮らしを守りたい、という思いは、世界誰もが同じはずです。

しかし、その一番大切なことが、今の日本という国で、一番大切と考えられているでしょうか。

まだ100年にも満たない、たった68年前、日本は世界で最も命を粗末にしていた国でした。
太平洋戦争で、勝ち目がないとわかっていた戦争を始め、
特攻作戦という、人間を兵器代わりにする前代未聞《みもん》の作戦を世界で初めて行いました。
そして、この戦争の結果、日本という国家は、崩壊しました。

戦争が終わった時、生き延びた多くの人が思ったのが、空の青さ、そして生きていることのすばらしさだったといいます。

私たちは、絶後の体験をした人たちのこの思いを、今受け継いでいるでしょうか。

私たちは、この国が、同じ過《あやま》ちを繰り返さないために、戦争の時代を見つめます。

日本は、いかに命を粗末にしてきたか、その結果、いかにして崩壊したのか。

それが、この番組のテーマです。

第十一回反省会

話を「特攻」に戻そう。

反省会については、各回のテーマが記された一覧表が残されている。幹事だった土

肥一夫元中佐らが作成したと見られるもので、それによると、特攻作戦をテーマに議論したのは二回だけだった。

私はまず、この資料をもとに「第二十回反省会」のテープを聴いた。開催日は昭和五十六年八月二十六日。この日は「水中特攻作戦」をテーマとしていた。最初は全くの知識不足で、誰が発言しているのか、何を語っているのか、詳しくは理解できなかった。しかし、間違いなく「特攻」について語られていた。しかも、特攻の当事者である海軍幹部が語っている。特攻作戦を命じた側の論理について考える端緒が、きっとこの反省会にはある。これまでにない資料に出会ったことを私は、改めて実感した。その瞬間の緊迫した思いは今も忘れられない。

その後の取材で、テーマとして「特攻」を挙げていない回でも、特攻について語られていることが判《わか》ってきた。テープを聴き続けて判ったのは計六回。全体の開催回数からみれば決して多くない。この事実に、「特攻」を活発に語ることを忌避するような空気も感じられた。

その計六回の反省会のうち、最初に「特攻」が語られたのは、昭和五十六年二月十三日の第十一回だった。この日は「開戦の原因をどこに求めるのか」をテーマに議論されていたが、会が始まって一時間以上たった時、唐突に特攻に関する議論が始まったのである。テープを聴いていた私は意表をつかれた。

「ちょっと今お配りしました、これをちょっと見ていただきたい。実はナカザワユウさんが水交会で講演をやられて、そのときに特攻については中央から指示したことはないということが最後に出てます。あれは、私は頭にピンと来たわけですよ」

一人の発言者によって、それまで語られていたテーマが突然中断され、「特攻」という単語が耳に飛び込んできた。しかも、戦後、特攻については中央から指示したことはないといっていたという。発言者は続けた。

「実はね、あのナカザワさんがあそこで講演される一年以上前に、東郷神社でやはり打ち合わせがあったときに、ナカザワさんが中央で特攻を指令したことはないと同じことを言われたわけです。私は冗談じゃないよと思った。そういうことを言われるようなこの水交会に、わしは拒絶したいと……ことがあるんです」

「それは間違いだ」

「それでね、それのことをこれに詳しく書いてありますので、それはナカザワさんはですね、誠にその点がけしからんと私は思うんですよ」

途中、「それは間違いだ」という非難の声も上がる激しい議論。発言を始めた人物は誰だろう、と私は、息を殺してテープを聴き続けた。

「それは間違いだ」と叫んだ人物が反論を始める。

「僕の知っている範囲においてはね、特攻隊の産みの親のオオニシさんが赴任する前に軍令部に来たわけですよ。軍令部のほうでは、総長と次長と部長とね、それからナカザワ課長がおられたんです。その場所でもって、やっぱりあれ、今の日本の海軍航空隊の連中の実力じゃ到底それは敵を攻撃するなんてことはできないから、それは体当たりでもやるほかしようがないでしょうと、こう言ったところがですね、みんな黙っちゃったと。

そして結局、口を開いたのはオイカワさんであってね。オイカワさんが、それはやむを得んだろうという。しかし、君のほうから命ずるような態度をとってはいかんぞと。

ところが、志願してくる者があればね、その人を採用してやってくれと。君のほうから強制してはいかんということを言われたんです。それは書いてあるんです」

これに対し、特攻について口火を切った人物が、強い言葉で反論する。

「いや、それはあくまで飛行機だけの話であってですね。その前に大海指《だいかいし》四三一号と四三五号に、連合艦隊の準拠すべき当面の作戦というのが七月に出ているんですよ。そして、それによるとですね、とにかく特攻作戦をやれということがもう出て、既に神風特攻よりずっと前に回天の採用をしているわけです。

それは読んでいただければ、それは特に何かといえば、十九年三月に大本営が企画していて、もう我々にやれと言っているわけです。これは流れましたけれども。そういうのがありまして、回天はですな、もう既に計画採用して、神風より遅くなったけれども、実際の計画はもうナカザワさんがおられるときにやっているわけですから、それをね、おれは中央では指令した覚えがないなんていうことを言われたこと自体おかしいんですよ」

「いやいや、それは時期が違うんじゃないかと」

「いや、違いませんよ」

この時、二人の議論に、戸高氏と交友があった人物として私たちもよく知る、反省会幹事の土肥一夫元中佐の声が割り込んだ。土肥元中佐の発言によって、初めて、特攻について口火を切った人物の名前が明らかになる。

「今の問題ね、皆さん、ちょっと待ってください。この問題ね、ナカザワさんが講演されたときに、セノオ君が質問したんです。軍令部で特攻作戦を認めたんですかと。そうしたらナカザワさんが、おれはそういうことはないと。土肥君に聞けと私の背をたたいたんです。

これはね、ところが、今のお話のオオニシさんとの話じゃなくて、そのはるか前に回天も桜花《おうか》も、マル四艇もみんなね、海軍省で決めて建造を始めてるんですよ。そうするとね、特攻を軍令部一部長ともあろうものが知らないというのはおかしいと、こうしうんでしょう、トリスさん」

「そうなんですよ」

発言者は誰か

初めて名前が明らかになった発言者、「トリス」とは誰なのか。『日本陸海軍総合事典』（第2版・秦郁彦編・東京大学出版会）を開いた。本書は、番組制作を支える基礎資料として欠かせないものだった。二二三ページに鳥巣建之助元中佐についての記載があった。

一九〇八（明治四十一）年生まれで、反省会で特攻に関する発言をした時は七十三歳だった。出身は福岡県で海軍兵学校五十八期卒。反省会のメンバーは、五十期台前半が中心で、大佐にまで進級した人も少なくない。その中にあって、鳥巣元中佐は若手の部類に入る。兵学校卒業後は、潜水艦に乗り組み、二つの潜水艦の艦長を歴任している。戦後は、自ら事業を興《おこ》した。晩年は潜水艦の戦史などについて執筆活動を行っていた。反省会のメンバーには、戦後、自衛隊などの公職に就いた人も多いが、その中で鳥巣元中佐の経歴は、やや異色のものに思えた。

鳥巣元中佐の発言は、海軍について門外漢の私には、当初非常にわかりにくいものだった。その発言の重大な意味は、関係者への取材を重ねる中で、徐々に判ってきた。

まず、鳥巣元中佐が名前を挙げて批判している「ナカザワユウ」とは、軍令部第一部部長を務めた、中澤佑《たすく》元中将のことであった。

海軍が行う作戦の計画・立案を担《にな》うトップエリート集団・軍令部。中でも「作戦課」と呼ばれる軍令部一部一課を統括する一部長は、作戦に関する絶大な権力を持っていた。中澤元中将は、一課長を経験した後、海軍省人事局長などを経て、昭和十八年六月に軍令部一部長に就任している。

そして、中澤元中将が一部長を務めていた昭和十九年十月。海軍は、史上初めて、組織的に特攻作戦を実施している。

「誠にけしからん」と鳥巣元中佐が厳しく批判しているのは、その中澤元中将が、旧海軍のOB団体「水交会」で講演を行った際、「特攻については中央から指示したことはない」という趣旨の発言をしたことについてだった。

中澤佑元中将

反省会では、海軍が存在していた当時の上下関係が厳守されていた。将官クラスに対しては「閣下」という敬称が戦中そのままに使われることも多かった。そうした中で、鳥巣元中佐が、海軍兵学校で十五年も先輩の中澤に対して、こうした激しい非難の言葉を投げかけるのは異例と言ってもいい。

この鳥巣元中佐の発言に対して「それは間違いだ」などと激しく反論をしていたのは「ミヨ」と呼ばれる人物だった。

名前を頼りに『日本陸海軍総合事典』で調べると、中澤元中将が軍令部一課長時代に、一課の部員だった三代辰吉《たつきち》（のち一就と改名）元大佐だった。

三代元大佐の反論の趣旨は、おおよそ以下のような意味であることがわかってきた。「特攻作戦の産みの親」とされている「オオニシ」とは、大西瀧治郎《たきじろう》中将。大西中将は、最初の特攻作戦・神風特別攻撃隊を指揮した人物として知られている。

三代元大佐が語るのは、大西中将が、神風特別攻撃隊の拠点となるフィリピンの基地へ第一航空艦隊司令長官として赴任する直前の出来事である。大西中将は、軍令部総長の官舎にやってきたという。そこにいた「オイカワ」は、当時の総長、及川古志郎大将。「次長」は伊藤整一中将、「部長」は中澤元中将を指す。彼らが大西中将を迎えた。その席で、軍令部の最高幹部たちに対し、大西中将が「今の日本海軍の航空隊の実力では、到底敵を攻撃できないから、体当たりでもやるしかないでしょう」と訴えたところ、幹部たちは黙ってしまったという。そして、及川軍令部総長が「やむを得まい。ただし命令はするな。志願者があれば、その人を採用してやってくれ」と語ったのが、特攻作戦の始まりだというのである。

この逸話は、戦後、海軍関係者の間で語り継がれていることがわかってきた。

中澤元中将自身、回想録でも、この逸話を紹介している（『海軍中将中澤佑　海軍作戦部長・人事局長回想録』中澤佑刊行会編・原書房・昭和五十四年）。この書籍は中澤元中将の没後二年たって出版された。

伊藤中将は戦艦「大和」沈没の際戦死し、大西中将は終戦直後に自決。及川元大将は昭和三十三年に亡《な》くなっており、現場に居合わせた人物でこの逸話を語り残したのは、中澤元中将だけだ。そのため、この逸話は検証することが難しく、戦後海軍関係者の間でも信憑性《しんぴょうせい》が疑われてきたという話を戸高一成氏からも聞いた。

特攻作戦が誰によって始められたのか。いわば核心とも言える話が「虚構」である可能性もあると知ったとき、心が騒いだ。

この逸話を私たちの間では「特攻神話」と呼ぶようになった。特攻については、通説とされてきた話でも、あらためて検証しなおす必要がある。そう思ってのネーミングだった。

反省会で、この話を紹介した三代元大佐自身、その場に居合わせたわけではない。しかし、あくまでこの話は真実であると考えていた。特攻作戦の「産みの親」は大西中将であって、中澤元中将をはじめとする軍令部幹部は「命令はするな」と指示しただけで、特攻作戦の計画立案に関して「責任はない」と主張したのである。

これに対して、鳥巣元中佐は、自分の体験を踏まえて猛反発を始める。反省会での元中佐は、発言の切れ味が良く声も大きい。特にこの時は、怒りの感情も混じり、聞く者を黙らせる迫力があった。

以下、三代元大佐に対する鳥巣元中佐の発言を再録する。

「いや、それはあくまで飛行機だけの話であってですね。その前に大海指四三一号と四三五号に、連合艦隊の準拠すべき当面の作戦というのが七月に出ているんですよ。そして、それによるとですね、とにかく特攻作戦をやれということがもう出て、既に神風特攻よりずっと前に回天の採用をしているわけです」

「三月に大本営が企画していて、もう我々にやれと言っているわけです」

「回天はですな、もう既に計画採用して、神風より遅くなったけれども、実際の計画はもう中澤さんがおられるときにやっているわけですから、それをね、おれは中央では指令した覚えがないなんていうことを言われたこと自体おかしいんですよ」

「大海指」とは、天皇の裁可を受けて下す奉勅命令「大海令」に関連して軍令部総長から出される重要な指示である。「大海令」五十七本が現存するのに対して、「大海指」はおよそ五百四十本残っているという。そのうちの一つ「大海指四三一号」に鳥巣元中佐は注目した。

神風特別攻撃隊が初めての組織的な体当たり攻撃を実行したのは、昭和十九年十月二十五日のことであった。先立つ七月に「大海指」が出ており、そこに「特攻作戦をやれ」と明記されているのだという。しかも、その七月の命令のさらに四ヶ月前の三月には、鳥巣元中佐自身が「特攻作戦をやれ」と指示を受けていたというのである。

三代一就元大佐

鳥巣元中佐と「回天」作戦

鳥巣元中佐が命じられた特攻作戦とは、「回天」作戦であった。

「回天」とは、海軍が開発した九三式魚雷を兵士一人が乗り込んで敵艦に体当たりするように改造した特攻兵器で、別名「人間魚雷」と呼ばれる。

回天作戦が最初に実行されたのは、航空機による特攻「神風特別攻撃隊」実施の翌月、昭和十九年十一月だった。

しかし、鳥巣元中佐は、その半年以上前から回天作戦は軍令部によって計画され、現場にも指示が出ていたと証言したのである。その発言は「特攻神話」を覆《くつがえ》し、問題の核心に迫るものだった。

鳥巣元中佐の経歴を改めて調べてみた。

鳥巣元中佐は、昭和十九年三月、広島県呉《くれ》市に置かれていた第六艦隊兼第一特別基地隊の参謀に任命された。第一特別基地隊は、回天作戦のために設立された部隊だった。全国の航空隊志願の兵士たちを集めて、ここで秘密の内に訓練を積み、回天の搭乗員とする計画であった。

回天の搭乗員として訓練を受け、生還した人たちで戦後結成した「全国回天会」。その事務局長の河崎春美氏のもとに、当時の鳥巣元中佐の写真があることが判《わか》り、見せてもらった。

いずれも回天搭乗員が出撃する直前に撮られた集合写真である。各部隊、回天搭乗員四〜六人に加え、回天を搭載する潜水艦の指揮官、そして基地の幹部たちなど総勢十五名前後が写っている。写真はおよそ三十枚あった。

裏にはそれぞれの立ち位置にあわせて名前が手書きで記されており、その中に「鳥巣参謀」という文字も確かにあった。その文字に従い、当時の鳥巣元中佐を確認する。見ていくと、集合写真のほぼすべてに、鳥巣元中佐の姿があった。どの写真においても、最前列に回天搭乗員が並んでいるのに対して、「送り出す側」の人間は後列に並んでいる。鳥巣元中佐も常に後列に写っていた。

元中佐が送り出した回天搭乗員は八十九人に上った。

当時、海軍のすべての作戦を統括していたのは、軍令部一部長の中澤元中将だった。つまり、鳥巣元中佐は、中澤元中将が部長を務める軍令部第一部の指示で、回天作戦の参謀を務め、兵士たちを死地に送り出していたのである。

鳥巣建之助元中佐

それからおよそ四十年後、海軍反省会で鳥巣元中佐は、どのような思いで、中澤元中将を激しく批判し、どのような思いで、特攻作戦について語っていたのだろうか。

鳥巣元中佐の人となりや心情は、経歴や著作だけではつかみきれない。私は、元中佐の遺族を訪ねることにした。

事前の情報取材で、妻と三人の子どもが健在とわかった。世田谷のマンションを訪ねたのは、二〇〇八年九月二十三日のことである。

面会できたのは、妻と長女、そして昭和二十一年に生まれた長男の三人だった。

妻の貞子さんは、このとき九十二歳。夫の思い出を、昨日のことのように語ってくれた。

「特攻作戦に関わっていた頃は、ちょうど私が結核で療養中の時でした。呉から見舞いに来ても戦場での悩みは一切語らず、おもしろおかしく笑わせてくれました」

子ども思い、家族思いのよい父親だったという。長女には西洋人形、次女には日本人形と、細やかな心遣いで、おみやげを買ってきてくれた。

戦後、アメリカ海軍の研究会に招待されてテキサスで講演を行うことになり、長女の治子さんが母に代わって同行した。父親が、講演で日本の立場をきちんと話している姿が印象に残るという。「父は人間としてとても尊敬できる人物でした」と語った。

長男の正浩氏は、戦時中のことについて、父親から詳しく話を聞いた記憶はない。

家の中では、軍隊出身者にありがちな厳しさは感じなかったという。

ただ、反省会の話はよくしていたそうだ。何を議論したかは詳しく語らなかったが、出席するのをいつも楽しみにして「皆勤賞だ」などと言っていたという。

その後、取材を深め、九ヶ月後の二〇〇九年六月、再び鳥巣元中佐の遺族を訪ねた。反省会での発言の真意をより深く知りたくなったからだった。

この時は貞子夫人、正浩氏とともに、次女の紀久子さんも話を聞かせてくれた。

紀久子さんが語ったのは、戦争中の忘れがたい父の記憶だった。

昭和二十年の終戦直後、広島に疎開《そかい》していた家族の元に父が戻ってきた時のこと。母と六歳だった治子さん、四歳の紀久子さんを座らせて父は言った。

「アメリカ軍がくれば何をするかわからない。潔《いさぎよ》く死ぬ覚悟で」

そして短刀を渡したのだという。紀久子さんが、短刀を顔の前にかざして「いつ死ぬの？」と尋ねると、父はしばらく子どもたちの顔を見つめた後「この話はこれでもう終わり」と言った。その後、自ら軍刀を折り短刀と一緒に裏山に埋めたと聞かされたという。

「もしかしたら、軍人の家族として死を誇りある行為と思っていたかもしれませんが、子どもまでそういう気持ちにさせてしまった様子を見て、考えが変わったのかもしれません」

さらに紀久子さんは、父が戦後、亡くなった同期の家族を気にかけ、その子どもたちの仲人《なこうど》なども引き受けていたことが印象に残っているという。鳥巣元中佐の同期、海軍兵学校五十八期で、戦死を免れた人は極めて少なかった。一歩間違ったら自分も、と思っていたからこそ「生き残った者としてのつとめ」を強く感じていたのではないか、と語った。

「父は特攻に反対していました。命を大事に扱わなければならないという気持ちがあったと思います」

「若者の国を思う純粋さを伝えたいと思っていた。そういう純粋な気持ちを、上の人間が悲劇的に使ってしまったのが、問題だったのではないでしょうか」

長男の正浩氏が、会社勤めを始めた頃、会社の先輩や同僚数名が、父・鳥巣元中佐に海軍の話を聞きたいと、自宅を訪れたことが二、三度あった。

組織論に話が及んだときの、晩年の父の言葉が忘れられない。

「海軍は、オープンな組織だったにもかかわらず、大きな組織（海軍）の方針について思っていたことをすべて言えなかったところがあった」

「反省会では言うべきことを言ったが、戦時中、トップの方針に対しても言うべきだったのに言えなかった」

戦後、上官が亡くなって初めて、それまで言えなかったことを言えるようになった……。

その話を聞いた時、私は、反省会で上層部の批判を続けた鳥巣元中佐の思いの一端に触れた気がした。

取材の中で、鳥巣元中佐が戦後遺《のこ》した手紙が見つかった。回天で戦死した部下の遺族に宛《あ》てて、終戦直後に送ったものだった。

毛筆で大きくはっきりした字で書かれた手紙。「謹しみて弔辞及香典送付申上げ……」と書き始めているところから見ると、遺族に弔辞と香典を届けた際の手紙と思われる。

「武人の本懐」を遂げた「御令息」が「敗戦の悲運」にあって、まことに「気の毒の極」としつつ最後にこう記している。「されど誠忠は永遠に輝くべく願くばこの精神を新日本建設の源動力とせられん事を」。

回天で戦死した兵士は「永遠に輝く」という遺族への言葉。この手紙から三十年余り後、鳥巣元中佐は、反省会で回天作戦を計画した幹部への批判を始めたのであった。

中澤元中将の講演テープ

特攻についてはじめて語られた第十一回反省会。

その中で鳥巣元中佐は「実は中澤佑さんが水交会で講演をやられて」と語っていた。元中佐が上官に対する批判を口にしようと決意した重要な講演である。是非ともその詳細を知りたいと思った。

取材に行った先は、海軍のOB団体の水交会。

取材当初から何度も訪れ、海軍幹部の証言を聞き書きした「小柳資料」や「水交座談会」などの貴重な資料を読み込んだ場所である。

当時の水交会会長は、防衛大学校一期生で、海上幕僚長を経て全自衛官のトップ、統合幕僚会議議長を務めた佐久間一氏だった。番組の取材にあたり、水交会会長が佐久間氏であることを知った時、私は、その縁に驚き、この上ない幸運を感じた。

なぜなら、私が「海軍」との関わりを持つことになった番組、NHKスペシャル「海上自衛隊はこうして生まれた」（二〇〇二年八月十四日放送）での、最も重要な取材相手の一人が、佐久間氏だったからである。今回の趣旨を説明したとき、佐久間氏は、海上幕僚長の先輩である中村悌次《ていじ》氏（二〇一〇年七月二十三日逝去《せいきょ》）とも相談した上で

「海軍にとって、いいことも、悪いことも、すべてさらけ出す時期にきている」と決断し、協力を約束してくれた。

さて、中澤元中将の講演である。水交会では、一九七〇年からほぼ毎月、戦史や軍事、外交などに関するテーマで講演会を開いてきた。中澤元中将もこの講師を務めた。しかも水交会では、その内容を会報に載せるために全回テープで録音しているらしい。私が水交会に赴いたのは、このテープを借りるためだった。

講演会のテープは、水交会の事務所の奥にある倉庫に収納されていた。池邑正男事務局長をはじめ、スタッフらがテープ探しを手伝ってくれた。しかし、なかなか見つからない。このテープを探しに、水交会に三度通う中、「もしかしたら、廃棄してしまったかもしれない」とも聞かされた。

「さすがにもう無理だろう」と思っていた時、池邑事務局長から「見つかりましたよ」と連絡があった。二〇〇八年十月二十四日である。私の手帳には赤字で「16時、中澤テープあり、と水交会より連絡。とりにいく!!」と記されている。

「昭和五十二年七月十一日　定例講演会　中澤佑氏（海軍時代の回想）」と手書きのラベルが貼《は》られたテープが他の講演会のテープと共に段ボール箱の中に並んでいた。

中澤元中将や番組に関連のありそうな他の講演会テープも胸に抱くようにして局に

持ち帰り、早く聴きたいもどかしさをこらえて、CDにコピーされるのを待った。そのまま機械にかけると、保存状態によっては切れてしまう恐れもある。

数日後、CDのコピーができあがると、ほかのテープはさておき、まず、中澤元中将の講演を聴くことにした。

その時、私は「海軍プロジェクト」の部屋に一人でいた。この部屋は、貴重な資料が大量にあることから設けられたもので、駐車場に臨時に建てられたプレハブの中の一室だった。NHK放送センターの敷地の隅っこに置かれた「離れ小島」のような場所ではあったが、雑念から遠ざかり番組制作に集中できる空間でもあった。探し求めた中澤元中将講演会のテープを聴きはじめた時、私は、それまで以上に集中していた。

当時の取材ノートを見ると、二〇〇八年十月二十八日だったことがわかる。夕刻だった。私はひたすら中澤元中将の言葉を書き取った。

いつも取材に使っているノートは手のひらにのるくらいの小さなものだが、そこに小さな字で二十八ページにわたって、講演内容を書き記した。通常、ページの片面しか使わないのだが、この日は紙が足りなくなり、最後はページの裏面も使った。

中澤元中将の講演が核心に触れたのは、まさにこの最後の五分にも満たない時間であった。

中澤元中将は、それまで海軍における自らの功績を中心に語っていた。その後、やや唐突に、私たちが「特攻神話」と呼んでいた、軍令部総長も交えた会合での話を語り始めたのである。

最後の最後に語られた「特攻」

「特攻。特別攻撃。これについて、特別攻撃の発端と申しますか。皆さんもみんな故人になられて、私がみなさんに申しあげて記憶しておいて頂きたいと思うのですが」

「昭和十九年のこれは十月……（略）大西中将ですね。それまでは軍需省に勤務されておったんですが、昭和十九年の十月の初めに軍需省を辞めさせられて、そうしてフィリピンにおります第一航空艦隊の司令長官に補職される事に相成ったんであります。第一航空艦隊の司令長官に。そうして、大西さんの任地に出発せらるる前に、軍令部にお出《い》でになって、そうして軍令部の軍令部総長官舎。今の日比谷のあれ、家庭裁判所ですかね。あそこの所に軍令部

大西瀧治郎中将

総長の官舎があったんですが、その所の二階に時の軍令部総長の及川大将、そうして次長の伊藤整一中将。そして一部長の私。そうして大西さんと。この四人で会いまして。大西さんがこれだけ来てくれと。申しあげる事があると、こう言うので、それで大西さんがおもむろに口をお開きになりまして、そうして今の一般戦況、もう日本の敗色濃厚であると。それに加えて航空兵力は機器は十分に出来ないばかりでなくて、その搭乗員の訓練不足と言いますか、訓練未熟で、到底当たり前の空中戦闘は出来かねると。

それに加えて敵は電波兵器ですね、電波兵器ができて、電波兵器で我が来航するのを察知し、それで戦闘機を高く待機させて、こちらから大きな爆弾を持っていけば、覆《おお》いかぶさってきて、みんな攻撃をする前に撃墜されてしまうと。それだからこの際、搭乗員に当たり前の空中戦闘など避けて、もっぱら敵をかわして目標の敵の航空母艦なり艦船に体当たりしろと。こうするのが一番かえって情けが深いじゃないかと。そういうような戦法をこれからフィリピンでしたならば取らせたいから、ご承知を願いたいと。こう言って大西さんからそういうような意見具申が出たんであります」

「その時に私は体当たりという事は考えておりませんし、もちろん命令などを出した事はありませんので、それでややしばらく四人は静思黙考、声なしとこういうような情勢だったんでありますが、そうしてややしばらくして、及川軍令部総長が、口を開かれて、大西君、あなたの言われる事はよくわかりました。しかし大西君、命令だけではやってくれるなよと。それが私は今でも印象に残っております。命令だけではやってくれるなよと。各搭乗員の発意によってそれでやるというのならば、それでやってくれてもよろしいと」

そして、特攻作戦に関する、自らの責任について語ることはなかった。

「私も軍令部の作戦部長しておったんですが。特攻というのは、これは作戦ではないと。作戦というのは、命令、服従。これらの関係で、やるので、お前その行って死ね、とこういう事を命令するというのは、作戦に非《あら》ずと。作戦よりももっとデグリーのオーダーの高い崇高なる精神の発露であって、作戦に非ずと」

一時間三十五分の講演が終わった後、質疑応答の時間がとられた。いの一番に手を挙げた人がいた。そして、核心に迫る問いを投げかけたのである。

緊迫の質疑応答

「あの、七十四期のセノオでございますが、セノオと申します。えー特攻の事でお尋ねしたいんでございますが。今お伺いしました、大西さん、それから及川さんなんかのお話の前に、人間爆弾と言われたマルダイが、マルダイの部隊が編制されたのは、七二一空が編制になっておったのは、確か十九年の十月一日と書いてございますが。そして、人間爆弾のですね、設計が終わって製作に取り掛かったのは、確か十九年の夏で、八月から九月にかけてだと思うんですが。

それで和田中将にお会いしましたところが、当時六百機か何百機かと言われましたですが、これの事がそれぞれの所掌を経て、横須賀・空技廠《くうぎしょう》（海軍航空技術廠）の方でございますか？　指示があったので、生産を進められたと、このように聞いたのでございますが」

「これはー、マルダイ」（中澤）

「マルダイ」（セノオ）

「マルダイって何ですか」（中澤）

「マルダイというのは何でしょうか」（司会者）

「あの人間爆弾です。桜花《おうか》」（セノオ）

「これはですね、私は作戦部長は承知しておりません。そうして、これは恐らく作戦としてせずに、実施部隊が自らのあれでやったんじゃないかと思います。そうしてもう一つ、このいろいろ兵器に関して。これも故人になって、黒島亀人《かめと》君。黒島亀人君が、あれが二部長で、戦備を所掌しておったんです。戦況が悪いと、こういうので彼が彼独自の性格と申しますか。作戦一部長に相談せずに、下の方でいろいろ資材がないから、それで戦《いくさ》に勝つにはこうやらなくちゃいかんと。こういうので彼の性格でやったんです。ですから、黒島君が生きておったら、わかるけれども。でもそういうようなところで、私がきっちり軍令部一部長がハンコを押してやった書類は恐らく今日残っていないと思いますが、あったらぜひ拝見したいと思います」（中澤）

「それではですね、あの一部長がですね、ハンコを押さなくてですね、七二一空という、そういう特攻隊は、当時の海軍の軍令部、あるいは海軍省では編制されて奇異に感じなかったんですか？」（セノオ）

「考えないんじゃない。私は、私の所掌事項ではないと。これは各実施部隊を持っている各部隊の指揮官の判断で、まぁ早く言えば、独断専行と申しますか、の範囲内の事項である、こう思って。今でも私はそう思っています」（中澤）

「あのー、確か軍令部が、一部の中には編制なんかをつかさどる課なんかもあったんじゃないでしょうか」（セノオ）
「これは編制をやっておったのは、土肥君がおります」（中澤）
「はい、ですからそれはー」（セノオ）
「土肥君に聞いてみてください。今日も来ておられると思うんですが」（中澤）
「それでですね、中澤さんの下の下でですね、そういう作業を進められていた事は、当然中澤さんが部長をやっておられたんですから、その段階まで上げられて決裁を得て、初めてそこで七二一空という部隊が編制されたんじゃないですか」（セノオ）
「編制。土肥さん、どうだい。あなたの手にかかって編制されたのかい（笑い）」（中澤）

質問は、海軍部内の秘匿《ひとく》名称で「マルダイ」と呼ばれた、人間爆弾「桜花」について問うものだった。質問者は、この特攻兵器の部隊は、中澤元中将が決裁し、編制されたのではないかと問い詰めたのである。しかし、中澤元中将は、「私の所掌事項ではない」と断言し、軍令部内で編制を担当していた部下の土肥一夫元中佐に話を振ったのだった。

テープはここで終わっていた。

講演会での中澤元中将の最後の言葉とそれに続く会場の「笑い」。

中澤元中将は、この言葉を残して、五ヶ月後に亡《な》くなる。

まさに「遺言」ともなった言葉。

戦後三十年以上たっても元中将が「特攻の責任は自分にはない」と断言していた現実に、何ともいいようのない気持ちがこみ上げ、私はプレハブで一人、しばらく茫然《ぼうぜん》としていた。

この質疑応答の続きはどうなったのだろうか。その場に同席した土肥元中佐から、戸髙氏は直接聞いている。

それによると、中澤元中将から話をふられた土肥元中佐は「いや、私は特攻関係の書類を持っていって中澤さんのハンコをもらいましたよ」と答えたという。

私は、戦争中は雲の上の人だったであろう中澤元中将に、戦後とはいえ、特攻についての責任を真正面から追及した質問者、セノオ氏の姿勢に感銘を受けた。

セノオ氏とは、妹尾作太男《さだお》氏だとわかった。

海軍兵学校七十四期、終戦の半年前に卒業。戦後は海上自衛隊に入り、昭和五十年六月に二佐で定年退官した。その後は戦史研究家として、海外の海軍関連の書籍の翻訳に携わったほか、自ら著書も上梓《じょうし》している人物だとわかった。

妹尾氏の住所を調べ、連絡を取った。すると奥様の昭子《てるこ》さんから、悲しい知らせを聞くこととなった。妹尾氏は、二〇〇八年七月二十五日、入院先の病院で肺炎のため急逝したというのである。

神奈川県葉山町の自宅を訪ねると、息子の隆氏も話をきかせてくれた。

「正義感の強い父だった」と語った。

書斎として使っていた六畳の部屋には数多くの資料が残されたままだった。

特攻に関する資料もかなり含まれていたと聞き、可能であれば資料を見せてほしいと依頼した。

その後、隆氏は、忙しい仕事の合間をぬって父親の書斎にこもり資料を整理してくれた。しかし、残念ながら番組放送までには「特攻」の核心に触れる資料は見つからなかった。

「自分が遺《のこ》さないと、事実がわからなくなるから」

と熱心に研究を続け、資料は家族にもさわらせなかったという妹尾氏。主《あるじ》のいない六畳には妹尾氏の〝事実を遺したい〟という信念がこもっているように思えた。

戦後世代として、戦争指導者にどう向き合うか

反省会での鳥巣元中佐の発言などによって、軍令部幹部の特攻作戦への関与がおぼろげながら見えてきた。取材の焦点は、海軍の幹部が具体的にどのようにして、特攻作戦を立案し推進したのか、に移ろうとしていた。

そうした時期、私にとって、忘れられない助言があった。

助言してくれたのは、在野の占領史研究家で在韓被爆者問題市民会議代表の笹本征男《ささもとゆくお》氏だ。プロデューサーの藤木が、これまで何度も番組制作への助言を求めてきた人物であり、今回も「是非に」と声をかけ、「海軍プロジェクト」に合流してもらった。

笹本氏は、海軍プロジェクトのプレハブ小屋の一角に席を定めていた。いつも、リュックサックを背負い、杖《つえ》をついて現れた。前立腺癌《ぜんりつせんがん》などで闘病を続けていたのである。腰骨の一部が転移した癌細胞のために砕け、以来、歩くのに杖が必要になったと聞いた。お昼になると、アルマイトの弁当箱を開け、ゆっくりとかみしめながら食べていた。

海軍プロジェクトが滑り出した頃、まだメンバーがそろわず、プレハブには、私と内山ディレクター、笹本氏の三人だけのことが多かった。笹本氏はしばしば、私たち

に「禅問答」のように、大きな、本質的な問題を投げかけた。

ある時、笹本氏は、

「あなたたちは、戦後生まれなんです。そのことを忘れてはいけない」

と強い口調で語った。

自身は一九四四年生まれ。敗戦直後の記憶が生々しく「大日本帝国」が犯した罪やアメリカという国の恐ろしさを忘れられない、あなたたちはそうした呪縛《じゅばく》がない以上、もっと自由に、これからの問題として戦争について考えられるはず。それは自分にはできないことだ、と言った。

笹本氏は「大日本帝国はまだ生きている」と言った。そして、研究経験から、残されていてしかるべき旧日本軍の重要な資料が多く失われている事実に触れ「一番大事なことは、資料として残されていないのです」と指摘した。同時に、大日本帝国だけでなく「アメリカという壁」を忘れてはならないとも語った。アメリカは日本に比べて、情報公開が進んでいるように見える。しかし、七十年近く前の太平洋戦争の資料でも、国家にとって本当に重要だと判断した情報は、今も決して表に出さないという。

「恐ろしい国ですよ、アメリカは」、笹本氏は目を大きく見開いて私に言った。

戦争とは、国家にとってもそれほど大きな禍根を残している。戦後何年経《た》とうが戦争指導者側の取材をすることがいかに難しいか。だからこそ笹本氏は、私たちに覚悟を求めたのだった。

私は、笹本氏の言葉を心に刻むため、手元の黄色い付箋《ふせん》紙に「大日本帝国」「アメリカの壁」と書き留めた。プレハブ部屋の机上の本棚、いつも目につく場所にその付箋を貼《は》り続けた。

笹本氏からは、ほかにも忘れがたい助言を受けた。

戦争指導者について考える参考になるかと思い、ベトナム戦争中のアメリカ政府の実態を描いたデイヴィッド・ハルバースタム著『ベスト&ブライテスト』(浅野輔訳・朝日新聞社)を再読したことがあった。訳者あとがきによれば、著者ハルバースタムは、米軍関係者から「累々《るいるい》と横たわるベトコン兵士の写真を見せられて嗚咽《おえつ》した」と事実無根のうわさを流された。それについて後年ハルバースタムは、「例の話は事実ではない」としつつ、こう記しているという。

「あの頃、もし本当に誰かがベトコン兵士の死体を見せてくれたとしたら、その場で嗚咽できる人間でありたかった、といまにして私は思っている」

この文章を読むたび、涙が出た。そのことを笹本氏に話しながら思わずまた涙ぐむと、笹本氏は温かなまなざしながら、きっぱりと言った。

「右田さん、今回、特攻を語る時は、冷徹に、冷徹に、語らないといけませんよ。特攻隊員に対するあなたの気持ちや涙は、心の底にぐっと抑え込んで、冷徹に事実を見るのです。そうすることでしか、戦争指導者側に迫ることはできない。涙は心の底に隠して、冷徹に、です」

戦争指導者、特に特攻作戦を考え出した側に迫ることが、いかに難しいことか。笹本氏の言葉に覚悟を決めなければ、と思いを新たにした。

海軍が生み出した特攻兵器

反省会のテープを聞き進める中で驚かされたのが、出てくる「特攻兵器」の種類の多さだった。例えば前述のとおり、土肥一夫元中佐は、第十一回の反省会で、次のように特攻兵器の名前を挙げている。

「回天も桜花も、マル四艇もみんなね、海軍省で決めて建造を始めてるんですよ」

特攻兵器というと、神風特別攻撃隊のような「航空機による体当たり」が最もよく知られている。それに比べて、「人間魚雷・回天」のような水中特攻兵器は、あまり知られていないと言ってよいだろう。

鳥巣元中佐自身、戦後、著書の中で、以下のように嘆いている。

「戦後、神風特別攻撃隊のことは、知らない人はほとんどないようであったが、同じ特攻隊でも回天特別攻撃隊のことを知っている人は、きわめて少なかった」「戦死した一万人以上の潜水艦乗員や回天搭乗員に対しても、又その遺族の方々に対しても相済まぬことだと思っていた」（『人間魚雷　回天と若人たち』新潮社・昭和三十五年）

土肥元中佐も言及していた特攻兵器「桜花」は、昭和二十年三月に初出撃した「人間爆弾」である。「神風」などの特攻作戦では、既存の爆撃機を改造し、大量の爆弾を積んで体当たりできるようにしていたが、「桜花」は特攻作戦のためだけに新たに作られ実戦に参加した唯一《ゆいいつ》の飛行機である。母機の下に、まるで一つの爆弾のようにぶら下げられ、攻撃目標が見つかると、搭乗員もろとも投下される。投下された後はロケットの推進力で目標に突っ込んでいく。着陸することを想定していないため、車輪もつけられていない。物資が逼迫《ひっぱく》する中、重要な金属を節約するため、機体には木材が多く用いられたという。

「マル四艇」は、後に「震洋《しんよう》」と名付けられた特攻用ボートである。爆薬を積み、敵艦に向けて突っ込んでいく。ベニヤ製のボートに車両用エンジンを積んだ構造だった。

海上を走るので当初は脱出可能とも言われたが、実際は、敵艦から丸見えの状態で突っ込んでいく戦法や、救助が想定されていないことから、死を前提とした兵器であることに変わりはなかった。

そのほかにも、戦車を改造した水陸両用の特攻兵器「特四式内火艇」、潜水服と機雷を着用した兵士が水中に潜んで敵艦の底を攻撃する、人間機雷「伏龍《ふくりゅう》」など、次々と現れた特攻兵器の種類の多さに、これを考案した人はいったいどういう気持ちでいたのだろうと想像せずにはいられなかった。

これらはすべて、海軍が計画し、生み出した特攻兵器だった。

では、誰が、なぜ、考え出したのか。

海軍反省会の鳥巣元中佐の発言から、さらに取材を進めていくことになった。

第二十回反省会と二人の軍令部部長

反省会テープから浮かび上がってきた一人は、中澤軍令部一部長である。

そしてもう一人については、第二十回反省会の中で、やはり鳥巣元中佐が指摘していた。

昭和五十六年八月二十六日に開かれた反省会では、鳥巣元中佐が冒頭から講師として語っていた。テーマは、「潜水艦」そして「水中特攻」である。この回のテープを最初に聴いたときは「ともかく反省会で特攻が語られている」ことしか判らなかったが、予備知識を得て聴きなおしてみると、様々なことが判ってくる。

開始から一時間あまりたった時、鳥巣元中佐はこう語り始めた。

「それじゃあ後半、水中特攻作戦の失敗ということで説明を述べます。わが方の最小限の犠牲で、敵に最大の犠牲を強いる。これを積み重ねていくことが戦勝への着実な道であることは言うまでもありません。ところが日本の水中特攻でも、残念ながらその逆を行ったとしか考えられないのです」

具体的な例として、鳥巣元中佐は、「震海」という水中特攻兵器が開発されていたことを明かした。鳥巣元中佐が第六艦隊に参謀として勤務していた時のことである。

「震海という兵器なんですけれども」

「呉の工廠《こうしょう》で審査があった時に、黒島少将が立ち会って」

「私はこの兵器はとても使い物にならんぞと、六艦隊としてお断りします、ってやったわけでありますが、黒島さん、烈火のごとく怒ってですねー、この非常時に何を言い出すかと、国賊がっていうわけで、国賊扱いされたわけですが」

新しい水中特攻兵器の出来に率直な意見を述べた部下を「国賊」と罵倒《ばとう》した「黒島少将」。

第二十回反省会の鳥巣元中佐の発言には「黒島少将」の名が繰り返し出てくる。この名前は、先述した水交会での講演で中澤元中将も挙げていた。次々と特攻兵器を発案しては現場で使うよう指示を出す「黒島少将」とは、当時の軍令部二部長、黒島亀人元少将である。

広島県出身、海軍兵学校四十四期卒業で、中澤元中将の一期下になる。経歴を調べると「砲術専門」で大艦巨砲主義の帝国海軍の「保守本流」ともいえる道を歩んだようだ。中でも目立つ経歴は、昭和十四年十月から三年八ヶ月にわたって務めた連合艦隊司令部の先任参謀である。

その在任期間中の昭和十六年十二月八日、連合艦隊は歴史的な一戦を交える。真珠湾攻撃である。黒島元少将は、連合艦隊司令長官・山本五十六の下でこの作戦を計画立案した中心人物でもあった。

真珠湾攻撃の成功は、黒島参謀の名を高めると同時に、その奇癖も海軍内に広く知らしめることになった。「人とのつきあいが悪く、一人で浴衣《ゆかた》姿で自室にこもっては作戦をメモに書き散らしていた」、「先任参謀ではなく、仙人参謀だ」という話も今に伝えられている。

そうした評判にもかかわらず、山本五十六は、黒島の奇策、つまり、誰も思いつかないような発想をするところを評価し、重用していたという。反省会では、真珠湾の成功が海軍をおかしくし、それが特攻兵器開発にもつながっていったとも指摘されている。

黒島亀人元少将

「山本元帥《げんすい》あたりを神格化させておったわけですよ。山本元帥とか、黒島参謀とか、それらの言うことは絶対であるというような意見もあり、それはそれでやるっていうふうな。そういう真珠湾作戦が成功したのはそのためだと思いますけれどもね、非常に神格化されて、寄せ付けないと」

（寺崎隆治元大佐　第二十回反省会）

「あんまり真珠湾を褒め上げ過ぎるもんだから、また行こう行こうっていうわけで、それ（特攻兵器の前身と言われる特殊潜航艇）をまた作戦として使ったところに問題が私、あると思うんです。こういうのがだんだん回天に流れていく筋道を作ったんじゃないか。それで、その連合艦隊から黒島さん、黒島さんは必ずしもこれの考えの元だったとは、私は言いませんけれども、それがまた日本の軍備としてですね、特攻以外ないと。確かに特攻というのは一番その、特に水中特攻なんかにしましては、最も安直なんですね、これ、極端に言えば。自動操縦とか何とかいうことをどんどん研究してですね、あるいは同じ弾にしても、近接信管とか、そういうものを工夫していくべきで、あるいは飛行機に対しても、無人でですね、下から操縦するようなものを研究しなきゃいかん。それが、ところがそれやっては間に合わないと、こういうことで黒島さんは特攻一本に絞られたんだと思いますが、この辺に問題がある」

（中島親孝元中佐　第四十二回反省会）

昭和十八年四月、山本五十六連合艦隊司令長官は、米軍の待ち伏せ攻撃を受け戦死する。その直後の七月、黒島元少将が異動した先が軍令部二部長という職であった。

この当時、軍令部は四つの部からなっていた。このうち一部は作戦計画を統括。二部は兵器開発などを担当していた。

黒島元少将は、二部長として特攻兵器の開発に関わることになったのである。

中澤元中将と黒島元少将。二人はいかにして特攻作戦に関わっていったのか。それを知るには、当時の戦況を理解することが必要だろう。

昭和十九年の戦況

真珠湾攻撃から破竹の勝利を続けていた日本軍は、昭和十七年六月のミッドウェー海戦以来、坂道を転がり落ちるように負け戦《いくさ》を重ねた。

昭和十八年になると、日本は、太平洋上の拠点を次々と失う。九月にはついに「絶対国防圏」と名付けて、死守すべき前線を定めざるをえなくなっていた。

しかし、アメリカ軍の攻勢はやまず、十九年二月、「絶対国防圏」の一角で南方最大の海軍根拠地、トラック諸島も、アメリカ軍の大空襲により、壊滅的な打撃を受けた。

もともと、日本海軍が計画していたのは、戦艦を中心とする海戦だった。「漸減邀《ぜんげんよう》撃《げき》作戦」と呼ばれる戦法である。遠方から攻めてくる敵艦隊を潜水艦などで攻撃して徐々に戦力を弱めさせながら、日本近海に引き付ける。そこで待ち受ける大艦隊が大砲で相手を叩《たた》きのめすというものだった。

さかのぼること四十年前、日露戦争で、ロシア艦隊をこの戦法で撃滅したことが、昭和に至っても日本海軍随一の成功体験として、金科玉条のごとく引き継がれていた。

それに対し、太平洋戦争に突入するきっかけとなった真珠湾攻撃は、日本海軍としては、異端ともいえる作戦であった。空母を敵の領土近くに展開し、航空戦で一撃を与えるという機動的な戦法だ。皮肉なことに、真珠湾攻撃で全世界に知れ渡った「異端の戦法」が、その後、アメリカ軍の戦法の中心となっていく。真珠湾攻撃をきっかけに、時代は艦隊決戦から航空戦へと瞬《また》く間に移っていったのである。

しかし、海軍自身は、その変化に対応できないまま太平洋戦争を続けていた。敗北が続くのは、当然だったのだ。ようやく航空機の重要性を認識し、重点的に配備を始めたものの、昭和十九年トラック諸島大空襲で多くの航空機が破壊され、航空部隊は大打撃を受けていた。

戦域を拡大し続けてきた海軍は、完全に行き詰っていた。

それが、特攻作戦が生み出される背景の一つであった。

反省会のテープを聴き続け、戦史を繙《ひもと》いていくうちに、特攻作戦に関する疑問点が整理されてきた。

当時の取材メモには、以下の疑問が列挙されている。

・特攻作戦実行に踏み切った状況のあいまいさ。
・特攻をして当然、という空気はどこから生まれたか。
・何が特攻の実現を可能にしてしまったのか。
・いかなる状況判断によって特攻作戦をGOしたのか。
・特攻の成果、検証はしなかったのか。

反省会メンバーの素顔に触れる

今回の番組制作にあたってやらなければならない手続きが一つあった。発言の著作権の確認である。NHKの法務部に助言を求めた。反省会での議論は、公的機関に所属していた人たちが公的な事柄について話しているため「著作物」にはあたらない。従って番組で使用するにあたって、法律上は発言者に許諾を求める必要はないとのことだった。

しかし、番組に登場する人物については、本人はもちろん、本人が亡《な》くなっている場合でも遺族に連絡し、その旨《むね》を通知するとともに、理解を得ておく必要があると思った。また「海軍反省会」のテープに肉付けするためには、本人、または遺族に会うのは、必須《ひっす》の取材でもあった。反省会での「特攻」議論について話を進める前に、ここでしばし休題し、忘れえぬ反省会の出席者とその遺族について記しておきたい。

大井篤元大佐

一人目は、大井篤元大佐。長男の駿氏に電話をしたのは二〇〇八年九月のことだった。

大井元大佐は海軍兵学校五十一期卒業。昭和十八年から終戦まで海上護衛総司令部参謀を務め、戦後はGHQ歴史課嘱託として太平洋戦争関係者から聞き取り調査を行った。

その後、『海上護衛戦』（日本出版協同株式会社）や『統帥乱れて』（毎日新聞社）など、海軍の組織や作戦について事実を冷静に見つめる数々の著書を執筆した。高松宮日記の編纂《へんさん》にも携わった海軍OBの重鎮である。反省会にもほぼ毎回出席して積極的に発言を行い、大きな存在感を示した。一九九四年に亡くなっている。

世田谷の自宅を訪ねると、駿氏が外まで迎えに出てきて、「父とは同じ敷地に隣り合って住んでいました」と言いながら、中へと案内してくれた。

駿氏は、昭和二十年の時、小学五年生だったという。

反省会について尋ねると「聞いたことがあります」とのことだった。しかし、詳しいことは語らなかったという。

「父が亡くなって十四年になります。もう同時代の人も亡くなってしまった。没後、父の資料は、防衛研究所にすべて寄贈しました。五トントラックで二台分あったと思います」

会話の中で父の同僚やその家族についての話題が自然に出る様子に、旧海軍幹部は家族同士でもかなり緊密なつき合いをしていたのだなという印象を受けた。

その後、何回か訪ねた中で、大井元大佐の仏前にお参りをさせてもらった。仏壇は居間の真ん中に置かれていた。駿氏の父を語るまなざしとあわせて、遺族の大井元大佐への深い尊敬と愛情を感じた。

中島親孝元中佐

そして中島親孝元中佐。海軍兵学校五十四期卒業である。二〇〇八年九月二十四日、都内に住む長男・紀《のり》義《よし》氏を訪ねた。

情報・通信の専門家として、連合艦隊参謀も務めた中島元中佐は、戦後第二復員省、厚生省で終戦処理に深くかかわった。

紀義氏によると、仲間をとても気にかけ、海上自衛隊からの勧誘も断って援護の仕事に専念していた。海軍反省会への参加にも積極的で「反省会に行くよ」と語ってでかける姿をよく覚えているという。反省会に提出する資料などを作成する際には、妻の智恵子さんが常に清書をしていた。そう言って、紀義氏は、原稿の一つを見せてくれた。文字は美しく几帳面《きちょうめん》に書かれていた。

また、「父が、戦後雑誌や書籍などに寄せた文章はすべてとってある」と、幾つもの段ボール箱に入った資料を持ってきてくれた。

驚かされたのは、中島元中佐の智恵子夫人は、土肥一夫元中佐の妻と姉妹であるということ。また、紀義氏の姉は、おなじく反省会メンバーで、今回の番組の放送第三回「戦犯裁判　第二の戦争」の中心人物となる豊田隈雄元大佐の長男、勲氏に嫁いでいた。海軍幹部同士が文字通りひとつの「家族」を形成していた。海軍のエリート層は一つの「社会」をなしている。海軍幹部の素顔について知らないことがまだまだあるとあらためて実感した。

紀義氏自身は、父のすすめで防衛大学校に入学し、長年航空自衛隊で仕事をしてきたという。

晩年、中島元中佐は脳梗塞《のうこうそく》で倒れた。家族がつきっきりで看病をしていたが、その最中、智恵子夫人が同じ病を発症した。紀義氏はその後十三年間、母を介護した部屋を見せてくれた。バリアフリーに改造して家族と過ごせるよう、精一杯心を尽くしたことがうかがえた。

「父に続いて、母も亡くなり、ようやく落ち着いたので、この部屋もまた改築しようと思い始めたところです」

遺族の多くが、父親や祖父を心から尊敬し、愛情をもってその記憶を語ってくれた。「声」だけだった反省会メンバーの人物像が立ち上がり、蘇《よみがえ》ってくるのを感じた。

第四十二回反省会と特攻兵器開発の内幕

鳥巣建之助元中佐が最初に特攻について発言をしてから二年余り後、昭和五十八年六月九日に開かれた第四十二回反省会。テープを聴き進むうちに、この日、鳥巣元中佐が再び特攻についての意見を開陳していることがわかった。掲げられたテーマは「回天の本質」。二時間にわたって自身の「特攻論」を展開していた。

その目的は明らかだった。特攻作戦を指示した軍令部の追及である。

鳥巣元中佐は、先にも論じた特攻作戦の始まりについて語り始めた。

「今日申し上げます特攻の本質は、私が戦争中および戦後いろいろ考えた、私の考えの集約とも言って差し支えないんじゃないかというふうに考えておるわけです」

「特攻は絶対死を前提としておりまして、その嚆矢《こうし》はご承知のように昭和十九年十月下旬、第一航空艦隊司令長官の大西中将の決断によって、神風特別攻撃隊の突入に始まることは、ご承知のようであります。しかし、この時点で特攻が突然出たものではありません。大本営海軍部が正式に特攻に踏み切りましたのは、昭和十九年の七月であったとみるのが至当であります。もちろんそれよりも半年も早く、海軍省や軍令部が動き出しておったわけでありまして、それを本格的に意思表示したのが十九年の七月であるというふうに見ておるぐらいなんです」

前述の通り、鳥巣元中佐は、軍令部総長が発出する方針、「大海指」の中に、証拠があると指摘する。そのうちの一つ、「大海指四三一号」に注目していた。

「この件については、実は中澤中将に対しても私、異論を差し挟んだわけでありますけれども、中澤中将が軍令部一部長のとき、当時、ゲンダさんなんかも関係しとったわけですが、昭和十九年七月二十一日に軍令の総長から豊田（副武《そえむ》）連合艦隊長官に捷号《しょうごう》作戦に対する指令が出ております。大海指第四三一号別紙というのが出ていま す。その中に、三ページの最後でありますけども、潜水部隊の作戦というのがありまして、その中に〝大部をもって邀撃作戦あるいは戦機に投ずる奇襲作戦を実施する〟ということが書いてあります。

ついで、その次に奇襲作戦という項目がありまして、その二に〝潜水艦、飛行機、特殊奇襲兵器などをもってする各種奇襲戦の実施に努む〟、その三に〝局地奇襲兵力はこれを重点的に配備し、敵艦隊または敵進行兵力の海上撃滅に努む〟ということが明記しておるわけです。この大海指の中にあります奇襲作戦、特殊奇襲兵器、局地奇襲兵力などという言葉は、どういうことを意味するのかと申し上げますと、ちょうどこの十九年の七月に〇六《マルロク》兵器——後の回天でございます——の試作が完了しておるのです。そして、八月一日に正式に『回天』というふうに命名されたのであります。このことは結局、この特攻兵器がもっと以前に非公式ながら中央で取り上げられて、施行が決定されていたことを物語るものでありまして」

鳥巣元中佐の話の中で出てくる「ゲンダさん」。軍令部一部長だった中澤元中将の部下で、当時軍令部一課員だった源田実元大佐のことである。源田元大佐の名前が、鳥巣元中佐の口から出たのはこれが初めてだった。

中澤元中将と源田元大佐、その二人が中心となって起案した「大海指四三一号」の中で「奇襲作戦を実施する」などと記されているのが「回天」を指すというのである。しかもそれは、昭和十九年七月二十一日、神風特別攻撃隊が大西瀧治郎中将の下、初めて出撃した昭和十九年十月二十五日より三ヶ月以上前に出された命令だったと主張するのだ。

鳥巣元中佐は、軍令部の指示の下、自ら八十九人を死地に送り込んだ特攻兵器回天が、いかにして開発されたか、語り続けた。

回天に関しては、呉で特殊潜航艇の訓練を積んでいた黒木博司《ひろし》中尉《ちゅうい》と仁科《にしな》関夫《せきお》少尉(階級はいずれも当時)が発案し、海軍省軍務局に上申したという話が伝えられている。軍務局は当初、上申を一蹴《いっしゅう》したが、昭和十九年二月のトラック諸島空襲以降、試作を始めたという。

この黒木・仁科ら、現場の将兵たちが自らの命を賭《か》けて特攻兵器開発を具申したという逸話は、現在も語り継がれている。黒木は回天正式採用後、訓練中に事故死、仁科は回天作戦に出撃し、戦死した。彼らの遺品や開発にまつわる資料は、訓練基地があった山口県周南市の回天記念館にも展示されている。

　これに対し、反省会での鳥巣元中佐の発言で注目すべきは、こうした「定説」とは違った裏話が語られていたことであった。回天の開発に、軍令部が関与していたというのである。

「ところがそれ（昭和十九年二月二十六日、黒木・仁科らの回天開発上申による試作開始）と相前後いたしまして、軍令部でも同じような動きがあったわけであります。特攻に最も熱心でありました軍令部の第二部長の黒島少将は艦政本部の坂本義鑑技術大佐を呼びまして、人間魚雷の緊急試作を指示しております。これが大体、内藤中佐なんかの記憶によりますと、十九年一月二十日頃だということであります。いずれにいたしましても、十九年の一月、二月頃には海軍省も軍令部も特攻に対して乗り出すということは、これはもう間違いない事実です」

源田実元大佐

　軍令部二部長として数々の特攻兵器の開発を指示してきた黒島元少将の名前がここにまた登場した。

回天記念館を始めとして、これまでは「黒木・仁科ら現場の熱意が回天を生んだ」という記述が「定説」として歴史に刻まれていたが、反省会の鳥巣発言によれば、それと相前後して、黒島元少将が既に人間魚雷の試作を命じていたというのである。

私たちは、海軍関係者から回天の設計図の一つを入手した。

この図では、長さおよそ十四・七五メートル、直径およそ一メートルの魚雷の真ん中に人間一人が腰をかけている。

では、回天作戦はどのように実施されるのか。全国回天会など関係者の証言や、様々な文献から得た情報をもとに再現してみよう。

回天は四基から六基、潜水艦に搭載されて港を発進する。敵艦を発見すると潜水艦艦長から「回天戦用意」の命令が下される。潜水艦と回天の間は、専用の通路で結ばれており、搭乗員は通路のはしごを駆け上がってハッチを開けて乗り込む。整備担当の兵士が回天のハッチをしめたら、二度とそれが開かれることはない。電話だけが、潜水艦の仲間との間をつなぐ通信手段だが、潜水艦から出撃すると同時に電話の回線も引きちぎられる。

そこから、敵艦までおよそ三十分間の一人旅が始まる。

敵艦に間違いなく体当たりするには、出撃当初に示された敵艦の位置や角度、自らの速度などから類推して方向を定めるしかない。潜望鏡は取り付けられているが、長さが一・二五メートルしかないため、水面近くに浮上する必要がある。このため、潜望鏡を上げるのは敵艦からの探知を招く危険行為とされていた。頼りとなるのは唯一《ゆいいつ》、ストップウォッチのような時計のみ。回天に乗り込んだ兵士は「あと何分何秒で敵艦に当たるはずだ」と自らの計算を信じて操作を行う。

兵士がじっと見つめる時計の針は、自身の命の残り時間をも示しているのである。

軍令部が開発した兵器「回天」とは、そういう兵器であった。

昭和十九年八月、海軍は、人間魚雷回天を正式に採用した。

同月二十五日に公布された一つの文書を私たちは入手した（以下、原文のカタカナをひらがなに改めた）。

「勅令第五二八号　海軍特修兵令中改正の件」（国立公文書館蔵）

昭和天皇の真っ赤な御璽《ぎょじ》が押され「裕仁」と署名された文書である。

「朕《ちん》海軍特修兵令中改正の件を裁可し茲《ここ》に之《これ》を公布せしむ」

この文書は、特攻兵器で戦う「特攻術」が、天皇の裁可を得て、法令で定められたものであることを意味している。兵士に必ず死を強いる「特攻」は、この文書をもって、最高指揮官である天皇の名の下、任務として組織に組み込まれたのである。

この文書が出される前に、海軍は既に、特攻作戦実施のためにもう一つの準備を進めていた。

回天搭乗員、すなわち特攻隊員の募集である。

昭和十九年八月二十四日、まさに「海軍特修兵令改正」が公布される前日、海軍省が各鎮守府参謀長などに送った募集文書が、防衛研究所に保存されていた。

「海人機密第三号の五四」とされ、「軍機」と重ねて書かれた文書は、「兵器要員の選抜等に関する件申進」と題されていた。

「現下の戦局打開は主題兵器の活用に俟《ま》つこと極めて大なり」とし、「志願兵より、特に甲種乙種飛行予科練習生より適任者を多数選抜採用のこと」と、各部隊に対して、兵士たちに志願を求めるよう命令している。

要員の種別としては「掌特攻兵」とされている。

つまり、天皇の名の下、「特攻」が新たな任務として認定される前日に、既に「特攻」を新たな任務として掲げ、志願兵を求めるよう指示をしていたのである。

募集にあたっては、特に注意すべき事項が記されていた。

「尚《なお》之等兵器は高度機密を要すべきものなるに付き志願者の募集選抜に当たりては兵

器の性能用法等に触れざることは勿論《もちろん》家族等とも連絡せしめざる等、特に機密保持に関し可然配慮相成度」

そして隊員が乗ることになる兵器の名前は「○《マル》兵器」として伝えよと命じられていた。回天の搭乗員の募集は、特攻兵器であることを伏せたまま行われていたのである。

幹部の沈黙の意味

反省会で語られていた回天作戦の実態。テープを聴くにつれ、私は違和感を覚えるようになった。発言するのはいつも鳥巣元中佐だけであり、ほかの出席者からの発言はごくまれだったからだ。

戦後三十年あまりを経て始まった海軍反省会。その当時、特攻について何か語りにくい事情でもあったのだろうか。

当時の様子を知る貴重な証言者、幹事を務めていた平塚清一元少佐にそのことを問うた。

平塚氏は、鳥巣元中佐の発言に対する他のメンバーの反応を今も鮮明に覚えていた。

「黙っているんです。沈黙です。誰も反論がないです。反論がありませんでしたね」

「というのは、人の命をですね、無駄に、結局無駄にするわけですね。軍隊というのはですね、決死で行くんだけども、生きて帰れる道って必ずあるわけですね。だけど特攻はそれがないわけです。あってしかるべきじゃなくて、あってはならないことをやったという気持ちは皆さんにもあるんじゃないですかね」

二〇〇八年十二月二十六日、年末も押し迫ったころの打ち合わせメモには、スタッフによる議論が記録されている。

プロデューサーの藤木が「取材でわかったことの何に一番驚くべきなのか」と疑問を提起した。

デスクとして取材情報をまとめている小貫が言葉を継いだ。

「生き残った人たちが、死んだ人への申し訳なさのために美しいこととしかいえなくなったという側面はないか。年をとって恥ずかしかったこともようやく語ったのが反省会ではなかったか」

年があけた一月六日からさらに議論を続けた。

「〝特攻神話〟は現代日本のゆがみの象徴ではないか」

「番組では、組織がなぜ特攻をつくったかをちゃんと見せるべきだ」

「特攻はなぜ太平洋戦争の象徴とされたのか」

様々な意見が出る中で、笹本征男氏は、

「戦後、日本は、戦争関連の重要な公文書を悉《ことごと》く焼いてしまった。反省会の存在は貴重だ。しかし内容を聞く限り、本当に反省しているの、という気持ちは消えない」

と語った。

その言葉を受けて、小貫が指摘した。

「仲間が死んでいく中で生き残った情けなさ、申し訳なさのために特攻について語れなかった現場の元特攻隊員たちがいる。彼らが包み隠さず語るようになるまで時間がかかり、それを逆手にとって、語るべき責任者たちが語らないまま時間がたち、やがて鬼籍に入ってしまったのではないか？」

海軍幹部にとって、戦後三十年以上たっても口に出来なかった蹉跌《さてつ》。それは、「決死ではなく、必死の作戦を兵士に命じた」というだけではすまない重さを持っているようにみな感じていた。

海軍幹部が特攻に関して抱く「罪悪感」の根源とは何か。その手がかりは、やはり反省会テープの中にあった。

源田元大佐が起案した電報

「回天の本質」という議題で、鳥巣元中佐が講師役を務めた第四十二回反省会。

その中で、元中佐は、もう一人の軍令部員が行った、特攻に関する重大な行為について触れている。

俎上《そじょう》に載せられたのは、先述した源田実元大佐だ。海軍兵学校五十二期卒業。反省会開催当時も存命だったが、出席したことはない。戦闘機のパイロットとして勇名をはせ、真珠湾攻撃時の第一航空艦隊航空参謀だった。

源田元大佐は、当時から航空作戦に関しては海軍内で大きな発言力を持っていた。中元大佐が、軍令部員になったのは、昭和十七年十二月。後に一部一課員として、中澤軍令部一部長の直属の部下となった。

その職にあった時、源田元大佐が何をしたのか、反省会の席で、鳥巣元中佐は語り始めた。

「軍令部の方では、作戦課の航空参謀である、源田実中佐が十月十三日、次の電文を起草して、第一部長中澤佑少将の承認を得て発信をしております。まだ神風の出る少なくとも二十日、半月ぐらい前であります。『神風隊攻撃の発表は全軍の士気昂揚《こうよう》並びに国民戦意の振作《しんさく》に至大の影響を関係あるところ、各隊攻撃実施の都度、純忠至誠に報い、攻撃隊（敷島隊、朝日隊等）とも併せ、適当の時期に発表のことに取り計らいたきところ……』。

こういう電報を打っておるわけです。したがって、大本営が特攻部隊は地方の実施部隊がやったんで、大本営は知らなかったというようなことを言うこと自体が極めておかしいのでありまして、だから中澤さんとか源田さんなんかが、もしほおかぶりしとったとなれば、これは誠にけしからん話だと私は考えておるのでございます」

源田元大佐が、中澤軍令部一部長の承認の下、神風特別攻撃隊に関する一通の電報を打っていたという話だった。

この電報の存否について確認取材を進めたところ、防衛省防衛研究所に実物が保存されていることが判《わか》った。閲覧手続きを取り、現物を見てみると、起案の日付は、昭和十九年十月十三日、神風特別攻撃隊出撃の十二日前となっている。起案者の欄には、確かに「源田」の赤い印が押されていた。

神風特別攻撃隊を擁するフィリピンの第一航空艦隊司令部に対し、神風特別攻撃隊の出撃に関しては、軍の士気高揚や国民の戦意高揚に大きな影響があるので、それを十分考慮して発表するようにと指示を出す内容だった。

さらに、神風特別攻撃隊として出撃した個別の部隊名、「敷島隊」「朝日隊」などの名前も明記されていた。

このことは、戦後伝えられてきた特攻をめぐるストーリー、私たちが「特攻神話」と呼んできた話と齟齬《そご》をきたしている。

「神風特別攻撃隊は、大西瀧治郎中将が軍令部の懸念《けねん》を押し切って実行した」しかし、源田元大佐起案の電報によれば、部隊名は事前に、軍令部の承認の下、決められていたということになる。

「士気高揚のために影響が大きいことを考慮して発表せよ」という電報の指示は、どのように実行されたのか。私たちは調べてみた。

まず思い当たったのは、制作のために取り寄せた一本の「日本ニュース」だった。フィリピン・マバラカット飛行場から、神風特別攻撃隊が初めて出撃した際の様子を記録したニュース映像である。そこには、司令長官の大西中将と別れの水杯を交わす特攻隊員たちの姿が映っている。

特攻作戦が秘密主義のもと実施に移された中で、こうした映像が残っているのは、報道班が海軍の指示によって撮影したとしか考えられない。海軍は最初の特攻隊の姿を映像で記録し、賛美とともにそれを広く伝えたのである。

神風特別攻撃隊の敷島隊が、アメリカ海軍の空母を撃沈したことが明らかになると、一般の新聞にもその情報が伝えられた。海軍からもたらされる情報をもとに、新聞各紙が一面で、神風特攻隊の戦果を伝えた。

国民の戦意を駆り立てる記事が目立つ。兵士もろとも体当たりするという前代未聞《みもん》の作戦を「一機必中」という言葉で表現した記事もある。敷島隊を率いて敵艦に体当たりした関行男隊長の言葉は、見出しにこう引用されていた。

「ただ一言、俺に続け」

神風特攻隊が投入されたフィリピン・レイテ沖の海戦は、日本海軍が主力艦艇のほとんどを投入して臨んだ一大決戦だった。ここでの特攻作戦の役割は、敵艦の甲板を破壊し、攻撃力を弱めること。艦艇部隊の援護射撃に他ならなかった。

レイテ沖海戦は、特攻作戦の実施にもかかわらず、空母四隻《せき》を含む艦艇二十隻以上を一挙に失う敗北に終わった。しかし、戦いの手だてが失われる中、軍令部は、これ以降、特攻作戦に比重を大きく移していく。国民には、日本ニュースなどで、絶えず特攻の戦果と隊員への賛美が伝えられるようになっていった。

海軍は、特攻作戦を計画立案し実施しただけでなく、戦況悪化が著しい実態をかくして、特攻を国民の士気高揚に利用したのである。軍令部が霞が関のオフィスにこもっている間にも、作戦は連日のように実施され、兵士たちはその命を散らしていった。

特攻の〝戦果〟の実態

なぜ、特攻作戦を実行しつづけたのか。特攻を計画し命じた幹部たちには、他の作戦よりも特攻作戦の方が戦果をあげられるという確信があったのだろうか。兵士たちの命を消耗するに値するだけの意味や価値が、特攻作戦にあると考えていたのか。そして、その根拠は何だったのか。

幹部であれば、また作戦実行の責任者であれば、当然「損得計算」を行っていなければならないはずだ。それもなく、ただ無為に兵士たちを死に追いやっていただけだとしたら、たまらないと思った。

そこで、特攻作戦の軍事作戦上の意味について、取材を始めた。ところが特攻作戦に関する研究者が想像以上に少ないことを知り、愕然《がくぜん》とした。ある研究者はこう言った。

「特攻は、研究者にとっては〝虚《むな》しい〟テーマなのです。何をどこまで研究しても、特攻で死んだ兵士たちの事実の前では、虚しくなる」

またある研究者はこう語った。

「特攻について論文や書籍を出そうとすると、出版社からは必ず、特攻隊員を賛美する内容でないと出せない、と言われる。だから客観的な事実研究は、特攻についてはは難しいのです」

そうした中、防衛研究所元研究員の服部省吾《はっとりしょうご》氏が、一九九七年に出した論文の存在を知った。

「帝国陸海軍特別攻撃隊」と題されている。防衛研究所の内部紀要に発表されたものなので、原則門外不出だった。そこで私は、防衛研究所に何度か通い、内容をメモにとることになった。

論文には戦時中の手書き資料が添付されていた。陸海軍の特攻作戦のすべての日付と作戦規模、戦死者数等が記されており、圧倒された。昭和十九年十月二十五日の神風特別攻撃隊実施から、ほぼ毎日のように、膨大な数の特攻部隊が出撃していた。終戦に向けて、日を追うごとに増えていくその数に「この表を作成した人は、どのような思いで一つ一つの部隊名を記していったのだろう」と想像した。

私たちは、旧防衛庁を退職後、岡山の自宅で暮らす著者の服部氏を訪ね、直接疑問をぶつけることにした。

服部氏は、研究職に就く前、航空自衛隊でパイロットを務めた経験から、航空特攻の実態について、自らの体験に即して話してくれた。

一つは、航空特攻の成否と天候の関係。例えば、沖縄戦の季節は梅雨の頃。空は「真っ暗」だったという。服部氏は梅雨の頃の沖縄近海を飛んだ経験から、技術力が低い若者には無理な飛行だと実感したそうだ。

操縦の技量についても聞いた。特攻機の操縦で一番難しいのは、目標の艦艇に衝突する時だという。敵艦を見つけ、急降下していった後、飛行機の頭を上げて低空で突っ込んでいく操作には、非常に高度な技術を要すると服部氏は指摘した。

服部氏は、両手で操縦桿《かん》を力一杯握りしめる仕草をしながら、こう語った。

「こうやって全力で押さえつけないと、強大な揚力によって飛行機が浮き上がってしまうのです」

揚力という「浮き」の力を抑えられず、目標とした敵艦艇を飛び越えて、その向こう側に墜落してしまう特攻機が多かったのだという。

服部氏は、幹部たちが、そうした実態を知っていたとは思わないと語った。

体当たりの失敗について、軍幹部は「目をつぶっていたから失敗したのだ」と叱責《しっせき》し、「体当たりの時は目をつぶるなかれ」というマニュアルを配った部隊さえあったという。

「実際は、大和魂と攻撃精神だけではどうにもならない問題をはらんでいた作戦であるにもかかわらず、部下は部下で、いかに航空特攻が高度な技術を要するか、上官に具申することはできなかっただろう。特攻隊を送り出した幹部たちは、人間が操縦して体当たりするというこの戦法に対する、極度の思い込みがあったように感じる。この戦法のあまりの凄惨《せいさん》さに幻惑され、信仰に近い心情と願望があったのではないか」

服部氏は、アメリカの資料等も集めて、特攻作戦の「命中率」についても研究を重ねた。結論として、航空特攻の命中率は十一・六％。これは到達した飛行機のうちの約半数だという。

水中特攻回天の命中率は、二％。敵艦を見つけてからほんの数秒で位置・進路・速度を観察し、その後は外界を見ることもできず、通信連絡による状況把握もできず、後退も急停止もできない兵器。「二％もよく命中したと言わざるを得ない」と服部氏は語った。

数々の特攻兵器を開発し、全軍をあげて特攻作戦を行っていた海軍幹部。しかし、彼らが戦果を分析していたことを物語る記録を見つけることはできなかった。

第九十四回反省会での「特攻隊員の反撃」

海軍反省会が始まってから七年余りたった昭和六十二年十月三十日。

この日開かれた第九十四回反省会で初めて、元軍令部員と、特攻の現場にいた隊員との間で直接議論が行われた。テープに残されたこのやりとりは、特攻作戦を計画・立案した幹部の考え方を示す、きわめて重要な意味を持っていた。

テーマは「航空特攻作戦」。講師としてかねてから指名されていたのが、軍令部で昭和十七年まで航空作戦の参謀を務めた三代一就元大佐だった。軍令部一課部員時代の課長は、中澤佑元中将。三代元大佐は、日ごろから、中澤元中将への敬意を公言している人物である。

反省会では、どのテーマを誰に語らせるか、事前に議論をして決定し一覧表にしていた。つまり、三代元大佐が航空特攻作戦をテーマに話すということは、ずいぶん前から決まっていたはずだった。

しかし、この日、三代元大佐は、航空特攻作戦について「話しにくい」と切り出している。

「特攻作戦を書くとしましてもいろいろな資料とか図書があって、それを読んで吟味したところが特攻作戦を書くことは容易ではないという事で、なぜかというと目が悪くなったと。視力が衰えたという事でありまして、それから耳の問題もありまして耳のほうは大した事ないんでありますが、これをつけておればですね。要するにわしはいろんなものを、たくさんの本とか資料を読んでそれをなんとかまとめようとしますと、非常に視力が衰えるということを経験したわけでありますが、結局目がどうなったかといいますと、白内障なんです。わしは何年か前から白内障をやっておりまして今まではこういう目薬をもらいまして、これをつけておったんでありますが……」

自身の白内障治療について長い説明を終えた後、三代元大佐はこう続けた。

「私もですね、はじめは特攻作戦を書くのはですね、沖縄のところをやろうという事でやりかけたんですけれども、沖縄のほうはとても問題が多くてですね、容易ではないという事もありまして、そしてこちらにも相談しまして、短いやつを作ったらどうかという事でありまして、そこで今度は硫黄島《いおうじま》の作戦をやろうという事になりまして、まぁやったのが今度のやつなんです。これも今まではですね、普通のちょっとこれに近いような感じの……を使いまして書き始めたんですけれど、私はですね、それよりもこれが良いという事でやったのがこれなんです。これは大筋をですね、書いてやるという事でですね、大筋を書いたんです」

そうして、三代元大佐は用意してきたものと思われる原稿を読み始めた。

「表題は沖縄の前哨戦《ぜんしょうせん》、硫黄島作戦、三代一就と。そして問題は昭和二十年に入ると米軍は本土空襲の中間基地として硫黄島占領を日程に入れ、ついで沖縄島を攻略して本土攻略への足がかりを固める段階に入る予定であった。大本営としても我が航空戦力の状況等に時間を稼ぐ大きな課題であった」

この後、原稿の読み上げが延々と続く。そして、特攻作戦が計画された経緯については詳しく言及しなかった。話が一段落すると、司会を務めていた寺崎隆治元大佐が、こう切り出した。

「あと一時間半ばかりですが、今日は特攻の事を中心としてですね、ご意見を伺いたいと思います。それであの小池さんがさっきから特攻に関する質問を若干持っておるそうですから、それを披露してもらってですね。あと、あの特攻に関する意見ですね。なぜ特攻というものをやらなくちゃいけなかったかっていう事で、いろいろ宗教的であるとかあるいは哲学的であるとか、あるいは道徳的であるとかいろいろな面からひとつ忌憚《きたん》なき意見を述べていただければ、非常に参考になると思います。それではあの、一時間半くらいで一つ。その他特攻に関する問題ですね。あったら遠慮なく。それでは最初小池さんから」

「えー。特攻に関するいくつかの質問事項を用意してまいりましたので、大所高所から先輩諸公のご意見を承りたいと思っております」

少し緊張しながら遠慮がちに話し始めた声は、他の発言者よりもやや若く感じた。声の主は、小池猪一《いいち》元予備中尉《ちゅうい》。海軍兵学校でエリート幹部として養成された他のメンバーとは異なり、小池元中尉は、もともと一般大学の学生だった。太平洋戦争開始当初、大学生は徴兵を猶予《ゆうよ》されていたが、戦況の悪化に伴い、昭和十八年十月から「学徒出陣」で動員されたのである。小池元中尉も、同年十二月、海軍に入隊、航空隊に配属された。
航空隊での小池元中尉の任務は、作戦遂行上の事務的業務などだった。自分と同じように入隊しながら、特攻隊員として出撃し戦死していく元学生たちを、小池元中尉は何人も見送っていた。
その小池元中尉が、語り始める。

「私の勉強している範囲では、回天。甲標的、回天の、いわゆる震洋にいたるまでの水上水中特攻と、航空特攻とはどうも本質的に大分違うという結論に達しているわけですが……」

「本質的に何?」（寺崎）

「あの発生がですね、本質的に異なっていると。要するに黒木少佐以下の回天なんかの場合には志願をしてですね、行ってるんですが、航空特攻の場合ですね、志願という形は取っていますが、これは命令で編制という形で命令をされているんで、だいぶ違ってきておるという事ははっきりしているんじゃないかと思います」（小池）

相手は、戦時中は口をきくことも許されない立場にあった、軍令部幹部。しかし、問いただす小池元中尉の語気はどんどん鋭くなっていった。

小池猪一元予備中尉

「比島《ひとう》作戦（神風特別攻撃隊の初出撃）から始まりまして、沖縄の菊水十号作戦に至るまでの間にこの用兵についていくつかの疑問点があったわけです。その第一は戦闘機に爆装して攻撃隊を編制したというのはどういう根拠からいわゆる上層部がそれを命じたのか。これが最大の眼目の一つです。それから第二点は非常に、当初は第一線機であったんですが、菊水四号五号作戦以降は白菊、九四水偵、それから九三中練、こういった練習機をも特攻に動員した用兵上の根拠。こういう事が大きな疑問として残るわけです。その第三はやむを得なかったといえばそれまでですが、飛行時間、八十時間から百二十時間くらいの搭乗員をバラバラバラバラ、いわゆるその、まとまって出さないで小出しにどんどん出してどんどん消耗していったという用兵上の主として第五航空艦隊の特攻作戦については、全予備学生、予科練習生が大きな疑問を持ってこの問題にみんなして取り組んでおります。従って先輩諸公の、大所高所からのご回答を承りたい」

小池元中尉は一気に語った。そして、感極まった声で付け加えた。

「最後に、我々同期生が特攻に行く前の晩の様子などが、やっぱりこれは人間ですから、性格に相違がありまして。むちゃくちゃに飲むやつと、電灯を消して私室にこもってだまって翌日飛行機に乗って。風防しめて私の目を見て後を頼むぞと言ってる目をして出撃していったと。まあこんな事実で……」

特攻隊員として死んでいった兵士の立場から語ったのは、反省会のテープから確認できる限り、小池元中尉だけであった。

発言を聞いていた三代元大佐が口を開く。ゆったりとした口調で話し始めた。

「僕はね、あんたがいろいろ言われたけれどもね、問題はその人の性格とか、その時の命令の与え方とか、それからいろいろ状況を受け取って、それでやりますとか何とかっていうような、受け取り方とかいろいろあると思うんですよ。だから一つや二つの問題だけでもって、どうのこうのという事を決めるわけにはいかんと思うんですがね。

例えば今日あたりも何も問題がないから出なかったと思うんですけれども、特攻を、海軍でもって特攻作戦をやるように命令をしたのはですね、飛行機の搭乗員に対してお前達はやれということを言われた時なんですよね。これは数はたくさんないですけれども、中にはワイフをもらっておるという者もあるしですね。何らそういうものはないという人もあり、いろいろあるんですけれどもね。その命じられた時の状況によってですね。承知しましたと受け取るか、ただだまってやむを得ず従わされるというようなことになったか、いろいろあると思うんです。

それだから僕はその一つの状況をですね、あることでもって決めてしまうという事はちょっとおかしいんじゃないかと思うんですがね。それですから、この特攻という事の命令の仕方と、それから受け取り方と実行の仕方によってですね、いろいろ違いがあると思うんですがね」

「命令を与える、それから受け取ると、それで実行するという状況の如何《いかん》によってですね、いろいろな仕方があると思いますからね。そういうところを頭において決めるべきであって、ある状況だけを言うて、それによって決めるという事はちょっとナンセンスというか、おかしいところがあると思うんです。まぁその他いろいろあると思うんですけれども」

「特攻隊員は、本人の意志と関係なく、命令によって部隊に編制され組み込まれていた」という小池元中尉の指摘に、三代元大佐は明確な返答をしなかった。

小池元中尉はさらに食い下がった。航空機の搭乗員の養成が立ち遅れ、行き詰まった末に特攻が行われたのではないかと、苛立《いらだ》つような早口で指摘する。

「一つ一つだけの現象という事でなくて、あまりにも海軍搭乗員の軍備の遅れがですね。特攻作戦に大きく影響しているという事を申し上げたいんで……」

「搭乗員の何の遅れがあるっていうんですか?」(三代)

「養成ですね。士官搭乗員の養成がですね。あまりにも立ち遅れていたと、いう事の

事実だけを後世に残さなきゃいかん問題だと私は申し上げているわけです」(小池)

「つまり養成の仕方がですね。ええ、その特攻あたりに応じるような状況まで持っていっていなかったところいう事ですか？」(三代)

「いや絶対数の問題なんです」(小池)

「え？」(三代)

「絶対数がですね、少ないという事です」(小池)

「少ないっていう事は何が少ないんですか？」(三代)

ここで小池元中尉は、反省会のほとんどのメンバーの母校である海軍兵学校を、議論の俎上《そじょう》に載せた。

「要するに兵学校出身指揮官のですね、絶対数が少ないという事です」

「何の絶対数が少ないんですか？」（三代）

「航空隊のですね、搭乗員の養成所をですね、兵学校出身の搭乗員の指揮官があまりにも少ないという事を申し上げておるわけです」（小池）

「兵学校卒業の搭乗員が少なかったって事ですか？　それだから、それが影響したって事ですか？」（三代）

「そういう事です」（小池）

「僕はそういう事だけにですね。限って言う事はどうかと思うんですがね。これはやっぱりその人の性格によると思いますから。性格とそれから時の情勢ですな。中学を出たとか出なかったとかという事を重視する必要はないように思うんですがね」（三代）

三代元大佐は、小池元中尉の問いに、最後まで真正面から答えようとしなかった。

小池元中尉の長男、邦彦氏が都内に住んでいることが判《わか》り、私たちは取材に赴いた。邦彦氏は、父親が反省会に通っていたことは知っていたが、詳しい内容について聞いたことはないということだった。

「私が若かった頃、学生運動が盛んでした。私もベトナム反戦などを訴えた一人です。それが影響したのか、父とは戦争の話をほとんどしませんでした。今になって思えば、申し訳ないことをしたと思っています。戦争を賛美するつもりはありませんが、当時の人たちがそれぞれ命をかけて戦った重みを考えると、父の話を聞いてあげれば良かったと思います」

邦彦氏はさらに、

「もし、番組が単に〝反戦平和〟を訴えるものならば、海軍反省会で録音された父の音声は放送してほしくない。〝反戦平和〟というのは誰も批判できない正論で、あまりに正論過ぎて思考が停止したり、反論や疑問の意見を抑え込んだりする恐れがあると思います。もちろん〝反戦平和〟と正反対の過激な思想にも同じことが言えます。

当時の背景や事実関係をしっかり踏まえた報道をしてほしい」

と付け加えた。

「罪責の思い」──現代の問題、自分の問題として

「海軍プロジェクト」の入居するプレハブでは、戦後生まれのディレクターや記者たちと、歴史家としてスタッフに加わった笹本征男氏の間で議論が続いていた。

二〇〇九年二月四日付の取材手帳には、次のメモが残されている。

「罪責の思い」──「戦艦大和の最期《さいご》」より

この罪責の思いを上の人間はなぜ持ち得ないか

命令する側は死を自分のこととして考えずにすむ

この構図は現代もかわらない

組織の上に立つ人間は罪責を感じない。命令する側は、自分が死ぬことを考えずに済むからだと笹本氏は語ったのだ。そして、この構図は現代も変わらない、と。

前代未聞《みもん》、非道の作戦である特攻と、自分たちを結びつけて考えることは、とても難しいことだった。自分ならやるわけがないと思い込んでいるところもあった。

しかし、海軍幹部の人間像がわかるにつれ、単に「非道さ」を糾弾するだけではすまないような複雑な感情が生じていた。

そして組織の一員として、自分がもし特攻作戦を命じる役職についていたらどうするだろうかと考えるようになった。自分だけが安全な場所にいて「海軍幹部を追及する」というのは、番組のスタンスではないと思うようになっていったのである。

特攻に、戦後世代の人間としてどう向き合うべきか、私自身思案を続けていた。取材の過程で心に浮かんだ言葉を、ノートに以下のように赤字で書き付けた。

「神話をつくり〝特攻精神〟を語り継ぎ、若者を死地においやり、その精神を受け継いだ若者をまた死地においこんでいく」

「何があっても国家のために死ぬことは素晴らしいことではない」

「戦争だからしょうがないではない」

「かっこいいと思って見てほしくない」

「特攻という美談を受け入れたまま我々の戦後はある」

スタッフ一人一人も「特攻とは何か」についての模索を続けていた。

報道ドキュメンタリーを数多くの現場で撮影してきたカメラマンの宝代智夫は、自分たち取材者・番組制作者が、事実と向き合った結果、実感したもの、いわば行間に込めた思いを映像で表現しなければならないと感じていた。

ある日の打ち合わせで「特攻は犬死にだったのか？」ということが議論になった時、宝代はきっぱりと言った。

「だからこそ、その死の意味、隊員の命の重さをこの番組で伝えなければならない」

宝代が音声・照明を担当する伊藤尊之とともに向かったのは、佐渡だった。

「海や鳥など普遍的な自然の風景が、特攻隊員たちの気持ちを代弁する映像になるかもしれない」

宝代は、佐渡の海と空を舞うカモメに集中して映像を撮っていた。その撮影を横で支えながら、伊藤は「気迫とオーラ」を感じたという。その伊藤は、打ち合わせの時こう語った。

「これまでは歴史が苦手だった。しかし今回は違う。正しい歴史とは何か、真実を知りたい。自分が関わった番組を正史としたい」

編集を担当する小澤良美は、番組の鍵《かぎ》となる映像として「眼のアップ」を心に浮かべていた。「不特定多数の人たちのイメージ」が大事に思われたからだという。歴史の表舞台には浮かんでこない大勢の戦死者たちの姿を忘れてはならないと感じていた。

記者の吉田好克は、軍令部のエリートと、無名の一般兵士たちの間に存在する考え方のギャップを痛切に感じていた。メモには、吉田の言葉が残っている。

「エリートVS無名の兵士
　エリートの命令を許した人たち
　自分もその一人
組織の中の一人」

そして記者デスクであり、番組のキャスターを務めることになっていた小貫武はこう語った。

「特攻の取材結果を聞くごとに胸に手を当てるところがある。

若者の意気を、組織は利用する。

最後は、組織の責任者が、その責任をどう引き受けるか。

そのとき、一人一人へのまなざしを如何《いか》にもてるか」

誰もが自分自身の問題として、反省会が提起するものに向き合おうとしていた。

反省会で語られていた「自責の念」

反省会で元海軍幹部の一人として、特攻作戦について「反省の思い」を明確にした人物はいなかったのだろうか。何度もテープを聴くうちに、海軍兵学校出身の元エリート士官二人が、かなり踏み込んだ発言をしていることが判った。

一人は、中島親孝元中佐である。通信や情報を主な任務として、昭和十八年十一月から終戦間際《まぎわ》まで、連合艦隊参謀を務めた。中島元中佐が現場部隊の参謀をしていた時期は、海軍が特攻作戦を始め、作戦のほとんどすべてが特攻になっていく時期とぴたりと重なる。

「私は特攻はですね、戦法に考えている。あるいは戦備をですね、特攻を前提としてやるっていう事は間違いだと思う。これは安易に過ぎたんだと思います。だいたいあの、ミッドウェーの前から第一真珠湾攻撃なんか終わって帰ってきた時からの飛行機の操縦員のですね、補充という事を考えないで、いきあたりばったりに行って仕方ないから特攻に逃げたんだと。あるいは軍令部の二部長がですね。黒島さんがですね、特攻に使う兵器ばかりを推奨している。それで同じ時にですね、特攻でなくてあれのですね、ミサイルのですね、操縦なんかを考えてるほうには予算を回さないんです。こういうのは要するに安易についていっていると。そういうものやったら間に合わないから、もう人間を自動操縦機の代わりにするんだと、こういう思想があると。これがですね、日本海軍を毒した最大のものだと私は思います」

（第九十四回反省会）

特攻隊員を「自動操縦機」と表現したこの言葉は、戦後世代の私には、決して口に出来ないと思った。同時に、海軍幹部自身の口から語られたこと、そして反省会の場で、この言葉に誰も異論をはさまなかったことに、計り知れない重さを感じた。

もう一人は、反省会の幹事も務めた平塚清一元少佐である。

平塚元少佐は、反省会出席者の中では最も若いメンバーの一人だった。三代元大佐と小池元中尉が激論を交わした第九十四回反省会で、会の最後に司会の寺崎元大佐に促されると、平塚元少佐は決然とした口調で語った。

「あの、時間が少ないので、また意見はこの次に承りたいと思いますが、とりあえず

平塚くん、何かあるか」（寺崎）

「それではあの、あと三分ばかりのようですから、私が常々考え、感じておったところを多分先輩のみなさまから怒られる意見じゃないかと思いますが、申し述べます。

私がガダルカナルが落ちた後のニュージョージアというところで八連特（第八連合特別陸戦隊）の参謀をやりました。一敗地にまみれて、撤退したわけであります。（略）そのニュージョージアでの経験と、その戦史を確かめた結果に基づいて申しますと、もちろん一死報国というのは非常に貴重なところでありますが、日本海軍の上層の方はそれに頼りすぎていたんじゃないかという感じがいたします。まったく末国さん、中島さんのご意見と同じでございますが。といいますのは、ニュージョージア上空において彼我《ひが》の航空戦がございましたが、一発で火を噴いて落ちるのはみんな我が国の、我が海軍の飛行機であります。向こうの飛行機は当たりましても白い煙を噴くだけで結構助かります。

それから当時、私が着任した当時は、ガダルカナルの攻撃は毎日のように航空攻撃が行われておりましたけれども、これに対する搭乗員の救助の支度は全然ございません。従いまして、海を泳いで泥まみれになって疲れ果ててニュージョージアまでたどり着いたパイロットがいくらもございました。いわゆるパイロットの救済手段というのは全然ございませんでした。ところがアメリカのほうは我が方に攻撃を仕掛けてきますとその時には必ず救助の支度があります。潜水艦がちゃんと待機している。飛行艇がちゃんと上空を舞っているという事でこういったパイロットはすべてこれをすくい上げて帰っておりました」

語気を強めて語り続ける平塚元少佐に、雑談していた他のメンバーもいつのまにか静かに聞き入っていた。

「それからその後の戦闘について概観しますとすべて玉砕作戦であります。何ら救援、あるいは支援の手段がないにもかかわらず死守せよという命令でいわゆる先ほど末国委員が言われました必死の戦闘を強いられた。これはそのまま一億総玉砕に通ずるわけであります。一億総玉砕を救われたのは、私は上層の方々もおいでになられますが、陛下だったと思っております。なんかその辺に海軍の伝統的な良い精神の一死報国という事が、それに頼りすぎて、人の命は消耗品だという考えがあったんじゃないかという風な感じをひしひしと持っておるわけであります。もちろんだからこそ特攻作戦で救いのない作戦が下からの申し出があったにせよ、簡単に許されたという事でないかと思います。まぁ先ほどお話を伺いますと東郷元帥《げんすい》なり、あるいは山本長官なりまではとにかく人命を大事にして必ず帰還の方途を設けてやるという戦闘であったようですが、万やむを得なかったというならば、これは私は一億総玉砕の思想そのものではないかという風に。以上でございます」

平塚元少佐の「人の命は消耗品だという考え」という発言に対しても、反省会の他のメンバーは沈黙を守り続けた。

一人の仲間の命の重さ

二〇〇九年四月九日の私の取材ノートには、かすれた、力のない、魂の抜けたような字で、こう書かれている。

「森山さん」「遺体搬送」

六十五年前の太平洋戦争についての取材メモではない。「森山さん」とは、私たち「海軍プロジェクト」のメンバーで、音声・照明スタッフの森山正太である。そして「遺体」とは、森山のことだった。

その日、四月九日の朝のことは今も忘れることができない。

いつものように、「プレハブ」で、パソコンを広げ、仕事を始めようとしていたときだった。

プレハブには、私のほかに、笹本氏、横井ディレクター、吉田記者がいた。晴れた、穏やかな朝だった。

高山仁プロデューサーから電話がかかってきた。

「あのう、内山から聞いたと思いますが……」

学生時代ボート部やゴルフ部に所属していた高山は、いつも明るく、はずむような声で電話をかけてくる。しかし、この日は声が低く聞き取りにくいほどだった。番組の第三回を担当している内山ディレクターは中国に出張中だった。私には特に何の連絡もきてはいなかった。

「いいえ、何もきていないですけど」

明るい声でそう答えると、高山は、

「え？　そうですか。何も言ってきていないですか」

と言い、そのまま黙ってしまう。

「何かあったんですか？」と尋ねた。高山は答えた。

「森山さんが、亡《な》くなったんです」

「え？　えー？　何？　何？」と、私は思わず大声で聞き返していた。

高山は、さらに低い声で、静かに言った。

「ええ、亡くなってしまったんです」

「えー？　どうして、どうして？」

気がつけば悲鳴のような声を上げていた。

ロケ中に不慮の事故で亡くなったが詳細はいま調べていると告げて、高山の電話は切れた。

それからは、もはや番組どころではなくなった。ともに番組制作に取り組んできた仲間が、その仕事のさなかに亡くなったのだ。


森山正太、享年《きょうねん》三十一。若手ながら、高い技術と向学心を有していた。人の心を打つドキュメンタリーを作りたいという高い志を持ち、どの番組制作者からも絶大な信頼を寄せられていた。私自身も、旧ユーゴスラビアの民族紛争やイラクに派遣される自衛隊員を取り上げた番組など、森山とともに数多くのＮＨＫスペシャルを制作してきた。彼の誠実な仕事ぶりや温かな人柄にどれだけ支えられたかわからない。

今回の番組の最初の打ち合わせで、森山はこう語っていた。

「なぜ戦争になったのか、本で読んだが、海軍は戦争に乗り気ではないとあった。その海軍に責任があるというのがわかるとしたら凄《すご》い事実ですね」

そして、少しはにかみながら「この番組を僕の代表作にします」と言った。皆は照れる森山を少し冷やかしながらも、まっすぐな言葉に背中を押される思いだった。

森山は、第三回の担当として中国でロケをしていた際、不慮の事故で亡くなったのだった。

かけがえのない仲間を失ったことで、私たちは番組への取り組み方そのものについても改めて深く考えさせられることになった。

番組の構成表や台本に、何千、何万、何百万という戦死者を表すコメントを日々記している。

その一方で、一人の仲間の死に、ただただ茫然《ぼうぜん》として立ち上がれないまでに打ちのめされている自分たちがいる。その私たちが、戦争で亡くなった人たちの死や命の重みを受けとめ、伝えることが本当にできるのか。

「命」という言葉には、本人だけでなく、その人を大切に思う家族や大勢の人たちの存在が含まれていることを忘れてはならない。そのことを、スタッフ一人一人が自問自答し、議論した。そして、森山の家族の「正太のためにも番組を成就《じょうじゅ》させてほしい」という言葉を肝に銘じて、私たちはもう一度立ち上がることができた。

森山の存在は、番組各回の巻頭を飾る「共通タイトル映像」と、シリーズ全体のテーマ音楽にも反映されている。

共通タイトル映像は、映像デザイン部の岡部務が中心になって設計した。CGは使わない。スタジオに組まれた巨大な軍令部のセットに特攻隊員などの映像を投影する。それをカメラマンの宝代が手持ちカメラで撮影していくのだ。当然、宝代の影も映りこむ。この影に、いまを生きる私たちがあの戦争に向き合うことを象徴させた。

そして、この映像に「ひとりひとりのいのち」という文字をのせた。戦争で亡くなった人、ひとりひとりの命と人生。そして私たちの仲間、森山の命をそこに重ねた。

テーマ音楽については、音響デザイン部の小野さおりが設計図を描いた。作曲は、「映像の世紀」など数々のNHKスペシャルのテーマ曲を手がけてきた、加古隆《かこたかし》氏に委嘱しようと決めた。

小野からは「加古さんには、番組のイメージをキーワードで伝えるといいと思う」と助言をもらっていた。軽井沢にある加古氏のオフィスを訪ねた際、私は、以前書いた「巻頭言」（二六七ページ参照）に加えて、それまでの取材結果から浮かんできた言葉を、ランダムに列挙したメモを渡した。

加古氏打ち合わせメモ

NHKスペシャル「日本海軍」

○キーワード

・間違っているとわかっていても「NO」と言えない、人間の弱さ。

・組織の中で翻弄《ほんろう》され、大きなうねりに抗《あらが》うことのできない、人間の哀《かな》しさ。

・組織や国家、権力に対して、ひとりひとりの人間の小ささ、弱さ、無力さ。しかし、本当に一番大切なものは、ひとりひとりの命。

・命への鎮魂。戦争の時代という、不条理の中で、亡くなった人たちに対しての鎮魂。

・戦争で亡くなった人たちに、「今の素晴らしい時代をもたらしてくれて、有り難う」という感謝の気持ち。

・誰もが犯しうる過《あやま》ち。もしかしたら、自分も同じ過ちを犯してしまうかもしれない、人間の業《ごう》。

・戦争をやめることができない、人間の業への怒りと自己反省。

・自分の胸に手を当てて、自分たちは何を大切に生きるべきか、静かに考える読後感。

・二度と同じ過ちを繰り返すまい、と自分自身の胸に手を当てて、亡くなった人たちに誓う、祈りの気持ち。
・青い、透明な、祈りの気持ち。

キーワードの最後の一行「青い、透明な、祈りの気持ち」は、編集担当の小澤からの示唆《しさ》により加えたものだった。

「番組はきっとブルーの透明な色調の番組になると思う」

「キーワードは祈り、鎮魂、ではないか」

森山と仕事をした思い出をともに語りながら、そうした言葉が出てきたのだった。

加古氏にメモについて説明しながら、森山の死について語らずにはいられなくなった。

黙って聞いていた加古氏は「責任、重大ですね」とつぶやいた。

そして「青い、透明な祈り、というのはいい言葉ですね」と言葉を継いだ。

その結果生まれたテーマ曲は「鎮魂の詩《うた》」と名付けられた。

幹部が作った「想定問答集」

その貴重な資料を発見したのは、番組の第三回「戦犯裁判」を担当しているディレクター、内山拓だった。

「入手した資料の中に、特攻について、興味深いものがありましたよ」

そう言って内山が持ってきたのは、反省会メンバーで、戦後、海軍幹部の戦犯裁判対策を担当した豊田隈雄元大佐が残した「東京裁判関係重要資料」だった。

注目すべきは、戦犯裁判対策にあたった「弁護資料研究班」資料の記述だった。そこには、戦争法規・慣例及び人道に反する罪の研究として「特攻」が取り上げられていた。「特攻隊は上級指揮官の強制に依《よ》るものにして人道に違反せるものなり」という設問をもうけ、その回答案を準備していたのである。

当時、海軍幹部たちが置かれていた状況を振り返る。

昭和二十年八月十五日。日本はポツダム宣言を受諾し太平洋戦争に敗北した。特攻作戦実施の命令は、この日まで下され続けた。そして、多くの特攻兵器が使われないまま放置された。

アメリカ軍は、戦争中から日本軍の特攻作戦に危機感を抱いており、兵器を回収しては研究を重ね、対策を立てていた。アメリカによる特攻兵器の分析や特攻作戦の実態研究は、終戦後も引き続き行われた。

こうした動きに、海軍幹部たちは敏感に反応した。追い討ちをかけるように、GHQ＝連合国軍最高司令官総司令部による戦争犯罪を追及する動きも始まった。特攻作戦を計画し実行した軍令部は、終戦直後から、戦犯裁判に向けた準備を開始していた。

そのことを示す文書が、内山が入手した「弁護資料研究班」資料だった。海軍幹部は「特攻」が戦争犯罪とされる可能性があると考えていたことを示している。

もう一つ判《わか》ったことがある。特攻に関する設問への回答案の執筆者は、元軍令部員として、反省会の場で「特攻は現場の熱意から始まった」と断言した三代元大佐、その人だった。

内容をここに示そう。

（GHQからの想定質問）

「特攻隊は上級指揮官の強制に依るものにして人道に違反せるものなり」

（回答案）

「（対案）特攻隊は当時の切羽詰れる戦況と我方の兵力の情況（少き上に技倆《ぎりょう》も低下し被害のみ多くして戦果挙らず）等の関係上何とかなるべからずとは中央出先共に痛感し特に現地に於《おい》ては体当り攻撃以外に窮境打開の策なしとする気運醞醸《うんじょう》して之《これ》が実施を見るに至りしものにして、後愈々《いよいよ》本土決戦の段階に入らんとするに当り他に策なき為《ため》軍人は総員玉砕しても国の守りを全うせんとの観念のもとに各種の特攻隊を編成せらるるに至りしものにして此《こ》の時機に於ては勿論《もちろん》志願者を主とせるも前記の如《ごと》き観念より若干志願せざるものも編入せらるるに至りしなり即《すなわ》ち軍人は已《や》む得ず上下挙《こぞ》つて総員玉砕を期して国家を守り抜かんとの前提の下に編成せらるるに至りしものにして青年、下級者のみを駆つて必死の戦法を強ひたるに非《あら》《ママ》さるなり」

「上級指揮官」すなわち、海軍の幹部の責任を真っ向から否定した回答だった。

特攻作戦を生み出した海軍幹部は、戦争中は戦果を検討することなく兵士たちを死地に送り込み続け、さらに士気高揚のために特攻隊員の死を利用した。戦後は、特攻作戦が戦争犯罪につながると自覚しながら、自らの責任を覆《おお》い隠し、罪を逃れようとしていたのである。

私は、特攻に関する番組の取材に取り組むきっかけともなった、戸髙一成氏の言葉を思い出した。

「大体、特攻隊員を送り出すとき、幹部は必ずこういったんですよ。『必ず自分も後から行くから』。なのに本当に約束を守って死んだ幹部なんてほとんどいなかった」

当初は怒りとともに聞いていた言葉が、また違った思いとともに浮かんできた。

海軍幹部は、自分の息子ほどの年齢の若者たちに、死んで国を守ることを命令した。そして自分たちは、責任から逃れようとした。

しかし、反省会のメンバーの多くがそうであるように、海軍幹部の多くは家族から尊敬され、子煩悩《こぼんのう》の良い父親だったのではないか。

家族への愛情をはぐくめる人間が、どうしてこれほど残酷になれたのだろうか。

自分も戦争の時代に生まれ、特攻作戦に関わらざるをえなかったとしたら、どう行動していただろうか。

「やましき沈黙」という言葉

特攻作戦という、人類史上最悪ともいえる軍事作戦を考え、組織をあげて実行し続けた日本海軍。戦争という異常な状況下にあったことを差し引いても、他国の軍隊では日本海軍と同じ規模で組織的な「自殺攻撃」は行われておらず、日本海軍の特異性は際《きわ》だっている。

その根本にどのような考え方があって、事ここにいたったのか。

大きなヒントを与えてくれたのは「海軍反省会」の出席者の一人だった。

扇一登元大佐。海軍兵学校五十一期卒業で、若い頃から軍令部をはじめ海軍中枢《ちゅうすう》で仕事をしてきた。太平洋戦争が始まると、駐在武官としてドイツ、スウェーデンなどに赴任し、重要な任務を担《にな》った。特攻作戦に直接関わりがなかった扇元大佐が、特攻をテーマにした反省会の議論の中で、重要な発言をしていたことに私たちは気づいた。

第九十四回反省会。三代一就元大佐が「航空特攻作戦」を議題に講師を務め、特攻作戦で仲間を失った小池猪一元予備中尉《ちゅうい》が激論をしかけた、あの会議である。

反省会の終盤、それぞれ特攻作戦について意見を求められた中で、扇元大佐はこう語っていた。

「えー、あんまり意見がありませんが、結局人間、危機意識に自分が、危機っていいますか危機意識にさいなまれるという時には特攻的なアイディアが出てくると、またそのアイディアがそういう国家にしろ民族にしろ、そういう意識に追われる時には重要なものになるという事は私は常々感じております。だからこそ新しい兵器がどんどん出て来てくるんであって、これはまぁ危機を救われたいと、危機を逃れていくための本能的な発動だと見ておるわけです。（略）

だから特攻精神といわれる問題は各国、各軍隊その他によって身近に言えば警官、警察機動隊、そういう風なところでもとにかくそこに死守する何か、自分を拘束してくるような精神作用を、厳格な精神作用を持っておると、軍人だけのあれじゃなく。そういうような意味においてこれをとらえていくべきじゃないかと思います」

危機に見舞われた国家や組織で、特攻的な考えが出てくる論理を、極めて淡々と語る扇元大佐。その発言は、実体験に即して特攻隊員の思いを代弁したり、激しく軍令部を非難したりする、他のメンバーとは一線を画していた。

他のメンバーの発言を挟んで、元大佐は、今度は自発的に発言を始める。

「ちょっと今の……、新兵器っていう問題について。これとこう結びつきがどうなるかとみなさんに伺いたい。新兵器が生まれてくると使ってみたくなると、これはまぁ専門的な見方から言って使ってみたくなる。（略）
これは誰もそういうわけではないけれども、私自身それに寄りかかって気持ちの上ではおったと。ですから各国が何か強いものをもってこれは俺だけが持っておるもんだという事になるっていうと、それが好戦的とまでは言わないまでも積極的に出ていくと、態度が積極的になって人が強くなるとかいろいろな、新兵器というものの戻る場所が問題になると思います。

扇一登元大佐

太平洋戦争がその、それらの日本の強みとする新兵器に引きずられたんだという事はあえて言うことはできませんが、しかし頼んではおったという事を私は全体をみまして、偽らざる感じです」

特攻兵器のような新兵器開発に血道を上げた軍令部首脳を批判する発言と聞こえつつ、自分自身も含めて、そうした気運に「引きずられていた」「頼んでいた」ということを正直に告白する言葉だった。

第九十四回反省会の席上で、この扇元大佐の発言に反論はおろか、言及する人は誰もいなかった。

扇元大佐の遺族に初めて電話で連絡をとったのは、二〇〇八年九月二十六日。十月に入って、杉並区の自宅を訪ねた。鬱蒼《うっそう》と木々が繁《しげ》る閑静な庭に面した部屋で、息子の暢威《のぶたけ》氏と会った。部屋の棚の上には、父・扇一登元大佐の遺影が、母のものと並べられていた。

父親が二〇〇四年に百二歳で逝去《せいきょ》するまで、暢威氏は妻とともに介護してきたという。夫妻ともども、父親への尊敬と愛惜の念は未《いま》だ尽きないという様子が印象的だった。

「反省会でどんな発言をしていたのかは知りません。ただ〝反省会に行ってきた〟とはよく言っていました。孫から〝おじいちゃん、何を反省してきたの〟と聞かれていました」

暢威氏は、扇元大佐が戦争末期の昭和二十年五月頃、スウェーデン赴任中に、密《ひそ》かに和平工作を計画したがうまくいかなかったという逸話も明かしてくれた。

海外勤務という体験が、戦況や海軍のあり方を比較的客観的に見る素地を扇元大佐にもたらしたのかもしれない。海軍兵学校五十一期の同期は、四分の一が戦死・戦病死したという。扇元大佐は、仲間の遺族や忘れ形見に支援を続けてきた。いまだに同期、そして同期の息子世代の交流が続いていて、暢威氏は、父親亡《な》き後も、夫婦そろってそうした会合に参加しているとのことだった。

また、扇元大佐の遺族は、海軍反省会について、きわめて重要な役割も果たしていた。亡くなった二年後、父親が遺《のこ》した段ボール何十箱にも及ぶ資料をすべて国会図書館に寄贈していたのだ。それは「扇一登関係文書」と称され、一般の人でも閲覧が可能になっている。千四百六十点の資料は、反省会に関するものがかなりの分量を占めている。私たちにとって、大変有り難かったのは、扇元大佐が遺した資料の中に、反省会メンバーにだけ配られた議事録が多数含まれていたことだった。戸髙氏や平塚元少佐が所蔵していた資料になかったものもあった。そのおかげで、テープで聴く発言と発言者の名前を一致させることができたのである。

扇元大佐の存在が、番組にとっていかに重要であるかを知ったのは、それからさらに時間が経《た》ってからのことだった。

最初の面会から七ヶ月経った二〇〇九年五月二十二日。番組の内容がほぼ固まった報告と、写真拝借のお願いを兼ねて、久しぶりに杉並の自宅にうかがった。暢威氏は、大切にしまってあった父親の写真を一つ一つ並べながら言った。

「父はあまりかちっとした人間でなくてね。笑顔の写真の方が本人らしいのですが。それから、軍服よりも私服の写真の方が父らしく思うのです」

その二十日後の六月十一日、借りた写真を返却に伺った時のことだった。私が「海軍を一方的に批判しても仕方がない。現代の私たちにも通じる問題点を考えていく番組にしたい」と話したところ、暢威氏が語り始めた。当時の取材ノートには唐突にこう書き記されている。

「やましき沈黙」
「これではいかんと思いながらやってしまう。おじいちゃまがよくおっしゃっていた。そういう立場になくても悩んでいた」
「よう言わんかった、海軍という組織」
「罪がある」

この日は、写真を返却するだけという気持ちで臨んだ取材だった。そこへ、突然、心に深く刻まれる言葉が語られたのだった。取材メモに沿って暢威氏の言葉を再現する。

「現代に通じる海軍の問題ということはとても理解できる。例えば、父は〝やましき沈黙〟という言葉を生前何度も何度も語っていた。〝やましき沈黙〟というのは、特に開戦についての話をするときよく使っていた。これではいかんと思いながら、やめることができずについに戦争を始めてしまう、海軍のそういう問題をとても悩んでいた」

そばで聞いていた和子夫人も、言葉を継いだ。

「そうですね。本当におじいちゃまはよく、〝やましき沈黙、あれは良くなかった〟とおっしゃっていました」

「どんな気持ちでその言葉を使っていらしたのでしょうか」と尋ねると、暢威氏はこう答えた。

「悪いと思っていてもよう言わんかった。それが海軍という組織の欠点だったということです。特に開戦など、海軍には、やましき沈黙をしたという罪がある、とはっきり言っていました」

夫人が立ち上がって、ある雑誌の切り抜き記事を持ってきた。当時扇元大佐が読んでいた記事であるとのこと。そこに「良心は疚《やま》しき沈黙を守っていた」という言葉があった。

「この記事は、海軍とは関係のない内容でしたが、父はこの言葉に〝これだ。海軍はこれだったんだ〟と思ったようでした。それ以来、口癖のように語っていました」

帰局後、スタッフに報告をした。誰もが同じ思いだった。

「やましき沈黙」

これ以上に、特攻作戦に代表される、海軍の罪の意味を言い当てている言葉はない。そしてそれは、決して他人事《ひとごと》ではない。私たちにも思い当たることだ――。

こうして、特攻作戦を主題とした「日本海軍400時間の証言」第二回のタイトルが決まった。

暢威氏にその旨《むね》を報告すると、最初はずいぶんと戸惑っていた。

「父は特攻作戦についてては何も語っていなかったのです」

と繰り返す。しかし、特攻作戦に限らず、海軍という組織全体がはらむ本質的な問題であり、現代に通じる課題なので、是非使わせていただきたいと話したところ、理解してくれた。

そして、テレビカメラの前で、父親が生前語っていたこの言葉の意味を証言してくれた。

私たちが伝えるべき現代に通じるテーマが「やましき沈黙」という言葉で明確にな

った時、扇元大佐がさらに重要な発言を反省会でしていることに気づいた。

「海軍の上層部は、自分の意志、判断をもっとりながら、それはこちらに置いて、そうして流れていった」

「思わぬ、好まぬ、自分の本意でない方向に流されていったと。だれかれと言わず、みんなそうですもん」

（第十回反省会）

自分の意志ではない方向へ、流されていく組織の体質。

私たちは、海軍の「やましき沈黙」を批判できるだろうか。スタッフ誰もの頭をよぎった思いである。特攻作戦という極限の作戦について、それだけはあってはならないという理性と、当時の海軍幹部と同じ立場にあったらどう行動していただろうかという自問自答。にわかには答えの出せぬ複雑な思いが、心の中に澱《よど》んでいった。

鳥巣元中佐の戦後

反省会で、軍令部を批判し続けた鳥巣建之助元中佐は、どのような戦後を過ごしたのだろうか。

敗戦で海軍が解体された後、鳥巣元中佐は海上自衛隊の前身、海上警備隊への参加を要請されたがこれを断り、自ら事業を興《おこ》した。海軍兵学校以来、職業軍人として生きてきた人間にとって初めての商売は生易しいものではなく、生活は決して楽ではなかったという。それでも鳥巣元中佐は「海軍のお世話になることなく、自力で生計を立てる」ことにこだわったのである。そうした中、昭和三十年頃から、海軍での自分の体験を元に、著作の執筆を始める。その後、海軍反省会が始まり、積極的に出席するようになった。

反省会の幹事であった平塚清一元少佐はこう証言する。

「あの反省会でね、つくづく感心したのはね、とにかく海軍の人間はね、一期でも上の人には実によく従うっていうことですね。ええ。もう従順そのものですよ。（そうした中で）一番抵抗したのは鳥巣さん。鳥巣さんはとにかく、この反省会は反省していないからと。

海軍は良かった良かったと思っている人がいる。だから、反省するような議論が出て来ないんです。お互いにディスカッションする事がない。その点に関してですね。鳥巣さんが、もう少ししっかりしろと、せっかく題材が来ているのに、これを反省したらどうだというような発言をしていました」

同じく、反省会のメンバーであった市来俊男元大尉は、鳥巣元中佐の心情をこう推し量る。

「鳥巣さんが激しいことを言っていた。頭いいですからね。海軍大学校の最後の学生で、昭和十八年に入って半年くらい大学校におって、それで今度すぐ卒業で、戦争末期ですから、ゆっくり勉強することがなくてすぐに卒業で、現場で働いて一番苦労をされて、そういう方が、鳥巣さんなどですね。

現場におって苦労をした鳥巣さんなどは、作戦についていろんな作戦課の中央の方でどうしてこんなことをやっておったんだろうという思いが、ありますからね。特に鳥巣さん、潜水艦乗りだし、非常に被害が多い。しかも中央の方の潜水艦の使い方に非常に鳥巣さんは現場におって不満をもっておられたようだから、そこについて批判が大きかった気がします」

市来俊男元大尉

数々の著作においても、鳥巣元中佐の、軍令部ら海軍中枢部への批判は終始一貫している。それに比して、搭乗員など最前線で戦った兵士たちへの賛辞は尽きなかった。

取材の中で、一つの逸話を聞いた。元回天搭乗員からだった。

戦後アメリカに接収されたままになっていた回天が、昭和五十四年八月、元搭乗員らの尽力で、日本に返還されることになった。靖国《やすくに》神社で展示されることになり、奉納除幕式が行われた。鳥巣元中佐も参列した。

元搭乗員たちは、かつては雲の上の人だった鳥巣元中佐に、死を覚悟した自分たちの気持ちはきっとわからないだろうと思い「回天に乗ってみてくれ」と迫ったという。鳥巣元中佐は黙って乗り込んだ。しばらくして回天から出てきた鳥巣元中佐に「どうだった？」と聞いたところ、少し青ざめ言葉がなかったという。

その数年後、反省会が行われていた当時、鳥巣元中佐に、元回天搭乗員たちが、膝《ひざ》詰《づ》めで責任論を問うたことがあったという。その時、鳥巣元中佐は、答えにつまり、最後に「俺みたいな下級の者に回天作戦を背負わせるのか。一中佐の自分では、責任をとれん」と答えたという。

鳥巣元中佐は、九十六歳の時、地元、世田谷区の文化生活情報センター主催「町の賢人探検隊」（坂本光三氏）のインタビューを受け、こう語っている。

「私の通った道、それはね、一番大きな問題はね、戦争で死んでいった、特攻兵器回天ですな。回天の事がね、終戦直後ね、もう国民はね、あんな馬鹿《ばか》なことしやがってというような悪口があったんですがね、私はそれを見ながらね、国家の為《ため》に死んでいった回天の勇士の事をね、歴史をね、残さなきゃいかんなと思ってね。まぁ最初に手がけたのがね、人間魚雷回天の事なんですがね」

「まぁいろいろ反省してね。我が道は間違っていなかったという風に考えておるわけですよ」

この発言の三ヶ月後、鳥巣建之助元中佐は永眠した。

海軍の幹部の一人として、何をすべきか、戦後模索し続けた鳥巣元中佐。

終生心に残り続けた戦時中の苦悩について、家族に一言だけ言い残している。

「海軍の中で、思っていても、言いたいことがあっても、口に出来ないことがあった」


「特攻隊員」と「涙が見えなくても伝わるもの」

番組制作の最終段階であり、心身ともに最も過酷な状況になるのが「編集」と「試写」である。膨大な取材内容と映像を取捨選択し、最も意味が伝わるよう構成する「編集」。それをスタッフで見て、吟味し、改訂していくための「試写」。いずれも作業はたいてい深夜まで及び、眠れない、帰れない、日々が続くことになる。

今回私は、育児、そして両親の介護のための休職から復帰して、初めての本格的な番組制作であった。まだ二歳の子どもは、親がいないと寝付くことが出来ず、最初のうちは、スタッフの理解のおかげで、出来るだけ早く帰宅させてもらっていた。しかし終盤ともなると、もはやそうはいっていられず、徹夜で編集するため、夫に仕事を早く切り上げてもらって子どもの寝かしつけを頼みつつ、朝早く自宅にもどっては食事の支度や洗濯をし、子どもに朝食を食べさせ、夫に保育園に送ってもらい、再び編集室に戻る、という生活を続けることになった。頭の中では、どう構成したらよいのかを考え続けていた。

そうした時間的制約と思索不足のために、スタッフには多大な迷惑をかけた。自分たちが伝えたいものはこれでいいのか、このかたちで伝わるのか、と悩みながら、試写を迎えては「伝わらない」との指摘を受けるくりかえしだった。第二回「特攻」やまし き沈黙」については、十四回にわたって試写が行われた。通常のおよそ二倍の回数である。

これは、第一回の横井ディレクターチーム、第三回の内山ディレクターチームの負担を増やすことと引き替えだった。私の作業の遅れが甚だしいので、彼らの編集日数を私にまわしてもらったのである。一日でも一時間でも、検討する時間がほしいのに違いない。彼らには本当に申し訳ない気持ちで一杯だった。

そうした中、番組の本質はどこにあるのか、目を覚まさせられたのが、第一回目の試写「一編試写」のあとの検討会議だった。「一編試写」は、放送のほぼ一ヶ月前、二〇〇九年七月三日に行われた。

何を言いたいのかわからない、これでは伝わらないという批判はもちろん、皆が一致して指摘した重要な点があった。

歴史家の笹本氏の言葉を、代表としてとりあげる。

「被害者が多すぎる。涙が多すぎる。特攻隊員の追悼番組はこれまでごまんとあった。これではだめ。〝加害者〟側をどう描くかに徹しないといけない。そうでないととりあげる意味がない。一歩踏み出すかどうか。〝生きている人〟と〝死んだ人〟の闘いです」

確かに、今回の番組は、反省会のテープが伝える特攻作戦を生み出した海軍幹部が主人公である。しかし、私と映像編集の小澤良美は、元特攻隊員らのインタビューを聞くたびに大きく心を揺さぶられ、編集でそれを短くはできなかった。

会議で指摘された膨大な課題については、そのいずれも納得することばかりだった。一方で、自分の中に何か不思議な感覚が生まれていることを感じていた。意見をすべて聞いた後、その実感を皆に話した。

「うまくいっていないことはよくわかる。ご指摘はすべて受け止めた。ただ、今、自分でもどう表現したらよいのかわからない、不思議な気持ちになっている。うまくいっていないのはわかるのだが、同時に、確信のようなものがある」

その後とぼとぼとプレハブに戻ると、笹本氏がいた。憔悴《しょうすい》している私に向き合って、こう語った。

「さっき、あなたは、自分でもどう表現したらよいかわからないと言っていましたよね。不思議なことを言いましたね。でもね、それが、〝その時〟なんですよ。あなた自身が溶けて次に行く段階にはいったということなんですよ」

笹本氏は、シベリア抑留体験者で画家の香月泰男《かづきやすお》について語り始めた。

中国戦線で終戦を迎えた香月は、シベリアに送られる列車から、線路の脇《わき》に放り出された死体を目撃した。

「満人たちの私刑を受けた日本人にちがいない。衣服を剝《は》ぎとられた上、皮を剝がれていたらしい」。香月はその死体を「赤い屍体《したい》」「加害者の死」と呼んだ。広島の原爆犠牲者の「黒い屍体」と比較しての言葉だった。この体験から、香月は「戦争の本質への深い洞察も、真の反戦運動も、黒い屍体からではなく、赤い屍体から生まれ出なければならない。戦争の悲劇は、無辜《むこ》の被害者の受難によりも、加害者にならなければならなかった者により大きいものがある」（『私のシベリヤ』文藝春秋・昭和四十五年）と書き残している。

　笹本氏は、香月の話を終えた後、

「あなたも〝赤い屍体〟を見たということなのですよ」

　と言った。

「人は次の段階に行く時、自分自身どうしたらよいかわからなくなる。それまでの自分が〝溶ける〟のです。赤い屍体を見た香月泰男もきっとそうだった。そして、あなたもいま、特攻作戦を生み出した幹部たちのことを知り、それまで特攻隊員のことだけを知っていた自分が溶け始めているのです。だから、きっと大丈夫。次の段階に行けますよ」

　試写がよい結果ではなかったという目先のことで落ち込んでいた私であったが、笹本氏は私を励ましつつ、この番組を作る過程で、きっとこれまで見えなかった「戦争の本質」が見えるであろうことを、教えてくれたのだった。

神風特別攻撃隊・角田和男氏

編集の大きな課題となった元特攻隊員の声。私たちの心を大きく揺さぶった一人が、角田《つのだ》和男《かずお》氏だった。航空特攻隊員の気持ちを知りたければ、この人に聞くべきだと、戸髙氏から紹介された人物である。

大正七年十月十一日生まれ、私たちが初めて会った二〇〇九年四月時点で、九十歳だった。

初めて電話し「お会いしたい」と切り出したとき、

「二、三年前まで、畑でスイカを作ったりしていましたが、今はもう、病気で体が自由にならないので、自宅にきていただけますか？」

と静かな口調で承諾してくれた。

茨城県かすみがうら市の広々とした畑に囲まれた自宅を訪ねた。

角田氏は紺色のスーツに、飛行機柄のネクタイをきちんと締めていた。杖《つえ》を突きながらソファに腰を下ろした。

神風特別攻撃隊葉桜隊、梅花隊、金剛隊、さらに第二〇五海軍航空隊第十七大義隊など十数回にわたって、特攻隊員として出撃した経験がある。

なぜ、何回も特攻作戦に参加してきたのか。それは、角田氏が特別の任務を負っていたからだ。「直掩《ちょくえん》」といって、特攻隊を守り、その戦果を空から確認する役目だった。

敵艦の見えるところまで、爆装をした特攻機を誘導する。敵機からの攻撃の盾となり、自分が先に撃たれ、特攻機を前進させることに徹する。

それでも生き残れば、体当たりしていった特攻機の戦果を確認、どのように衝突したか、相手に与えた被害はどうだったかを記録・報告するのだという。パイロットとして熟練した技術を持っていた角田氏は、この過酷な任務を完遂し生き延びた。

角田氏は、自分自身の写真を二枚並べて見せてくれた。

「こちらが、特攻隊命名式直後の写真。こちらは終戦後、台湾で記念に撮ったものです」

戦後撮ったという写真は、写真館で撮ったのか、きちんと照明があたっている。角田氏も穏やかなほほえみを浮かべてポーズをとっている。それに対して、特攻隊時代の写真は、マニラの基地で撮影されたとのこと。密林を背景に少しぼやけており、スナップのように見える。何よりも表情が全く違っていた。角田氏はこう語った。

「見て下さい。特攻隊にいた時は、こんなに暗い顔をしていたんですね。後で見て自分で驚きました」

海軍に入った経緯を尋ねると「特に国のために働こうと思ったわけでもなかった」という。一九二九（昭和四）年、世界恐慌《きょうこう》の中、少年時代を送り「海軍に志願したら一生働けるかもしれない」と思い、海軍少年航空兵を受験したという。

昭和十九年十月二十五日、神風特別攻撃隊が初めて出撃した時は海軍少尉《しょうい》。自分自身が特攻作戦を命じられた時は二十六歳だった。部下が皆志望するのを見て「熱望」と書いたという。戦闘機乗りのする作戦ではないという本音は、胸のうちにしまった。

仲間の死と戦果を見届け帰還した角田氏に、ただちに次の命令が下った。神風特別攻撃隊梅花隊に配属されたのである。その命名式で出撃する特攻隊員を前に、白いテーブルに海軍の幹部がずらりと並んだ様子を見て、こう思ったという。

「頭でっかちの海軍の末期的症状」

最前線で日々激戦を生き抜いてきた角田氏は、戦況が如何《いか》に切迫しているかを実感していた。

特攻作戦を命じる幹部への不信感も増していった。

ある時、「桟橋に体当たりしろ」と命じられた特攻隊員がいた。「桟橋ではなく、せめて敵艦にしてほしい」と懇願した隊員に、上官がこう叱責《しっせき》する声を聞いた。

「文句を言うんじゃない。特攻の目的は戦果にあらず、死ぬことにあり」

ある時は、敵艦に遭わなかったり、機体が故障をしたりして、やむを得ず帰還した特攻隊員に対して、上官が「生還を許さず」とし、次の出撃の直前まで、「臆病者《おくびょうもの》」「卑怯者《ひきょうもの》」と罵倒《ばとう》し続けていると聞いた。

角田和男氏

終戦直前には、そうした機体破損などで引き返した隊員を中心に編制された特攻隊が練習機で出撃することになった。この隊員たちは「臆病者」「卑怯者」扱いのまま、出撃前夜の外出さえ許されなかった。

角田氏は「お前たちの最後の夜になるだろう」と、その隊員たちを巡検後密《ひそ》かに連れ出し、送別会を開いたという。

十代の若者が少なくなかった特攻隊員の中でベテラン格だった角田氏は、部下たちの相談相手でもあった。また直掩という任務を負っていたことから、自分の目前で体当たりしていく部下たちへの思いはひときわ深いものがあった。

「ご自分の目で、体当たりを確認した部下の方は何人でしたか」と尋ねると、角田氏は、指を折りながら一人一人の名前をつぶやきつつ数えて、「十人です」と答えた。

戦後、角田氏は、妻の実家のある茨城で畑仕事で生計をたてながら、自分が最期《さいご》を見届けたり、部隊で一緒だったりした兵士たちの遺族を探し続けた。当時、旧海軍関係者も国も、そうした情報を教えてはくれなかった。

遺族が判《わか》ると、全国津々浦々を訪ね歩き、兵士の生前の様子や脳裏に焼き付いている兵士の最期を伝え、お墓参りをした。そして、一家の大黒柱や働き手を失った家族の多くが困窮しているのを見て、出来る限りの支援を続けてきた。

ここ数年は、自らの病気のため遺族の人たちに会いに行くことが困難になってしまった、それが気がかりであると角田氏は繰り返しつぶやくのだった。

取材中、部隊で一緒だったある特攻隊員のお墓が都内にあることを教えてくれた。そして、遺族とは一時期まで交流があったが、お墓には一度もお参りできていないのが心残りであると語った。

私たちが調べてみると、墓の場所も遺族の現在の連絡先もわかった。角田氏は、不自由な体を杖に預け、遺族を訪ね、墓参することに決めた。私たちも同行した。

遺族は、特攻隊員の姉だった。現在、老人ホームで暮らし、認知症を患《わずら》っておられると、付き添いの人が語った。

角田氏は、かつて会ったことのあるその女性に思い出を改めて語りかけた。女性は、弟が死んだ遠い外国の島の名前をはっきりと覚えていなかったが、弟のことははっきりと覚えていた。

墓は東京都内の閑静な寺院にあった。角田氏はゆっくりと祈った。何かを語りかけるように墓石に刻まれた名前を見つめた。そして、墓を離れる時、もう一度頭を下げた。

お参りの後、角田氏が言った言葉が忘れられない。

「いくら墓参りをしても、亡《な》くなった人は生きて帰ってきませんから」

角田氏は、海軍反省会が開かれていたことを知らなかった。角田氏に反省会で語られた内容を伝えるのは酷であるとも思った。しかし同時に、海軍幹部がどのように特攻作戦を生み出したか、最も知る権利があるのは、角田氏たち元特攻隊員にほかならないとも思った。

そこで、反省会で特攻について議論があったという事実を伝えた上で、角田氏の了解のもと、反省会のテープを聴いてもらった。

特攻作戦の準備は、神風特別攻撃隊のずっと前から進められていたこと。

回天・桜花などの特攻兵器を組織として次々と開発していたこと。

軍令部を中心とする海軍幹部たちが語り続ける、特攻作戦を生み出した経緯についての会話。

角田氏は、よく聞こえるようにと耳に手をあて、じっと目を閉じて聞き入った。

カセットテープをとめると、ゆっくりと目を開けて、こちらを見つめた。

「そんなに早くから特攻作戦を考えていたのか……ということは……ちょっと信用できないですねえ」

少し目が潤《うる》んでいるように見えた。そして今度は身を乗り出すようにして一気に言った。

「じゃあ、その人たちは、昭和十九年はじめから、以前から特攻兵器を作って、どうしようと思っていたのか……聞きたいですね。それで勝つと思っていたのか……」

後は言葉にならなかった。

特攻隊員の遺書

角田氏は、異様な体験を記憶している。

出撃を前にしたある時、休憩していた特攻隊員たちのところに上官がやってきて「遺書を書け」と命じたのだという。

兵士たちは自ら望んで特攻作戦に参加している。そのことを後に続く者たちに伝えるための戦略だろうと、角田氏は思ったという。

「遺書を書け」という命令がすべての部隊で下されたかどうか確認はできない。しかし、特攻隊員たちが、後に続く兵士の気持ちを鼓舞することを意識して、

「特攻作戦には自ら望んで参加した」

「特攻作戦で死ぬことは本望である」

などと、ことさらに作戦参加の意義を強調したことはあったかもしれない。

特攻隊員が残した遺書を調べていくと、そうした作戦賛美の言葉に混じって、家族に対して自分だけにしか語れない思いでつづった文章にも出会う。

私たちは、角田氏が最期を見届けた兵士たちの遺書と遺影を見つけることができた。

出撃した時、二十歳だった廣田幸宣さんの遺書。両親にあてたものである。

「御両親様の心尽くしの品々、うれしく拝見して、マフラー、喜んで首に巻いて飛びます」

「白いマフラーで出発するのを、想像して下さい」

特攻隊員として写真に納まった廣田さんは、確かに、白いマフラーを首に巻いていた。

遺書には短歌が添えられていた。

「国の為征《ためゆ》く身なるとは知りながら
故郷《くに》にて祈る父母ぞ恋しき」

もう一人、角田氏が最期を見届けた兵士の遺書が見つかった。

谷本逸司さん。享年《きょうねん》二十二。

角田氏は戦後、谷本さんの遺族と交流を続けてきた。逸司さんは谷本家でたった一人の男の子だった、という。

角田氏は、谷本さんの戦死の日を巡って、忘れられない話があると語った。当時、谷本さんの戦死日は昭和二十年の五月四日であると遺族は知らされたが、新聞では五月五日と公報されていた。そこで家族は二日間、供養《くよう》をしていたという。

復員した角田氏が遺族を訪ね、谷本さんが体当たりをしたのは確かに五月四日であったことを伝えると、谷本さんの母はこう語ったという。

「たった一人の男の子が五月五日に亡くなるなんて、運が悪いと思っていました。命日が四日か五日か分からなかった時は、もしかしたら間違いなのかもしれない、事《こと》によったら帰ってくるかもしれない、と思い、何年たっても、家の外を歩く靴の足音に耳を澄ませて、幾晩も眠れない夜を送りました」

谷本さんは、その母親にあてた手紙を遺していた。大きな字で、伸びやかにつづられていた。

「お母さん、元気ですか。永々のご恩、本当にありがとうありました」

谷本さんは広島県出身だった。「ありがとうありました」とは、広島の言葉で、最上級の感謝を表す表現

廣田幸宣氏

だという。

「いよいよ本当に男としての生き甲斐《がい》を痛切に感じる時が参りました。

くれぐれも体に気をつけて、長々生き抜いて下さい。御願いです。

遥《はる》かお母さんの健康をお祈りいたします」

写真の中の谷本さんは、今も静かに笑みをたたえている。

「長々生き抜いて下さい」という息子の言葉を、母親はどのような気持ちで読んだことだろうか。「御願いです」とさらに続けられた言葉に、自分の命を母親に託すかのような響きが感じられてならない。

特攻隊員たちを慰霊する団体に問い合わせたところ、特攻作戦で亡くなった兵士の数は「五千人以上」としか表現できない、つまり今もって詳しく特定できていないことが判った。そのことに、私たちは大きな衝撃を受けた。

国は、戦後六十年以上も、特攻で亡くなった人の数を特定できないでいる。私たちもまた、特攻隊員ひとりひとりの命や人生に、どれほどの思いをいたしてきただろうか。

番組で取り上げることになった二人の遺書。編集担当の小澤良美は、その遺書を紹介するくだりで一つの映像を選んだ。カメラマンの宝代が「特攻隊員たちの気持ちを代弁できるかもしれない」と撮影してきた、佐渡の空を舞うカモメの映像だった。

何かを探し求めるように舞うカモメの姿。

特攻隊員二人の思いは、「五千人以上」としか表現できない、かけがえのないひとりひとりの思い、そして戦争で理不尽な死を強いられた人たちすべての思いに、空を通じてつながっていくように思えた。

谷本逸司氏

ラストコメント

番組のラストコメントを書く。それは、担当ディレクターにとって最大の課題であり、最大の責任である。

プロデューサーの藤木は、連日の試写と編集で心身ともにまいっている私に対し、毅然《きぜん》として「ラストコメント、次までに書いてきて」と言った。コメントは、キャスターを務める小貫が、軍令部のセットを組んだスタジオで語ることになっていた。

私は、戸高氏から反省会テープの存在を教えられて以来、取材を積み重ねる中で、一つ一つ学んできたことを思い返した。

特攻作戦というあってはならない事実。

そこから私たちが絶対に学ばなければならないことは何なのだろう。

それらを言葉にしながら、次第に心の中にうねるように湧《わ》いてくる思いを抑えられなくなってきた。

以下は、その時に書いたラストコメント草稿である。後に、小貫や藤木とともに手直しし、放送に至った。従って、番組で小貫が語っているものより、ずっと荒削りだが、その分、自分の当時の気持ちにより近いものとなっている。

反省会に参加していた人々は、ひとりひとりは、個人的には、特攻を絶対やってはいけない非道な作戦だと考えていました。

しかし、特攻については戦争中も、さらに戦後になっても、明らかにすることはなく、その結果、特攻が誰によって始められ、どのように進められていったのか、ほとんど公《おおやけ》になることはありませんでした。

そうした海軍の体質を反省会のメンバーの一人が〝やましき沈黙〟という言葉で表現していました。

「間違っていると思っても口には出せず、そうした空気に個人が呑《の》み込まれていく」

しかし、私はこの〝やましき沈黙〟ということを考える時、それを他人の事として済ますわけにはいかない気持ちになります。

果たして、同じような事態がおきた時、自分がこの〝やましき沈黙〟に陥らないとは断言できないからです。

特攻で亡くなった若者たちは、およそ五千人。そのひとりひとりが、どのような気持ちで出撃して行ったのか。どう死に向かっていったのか、その気持ちを考える時、今、私たちが海軍反省会のテープから学び取るべき教訓は、何よりも、ひとりひとりの〝命〟にかかわることについては、たとえどんなにやむを得ない事情があろうとも、決して〝やましき沈黙〟に陥らないことだと思います。

そのことを、亡くなった特攻隊員たちに誓いたいと思います。

心の底から湧いてきたのは、「何よりも、ひとりひとりの〝命〟にかかわることについては、たとえどんなにやむを得ない事情があろうとも、決して〝やましき沈黙〟に陥らないこと」という言葉だった。

特攻作戦を生み出した当時、軍令部など海軍幹部がおかれた戦況や組織の状況は、非常に切迫したものだったことは、取材の中でわかってきた。自分がもしもその時代に生き、もしも軍令部部員だったとしたら、彼らと同じように行動しなかったとは断言できないと思った。

彼らが「やましき沈黙」に陥ったのも、「やむを得ない状況だから仕方がない」と自らを必死で納得させたからではないか。

しかし、どんなにやむを得ない状況でも、やっていいことと悪いことがある。その譲れない一線が「人の命がかかっているかどうか」だと思った。そう思った時心に浮かんだのは、角田氏をはじめとする特攻隊員たち、これまで取材で出会ってきた戦争で被害を受けた人たち、広島の被爆者の人たち。そして、私たちのスタッフで、ロケ中に亡《な》くなった森山正太であった。

また、私自身がこの番組に関わり学んだことを、この番組一回限りのもので終わらせてはいけない、ということも強く思った。もしそうであれば「やましき沈黙」と同じくらい重大な罪になると思った。

今回学んだことは、これからも決して忘れない。伝えつづけていく。そのことを特攻隊員たちに誓いたい、誓わなければと思った。

この頃、ともに編集室で格闘をつづけていた小澤が、一つの提案をしてきた。このラストコメントを聞いていると、どうしても次に「特攻隊員の顔」が見たくなるというのだった。いくつもの番組で編集を託し、心から信頼している小澤だったが、この言葉を聞いた時は、改めて「心で編集している」ことが伝わってきた。

是非、お願いします、と答えた。

その結果、キャスターの小貫がラストコメントを述べた後、出撃前の姿や笑みを浮かべる特攻隊員の顔が続くシーンが生まれた。小澤が最後に編集した写真は、同僚にはちまきを締められている出撃直前の回天搭乗員だった。そのまなざしはまっすぐ、私たちに向けられている。「もう二度と、命に関わることについて、やましき沈黙をしないでくれ」と言っているように思えてきた。

小澤は、当初からこだわっていたとおり、その裏に不特定多数の人々の命があることを暗示させる「眼のアップ」で番組を締めくくったのだった。

軍令部の部屋を再現したスタジオで、小貫キャスターのラストコメントの収録があった。

小貫は、収録直前までコメントを手直ししながら、収録時にはその原稿をポケットにしまいこみ、一度も目を落とすことはなかった。

スタジオの副調整室でその様子を見ていた私は、心がふるえた。小貫はコメントを暗記しているのではないと思った。これまでの取材の蓄積、その間のスタッフの議論すべてを体にしみこませ、海軍幹部の過《あやま》ち、特攻隊員の悲しみを自分のものとして引き受けて、自分の言葉で語っていると思った。そしてそれは、番組に関わってきたスタッフ全員の気持ちを代弁するものでもあった。

番組の放送から七ヶ月後の二〇一〇年三月。笹本征男氏が亡くなった。亡くなる二週間前、入院先に見舞いにいった私に「よろしくお願いしますよ」と握手を求めてきた。力強い手だった。

森山正太に続き、私たちはかけがえのない仲間を失った。

しかし、二人の存在は、私たちの中で生き続けているということを実感している。命というものは、たとえ失われても、かくも重く、力を与えてくれるものなのかと感じる。

かつて子どもの寝顔を見ながら思った、ひとりひとりの命の大切さは、森山、笹本両氏の死によって、さらに実感をもって深く心に刻まれた。

「ひとりひとりの命の大切さ」

戦争がこの世界に存在する間は、この言葉をいくら言っても言い過ぎることはない。

特攻隊員として送り出され、亡くなった若者たち。「五千人以上」としか特定できないほど「普通名詞」化されてしまっていることに胸を締め付けられる。

その誰にも名前と顔があり、人生があり、それぞれが家族の愛を背負っていた。戦争で亡くなったどの人も、そうであったに違いない。そして彼らを死地に送り出した人たちもまた、ひとりの人間であった。

その事実に思いをいたすことが、私たち自身にとっても、すべての原点ではないかと、感じている。

補記

角田和男さんは、二〇一三年二月十四日、九十四歳で逝去した。脳梗塞《のうこうそく》で入院してからも意識はしっかりし、不自由な手を動かそうとリハビリをしていた中、容態が急変したとのことだった。棺には海軍の帽子が置かれ、出棺時は〝海ゆかば〟が流れた。戦後は自衛隊からの誘いを断り、零戦の写真を見ようとせず、戦死した仲間を慰霊し遺族を支えることに捧げた。

扇暢威さんは、二〇一二年十一月三日、八十歳で逝去した。和子夫人によれば、番組の取材が始まった二〇〇八年、既に肺癌《はいがん》で末期宣告を受けていたが、治療薬イレッサが効いて自宅療養をしていた時だったという。命の限りに向きあいながら引き受けてくれた取材だった。音楽が好きだった扇さんは合唱団に入り、バッハの「マタイ受難曲」を亡くなる直前まで練習していたという。

第四章　特攻　それぞれの戦後

吉田好克

取材班への参加

私が番組の取材班に加わったのは、放送の一年ほど前、二〇〇八年初夏のことだった。

社会部のデスクで、番組のキャスターを務めることになる小貫武から、こう声をかけられたのである。

「旧日本海軍の番組を検討している。海軍の元幹部たちが、戦後、海軍の反省点について意見交換していたことがわかった。しかもその過程が膨大な数のテープに録音されている。吉田は、これまで取材を通して戦中戦後の歴史に触れてきたと思うし、去年の夏には特攻についてのリポートを作っていただろ。俺はお前がこの取材に適任だと思うけど、どうかな？」

小貫と知り合ってから七年が経《た》っていた。かつては防衛庁担当の先輩記者として、この時は上司のデスクとして、縁が続いていた。全国を転勤するＮＨＫの記者。一度任地を同じくすれば、退職するまで三度は任地をともにするというジンクスがある。私にとって、小貫と同じ職場で仕事をするのはこれで二度目。仕事の進め方や酒の飲み方まで、その所作は熟知しているつもりだ。

「海軍？　また何か企《たくら》んでるな」と一瞬戸惑ったが、「私にできることがあれば参加します」とすぐに返答した。歴史を掘り下げて取材するということに、関心を持ち始めていたからだ。

私はこの頃、全く別の取材で、元海軍幹部のもとに足しげく通っていた。その相手は、中村悌次氏。海軍兵学校を首席で卒業し（第六十七期）、本土決戦に備えた水上特攻部隊の指揮官として終戦を迎えた元海軍大尉だ。戦後、海上自衛隊に入隊し、トップの海上幕僚長にまで上り詰めた人物である。

中村悌次氏

中村氏を訪ねたきっかけは、この頃、海上自衛隊で相次いでいた事故や不祥事にある。パソコンのファイル交換ソフトを通じた秘密情報の流出、護衛艦の大火災、そしてイージス艦と漁船の衝突事故。インド洋派遣や弾道ミサイル防衛など際限なく活動の幅が広がる一方で、過去に例を見ない事故や不祥事が、なぜこうも相次ぐのか。

私は、「海軍の最後」と「海上自衛隊の出発点」の双方を知る中村氏に、意見をうかがいたいと考えるようになった。当初、中村氏は、「発言する立場にない」と面会を拒んだが、手紙で趣旨を伝えたところ、後日電話があり「何もお役に立てませんが、それでもよければ」と了承してくれた。

初めて会ったのは二〇〇八年四月。当時、中村氏は八十八歳だった。高齢にもかかわらず、戦時中のことから自衛隊での経験まで非常によく記憶していた。私の質問の意図を汲《く》み取り、順序立てて論理的に答えてくれた。

一時間ほど過ぎた頃、私は尋ねた。

「海上自衛隊の取材に直接は関係ありませんが、現代への教訓としてうかがいます。海軍の何が最大の問題だったと思いますか?」

中村氏は、

「私は現場の部隊を経験しただけで、軍令部に勤務したことはありません。戦後、海軍の先輩方に話を聞き、資料を読んだ上で自分なりに考えた意見としてお話しします」

と述べた後、以下のように断言した。

「海軍の最大の過《あやま》ちは、いかなる事情があったにせよ戦争を起こしたことです」

「軍は国を守るためにあると思います。海軍は、日独伊の三国同盟を結べばアメリカとの戦争が避けられなくなると考え反対の姿勢でしたが、最後まで反対を貫き通せませんでした。時の情勢に流されてしまったのです」

時の情勢に流される。私は、この言葉に、単に過去の話では済まされない感覚を抱き、何らかの形で取材できないかと考えるようになっていた。

こうした事情もあり、私は取材班への参加を打診された時、「参加します」と答えたのだ。

数日後、打ち合わせが行われた。部屋には、チーフプロデューサーの藤木達弘、ディレクターの右田千代と内山拓、そして小貫がいた。

藤木から海軍反省会のテープについて説明があった。

「このテープの大事な点は、軍令部という海軍中央の内部の人間が証言していることだと思います。作戦を考えた側の証言です。告白とも言えるこれまで知られていない内容もあります。今回は、軍令部の取材が中心になるということを皆で共有したい」

先の大戦に関しては、「なぜ?」という疑問を幾つも持っていた。戦争の発端、作戦の経緯、戦争の終わらせ方。そして、中村氏の「時の情勢に流された」という言葉の意味を考えていた。今回の取材で、これらの疑問の答えに迫れるのではないか。この打ち合わせを経て、私の取材への意気込みは、いやが上にも高まってきた。

私は右田とともに第二回「特攻」の取材を担当することになった。右田は、取材班の中でも、先行してテープの内容の吟味を進めていた。そこで私は、特攻について、命じた側、命じられた側を問わず、当事者や遺族をとにかく探し出し、徹底して取材をしようと決意した。

回天烈士追悼式

二〇〇八年十一月九日。

私たちは、瀬戸内海の島に向かうフェリーにいた。目的地は、山口県大津島。徳山港の沖合十数キロにある南北およそ十キロの小島だ。

チーフプロデューサーの藤木、リサーチャーの土門稔、そして、この後九ヶ月にわたってロケを共にすることになるカメラマンの宝代智夫、音声・照明の伊藤尊之と共に向かった。瀬戸内特有の穏やかな水面が美しく、私は束の間《つかま》、仕事を忘れ見入っていた。

島に到着して間もなく、そんなリラックスした気持ちは消し飛んでいった。

港に到着し、歩き始めて程なくすると古びたトンネルが現れた。中は電灯の明かりが弱く薄暗い。地面に目を凝らすと、二本の溝がトンネルに沿ってずっと奥まで平行に延びている。戦時中に使われたトロッコのレール跡だった。この薄暗いトンネルを抜け出ると、一面に広がる瀬戸内海の真ん中に、コンクリートをむき出しにした施設が鎮座していた。

「回天発射訓練基地跡」。この島は、太平洋戦争末期、回天の基地として密《ひそ》かに使われていたのだ。施設の呼称に発射訓練とあることが、回天の通称「人間魚雷」という言葉を想起させる。施設は、柱、屋根、外壁といった骨格だけが残り、海中に打ち付けられた柱には貝がびっしりとこびりつき、戦後六十三年（取材当時）の歳月を感じさせる。藤木が、「この建物を実際に見ることが、僕たちの今後の取材・制作に重要な意味を持ってくるかもしれない」とつぶやくように話した。私はその言葉を、心の中にしまっておくことにした。

この日、島では回天作戦で犠牲になった人たちを慰霊する「回天烈士追悼式」が執り行なわれていた。回天作戦では百四十五人が戦死し、その平均年齢は二十一・一歳という若さだった。

先の大戦で亡《な》くなった戦没者の追悼式を取材した経験は、これまでに何度もある。初任地の鳥取や次の任地の広島に勤務していたときだけでなく、東京の社会部で仕事をし始めてからも、しばしば足を運んだ。そうした取材の際は、主催者に式次第や参列者の数などを確認するとともに、誰がどのような式辞を述べたか正確にメモを取ることを第一に考えてきた。直近のニュースに向けて、原稿を出稿する必要があるからだ。

しかし、この日はニュース原稿の出稿を求められていない。式典の細かい動きを気にせず、全体を観察することができた。出席者はおよそ百人。しばらく経って、首を傾《かし》げた。回天の元搭乗員をすぐに見つけ出せなかったのだ。回天の元搭乗員といえば、八十歳前後のはず。しかし、出席者の中で年配の方はいるが、そこまで高齢には見えない。つまり、式典の参加者の大半は、「当事者」ではないようなのだ。戦争経験者の高齢化、という言葉が頭に浮かんだ。頭ではわかっているつもりでいたが、現場で、いざじっくり話をうかがいたいと思っても、相手が見つからない。

焦《あせ》る気持ちを抑えながら、会場を早足で歩き回った。

ようやく四人の元搭乗員が見つかった。どの人も気さくに話をしてくれたが、この日はあくまで慰霊の日である。亡き人を悼《いた》む気持ちに、横槍《よこやり》を入れるようなことはしたくない。込み入った話をうかがうことは控え、後日の取材に備えて、連絡先を教えていただいた。

飛行兵がいきなり海へ

　回天の元搭乗員への取材をはじめたのは、年の瀬も迫った二〇〇八年十二月二十四日。福島県に住む佐藤登氏を訪ねた。佐藤氏は、大津島の訓練で使っていた当時の資料や写真を保管しているという。

カメラマンの宝代、音声・照明の伊藤とともに、ロケ用の車で、東京・渋谷のNHK放送センターから佐藤氏の自宅へ向かった。車窓から景色を眺めると、世間はクリスマスムード一色である。しかし、私は、いつもの取材とは少し違う緊張を感じていた。佐藤氏は、回天烈士追悼式の会場で、「今のあなたたちには想像できないだろうけど、当時は真剣に特攻で死ぬことを考えていたんだよ」と静かな笑みを浮かべながら話していた。「必ず死ぬ」ことを前提とした非情な兵器の搭乗員だった佐藤氏。その心情にどれほど近づくことができるのか、移動中もずっと、そのことを考え続けていた。

　やがて、ロケ車が佐藤氏の自宅に到着。佐藤氏は庭先まで出て、私の緊張をほぐすように満面の笑みで、「遠いところから、よく来たねえ」と歓待してくれた。戦後、地元の福島県に戻り、農協に勤務しながら一男一女を育て、退職後は畑仕事をしながら穏やかな生活を送っていた。

応接間でお茶をご馳走《ちそう》になった後、私たちは素早く撮影準備にかかった。「では、インタビューを……」と告げると、佐藤氏は「あ、今から始まるの？」と一度大笑いした。その直後、表情からすっと笑みが消えた。

佐藤氏は昭和十八年十二月、十八歳の時に茨城県にある土浦海軍航空隊に入隊。海軍飛行予科練習生、通称「予科練」の十三期生としてパイロットを目指していた。戦局悪化の影響から十分な訓練を行うのは難しかったが、それでもパイロットを目指して必死に取り組んだという。

入隊から九ヶ月程経った昭和十九年八月、佐藤氏たち練習生は突然呼び出しを受け、海面に着水できる飛行艇用の特に広い格納庫に集められた。

そこで上官から、

「悪化する戦局を打開するため、若い者を必要とする兵器ができた」

と告げられる。

「兵器の具体的な説明はなかったんですか？」と私は尋ねた。佐藤氏は、

「ない。わからない。誰もわからない。おれはロケットじゃないかと思ったね。若いのがいっぱい必要になったんじゃないかって」

と当時を振り返った。

そして、上官は、その兵器が具体的にどういうものなのか一切説明しないまま、練習生たちに紙を配り、「命令」ではなく「希望」を取ると告げた。希望する者は紙に○印を書くよう説明したのである。

「全員、○（希望）なんだわ。その○印も一重ではないの。ものすごい勢いでぐるぐると○印を書いていた」

戦局が厳しい中で、「希望しない」と言える者など一人もいなかった。集められた練習生全員が、幾重もの○印を書いて、「熱望」と意思表示したのだという。その結果、佐藤氏を含めて百人が選ばれ、半月後の八月三十一日に列車に乗り込んだ。

佐藤登氏

この兵器を使った作戦については、秘密の厳守が徹底されており、行き先をはじめ何も知らされなかった。茨城を発《た》った佐藤氏たちは、夕方、東京駅で降ろされた。連れてゆかれたのは皇居前。引率の大尉から「貴様らが宮城遥拝《ようはい》するのは、これが最後だろう」と告げられた。その言葉の真意を理解しないまま、佐藤氏たちは皇居に向かって敬礼した。

そして再び列車に乗り、夜、東京駅を出発した。引率の大尉は封印された何枚かの封筒を持っていた、という。

「列車は夜通し走るんだけど、大尉が時計を見ながら時間になると封筒の封を順番に切っていく。そうすると（次の通過点が）書いてある。大尉がニタッと笑うところを見るとね、あれは命令書なんだな。機密の保持っていうのはものすごかったんじゃないですか、あれを見るとね」

佐藤氏たちは列車に乗り続け、到着したのは翌九月一日の午後四時。そこは広島の呉《くれ》駅だった。すぐに海軍のトラックに乗せられ、向かった先は呉の潜水艦部隊の基地だった。

「なぜ潜水艦の基地なんだろう?」と訝《いぶか》しんだものの、一週間の滞在の間、午後は毎日、自由行動が許され、その待遇の良さに素直に喜んでいた。

その後、呉市の沖にある倉橋島の基地に移り、「九三式魚雷」という艦船用の魚雷の講義を受けることになった。

「なんで九三魚雷を習うんだろうと。私らは飛行機だから。九三魚雷っていうのは艦船搭載の魚雷だからね。なんで魚雷の話なのかなあと、みんな不思議に思っていた」

なかなか明らかにされない「若者を必要とする兵器」。倉橋島での二週間の講義を終えた後、佐藤氏はようやくその兵器を理解することになった。倉橋島から船に乗せられ、向かった先は山口県の大津島。島は、機械の音が響き、油の臭《にお》いが漂う異様な雰囲気に満ちていた。

佐藤氏たちが荷物を置いて整列を済ませると、戦闘服を着た水雷参謀の少佐が現れ、「貴様らはあれに乗るのだ」と海の方を指差した。しかし、海を見ても何があるのかはっきりとはわからない。戸惑うばかりだった。少佐から「今から（魚雷を整備する）調整場に行く。そこで説明する」と告げられ、駆け足でその場所に向かった。そこに二基の魚雷状の兵器があった。一基は解体して整備中、もう一基は真っ黒な巨体をそのままさらしている。人間魚雷・回天と佐藤氏が初めて対面した瞬間だった。

「背の高い者から一人ずつ、魚雷に乗ってみろ」と言われ、佐藤氏も魚雷の中央にあるハッチを開けて乗り込んだ。薄暗い電気が点《つ》いているだけで、内部に何があるのか、よく分からない。

「ははー、これが俺たちが乗る兵器なんだわと、その時初めて思った。みんなそういう感じだったね。魚雷から出てくると、みんな唇の色がなかったね、びっくりして。うーん、まあこれが俺の棺箱《かんぱこ》だと思えばいいわけだから」

佐藤氏は当時の心境をうまく伝えきれないような、少し困った表情で話した。この取材当時、私は三十七歳だった。戦争を知らない世代に、どうすれば当時の状況を伝えられるのか困っていたのかもしれない。

答えにくい質問に違いないと申し訳なく思いながらも、「すぐに覚悟を決められるものですか？」と尋ねた。

「うーん……決めるしかないでしょう。逃げ出すなんて者はそんなの一人もいないから、そんな者は。当時の何ていうか、精神的な訓練というか、教えられ方っていうか、指導方法っていうか。今の時代では考えられないような時代だから。ここに乗って死ぬんだなということは、みんな覚悟は決めたと思うよ」

毎日死ぬことに「邁進《まいしん》」

回天は潜水艦の甲板に固定されて基地を出発する。相手の艦船を探知すると搭乗員たちが潜水艦から専用の通路を通って「回天」に乗り込み、発進する。

一度発進すると二度と戻ることはできない構造になっているため、潜水艦から発進することは、相手に体当たりするかどうかにかかわらず、必ず死ぬことを意味した。

佐藤氏たち搭乗員は、過酷な訓練を繰り返した。

「『必死必中』って言うんだね。たった一人で敵艦を撃沈できるんだもの。日本最高の搭乗員だと思っていましたねえ。そりゃあ、みんな考えています、家族とか国とか。

でも考えてばっかりいたんじゃ駄目だから。それぱかりじゃ駄目だ。後を引いてたら、やっていられないもの。もう如何《いか》にしてぶつけるかっていう事さえ考えればいいわけ。そうしたら日本の国に尽くしたことになるんだからね……。毎日死ぬことに邁進しているのさ、早い話が」

私は、佐藤氏が当時どれほど強い決心をしていたのか、その言葉の重さに、うまく返答することができなかった。

しばらく沈黙が続いた後、質問を変えた。なぜ回天というそういわば人間を機械と化す非情な特攻兵器が生まれたのか、その理由を上官や同僚から聞いたことがあるか尋ねた。

「ああ、回天っていうのは、現実には（回天の現場部隊の幹部だった）黒木大尉と仁科中尉が考えられたそうなんです。このままではどうしても日本の国の将来はないということで、どうやったら勝てるかっていうことで、日夜、大激論を戦わせていたとお聞きしました。黒木さんは海軍機関学校の出身だから、エンジニア。仁科さんは海軍兵学校出身の、まあ兵術屋。残っている兵器はなんだっていったら、九三魚雷がいっぱい残っている。あれを使って戦えないかって考えたんだそうです、二人で。最後は、東京の軍令部、海軍の一番の中枢《ちゅうすう》本部ですね。そこまで行って嘆願されたんだそうです。それで最後に運用が許可になったんだね。大津島に到着すると、一番最初にそこから説明されるわけ。だから、毎日が驚きの連続だったね。私は回天の搭乗員であることを最高の誇りに思っていましたよ」

佐藤氏は小さく笑いながら遠い眼差《まなざ》しで答えた。

佐藤氏は大津島での訓練を経て、宮崎県日南市につくられた、別の回天基地に移り、本土攻撃に備えたが、まもなく終戦を迎え出撃することはなかった。

私は取材をいったん取り止《や》め、さらに詳しい話を後日うかがうことをお願いした。インタビューを終えると、佐藤氏は当時の写真を見せてくれた。撮影機材を片付けようとしていたカメラマンの宝代は、すぐさまカメラを抱え直し、撮影を再開した。佐藤氏は、こちらの質問に答えるわけでもなく、写真に収められた回天の搭乗員たちの顔を一人ずつ指差しながら、特攻で戦死した戦友たちの名前や出撃日、戦死した状況を語り続けた。戦後六十三年が経《た》ってもなお、戦死した戦友一人ひとりを鮮明に記憶していた。

このインタビューから四ヶ月が経った二〇〇九年四月。突然の訃報《ふほう》が福島から届いた。佐藤氏が病で亡くなったというのである。インタビューのときは本当にお元気だったのに、信じられない思いだった。二度目のインタビューを、と考えていたが、果たせなくなった。長男の潤一氏によると、佐藤氏の遺言は、仲間たちと訓練した大津島の海に遺灰をまいて欲しいというものだったそうである。

私たちが初めて会ってから、ちょうど一年後となる同年十一月八日の「回天烈士追悼式」。佐藤登氏の遺灰は、この式典に合わせて、潤一氏たちの手によって大津島の海にまかれた。

壮絶な「出撃」の体験

その人の情報がもたらされたのは、回天の元搭乗員でつくる戦友会「全国回天会」からだった。ディレクターの右田が、現場で出撃命令を受けたものの一命を取り留めた元搭乗員がいるという話を聞いてきたのである。

三番組でも重要な登場人物の一人となる坂本雅俊《まさとし》氏。私は、さっそく連絡を取り、三重の自宅で会うことになった。電車を乗り継いでご自宅に向かう途中、私は、出撃寸前の心境を考えていた。否応《いやおう》なく、張り詰めた気持ちになる。

東京から四時間、最寄《もよ》り駅に着いた。坂本氏の自宅までは、歩いて向かうことにする。辺りを見回してみると、田園が広がり、その奥には雄大な山々が見える。「故郷」

という二文字が頭に浮かんだ。十五分ほどで到着した。玄関先から「こんにちは」と挨拶《あいさつ》すると、坂本氏が少し歩きにくそうにしながら出迎えてくれた。当時八十二歳。糖尿病を患《わずら》っていたが、それを押して時間を割いてくれたのである。

坂本氏は、終戦一年前の昭和十九年夏、奈良県の三重海軍航空隊奈良分遣隊の予科練生として訓練をしている時、「若者を必要とする兵器ができた」と説明を受け、希望して、大津島に着任したという。時期も希望の取り方も佐藤氏のケースと全く同じだ。回天による特攻作戦が、海軍上層部によって、組織的・計画的に進められていたことが推測できる。

坂本氏は、初めて一人で回天の操縦室に入った時の気持ちをこう語った。

「ハッチをぴしゃんと閉められたら鉄の棺桶《かんおけ》に入れられたようで、もう最高の緊張ですな。不安と緊張と恐怖。外を見ることができるのかなあ、このまま突っ込むのかなあという、不安と恐怖の入り混じったもんですな。孤独と視界が見えないというので、血圧がぐーっと上がってくるという感じでしたな。やっぱり人間ですから、まして若者ですから、生きたいという本音が出てくるのは当然ですわ」

それだけの不安と恐怖をどのように断ち切ろうとしたのか。

「もう死んだほうがマシというほど何度も山を駆け上る訓練や、軍歌を一日に何度も歌って士気を鼓舞する演習、回天の成り立ちを聞く精神訓話もやります」

そして、特に大事だったのは、共に死の恐怖を克服しようと励まし合った仲間たちの存在だと話した。

「『気力に欠けるなかりしか、気力に欠けるなかりしか』という言葉を、お互いに何度もかけあって、そして弱い心を抑え込む、と。とにかく自分の弱い心に勝っていく、と。ともに励まし合っていましたなあ。まあ、それは、皆、覚悟はしていましたけれど、やっぱりお互いに悶々《もんもん》として寝られん夜とかあって、『おい、どうや』って声をかけあってね。休日やとか何とか時間のある時には、郷里の話やとか、家族の話やとか、あるいはまた彼女の話をしたやつもありました。まあ、話はするけれども、そんなのを続けておったら、どうしても郷愁が湧《わ》いてきますから、もう出来るだけそういう話を避けて、訓練の内容とかに話を切り替えていましたなあ」

坂本雅俊氏

坂本氏のもとには、自分のカメラで撮影した同僚たちとの写真が残っている。訓練の合間に大津島の山頂に登った時の写真には、リラックスして笑みを浮かべる二十歳前後の青年たちが写っている。現代の若者たちと何ら変わらない優しい笑顔だった。

大津島で過酷な日々を過ごした坂本氏。仲間同士で励まし合いながら、「国のため、家のため、愛すべき人々のために自分が捨て石になる。回天一発、わし一人で、百人いや千人を殺害できる」と決意した。

坂本氏は「多聞《たもん》隊」という部隊に配属されることになった。勝山淳中尉を隊長に、関豊興少尉、荒川正弘一飛曹、川尻勉一飛曹、高橋博一飛曹、そして坂本氏（一飛曹）の計六人が選ばれた。部隊が決まると、六人は同じ部屋で過ごし大津島からの出港命令を待った。この部屋は他の同僚たちから「神の部屋」と呼ばれたという。坂本氏は「出撃して敵艦に突っ込むことが決まったわけやから、もうその時すでに神にしてくれてあったんやな」と説明した。死ぬことを運命付けられた若者たちは、生きながらにして「軍神」になったのである。

そして、終戦一ヶ月前の昭和二十年七月十四日、大津島を出港した。向かった先は、台湾沖のバシー海峡。伊号第五三潜水艦の甲板には多聞隊の六人が搭乗するための六基の回天が取り付けられていた。

十日後の七月二十四日、潜水艦の艦長が相手の輸送船団が遠ざかっていくのを見つける。遠ざかる船を回天で追いかけて体当たりするのは速度などの問題で極めて難しく、回天作戦を実施するかどうか艦長は難しい判断を求められた。しかし、多聞隊隊長の勝山中尉が艦長に嘆願した。「私だけでも行かせてくれ」と。艦長は決断する。「回天戦用意！」という号令が潜水艦内にこだました。

勝山中尉に加え、坂本氏たち他の五人も、潜水艦と回天とをつなぐ専用の通路を通ってそれぞれ乗り込んだ。ついにおとずれた特攻の時。坂本氏は「よし来た！」と思って操縦室に座ったが、胸の鼓動が高まり、血圧があがるのを感じた。

あとは艦長の「発進」の号令を待つのみとなった。そのとき、坂本氏は瞑目《めいもく》し、瞼《まぶた》の裏には、霊山《れいざん》という故郷の山が浮かんで見えた。駅から見えたあの雄大な山だ。そして次に浮かんだのが、母親の顔だったという。

なぜそのような情景が浮かんだと思いますか――私は尋ねた。

「やっぱり小さい時から遊んできた山ですから、その名残りでしょうなあ。自分では何も意識しないのに、まあ夢ではないけれど、目の前に浮かんでくるわけですから。最後の別れはやっぱりふるさと、そして母親だったんでしょうな。天皇陛下でもなかったですわ」

しかし、この時、艦長から出撃命令が出されたのは、隊長の勝山中尉の一基だけだった。

待機していた坂本氏は、勝山中尉が体当たりしたであろう「ドーン」という重い爆発音を回天の操縦席で体感した。

続いて回天作戦が実施されたのは最初の作戦から五日後の七月二十九日だった。この時も五人の搭乗員が回天に移って待機したが、出撃命令が下されたのは川尻一飛曹一人。川尻一飛曹は帰らぬ人となり、潜水艦には坂本氏を含め四人の搭乗員が残った。

その後、敵を発見する機会はなかった。終戦の十一日前の八月四日未明、突然、坂本氏らを乗せた潜水艦は、爆雷攻撃を受けた。艦内は停電し、風呂《ふろ》や便所など強度の弱いところから浸水してきた。騒然となった。乗組員たちが助けてくれと言わんばかりに坂本氏たち回天搭乗員に拝むように手を合わせてきた。

坂本氏は「よっしゃ」と気合を入れ、艦長に「一刻も早く出してくれ」と無我夢中で頼んだ。ほどなく「緊急回天戦用意！」と号令がかかった。坂本氏たち四人は即座に回天に乗り込んだ。最初に関少尉と荒川一飛曹が乗った二基の回天が出撃する。

続いて、いよいよ坂本氏と高橋一飛曹にも「注意して出よ」と艦長から命令が下され、坂本氏は操縦席の背後にある発進用のレバーを思い切り押し込んだ。「出撃」というまさにその瞬間、酸素が漏れ出した。エンジンが点火しない。「冷走だ！」そう思うや否《いな》や、坂本氏は酸欠で気を失ってしまった。また高橋一飛曹の回天も、爆雷攻撃の影響からか、操縦室内にガスが漏れ出し、中毒で意識不明となった。坂本氏と高橋一飛曹は潜水艦の乗員たちによって回天から助け出された。

この後、潜水艦はいったん呉に戻ることになり、帰港したところで終戦を迎えた。

多聞隊六人のうち坂本氏と高橋一飛曹の二人が九死に一生を得る形となった。

しかし、坂本氏は、生きて帰ることはないという大津島を離れる時の自分自身の決心、「今生の別れ」として見送ってくれた大津島の仲間たち、そして何より体当たりして戦死した戦友たちのことを思い、慚愧《ざんき》に堪えない、申し訳ないという気持ちに苛《さいな》まされたという。

「死にに行ったのに生きて帰ってきたと。それは故障にしても何にしても、なぜ自分が死ねなかったのかという気持ちで、合わせる顔がないわけですわ。突っ込んでいった連中のことを思うと、残念というか、申し訳ないというか、そういう気持ちで一杯でした」

四十歳以上も年下の私の質問に、嫌な顔一つ見せず、真摯《しんし》に答えようとしてくれた。九死に一生を得ながら、戦後は、生き残ったことへの苦悩を抱え続けた坂本氏。私は、そのようなことを強いる、特攻作戦の「業《ごう》の深さ」に暗澹《あんたん》たる気持ちになった。同時に、取材の矛先を、命令を強いた側に向けてゆく必要性を強く感じた。

軍令部・中澤元中将の「業務日誌」

戦後、専《もっぱ》ら、現場の兵士たちが「志願した」と語り継がれてきた特攻。しかし、海軍反省会では、特攻作戦が、軍令部などによって、極めて組織的・計画的に進められてきたと語られていた。

取材班の中で私の役割は、反省会のやりとりを裏付ける「物証」と「証言」を集めることだ。刑事ドラマ風に言えば「動かぬ証拠」を押さえることを期待されていた。どこにその証拠が眠っているのか。最初に調査対象にしたのが、海軍の全《すべ》ての作戦を統括する立場にあった軍令部第一部長の中澤佑元中将だった。反省会の証言を踏まえると、中澤元中将が特攻作戦を把握していた可能性は極めて高い。

突破口を開いたのは、私たちとともに取材を進めてきた、リサーチャーの土門稔だった。唯一《ゆいいつ》の公刊戦史と言われる防衛研修所戦史室（現在の防衛省防衛研究所戦史部）編纂《へんさん》の『戦史叢書《そうしょ》』に、中澤元中将の「業務日誌」を出典とする記述が数多くあることに気づいたのである。さらに調べていくと、この日誌が国立国会図書館に保管されていることがわかった。

タイトルは「中澤第一部長業務日誌」。中澤元中将が軍令部一部長時代に自ら書き記したもので、戦後、遺族によって寄贈されていたのである。

閲覧許可を得てページをめくる。当時の作戦会議の記録などがノートいっぱいに書き込まれている。中澤元中将の几帳面《きちょうめん》な性格がうかがえた。

やがて、ある記述に、土門は注目した。

「必死必殺の戦法」

「戦闘機による衝突撃」

「必死」とは、作戦を遂行することが即《すなわ》ち死ぬことを意味する。よく似た言葉に「決死」がある。しかし、海軍は、この「決死」と「必死」という言葉を明確に区別していたのだと、後に幾人もの取材先から聞かされた。「決死」とは「死ぬことを厭《いと》わぬほどの決意で作戦に臨む」という意味で、あくまでも「死ぬ覚悟」という決意を表すもの。これに対し「必死」は、文字通り「必ず死ぬ」ことで、全く異なるというのである。

しかし、大戦末期に特攻作戦が繰り返されるようになると、「必死」という言葉が次第に多用されるようになった。

「必死必殺の戦法」、「戦闘機による衝突撃」。中澤元中将の業務日誌に、特攻をうかがわせるこの二つの言葉が記されたのは、昭和十八年八月。最初の特攻とされる神風特攻隊がフィリピン沖で体当たり攻撃を実施した昭和十九年十月より、一年以上前である。

さらに神風特攻隊の六ヶ月前の昭和十九年四月の記述として、緊急に開発すべき兵器として、「人間魚雷（後の『回天』）」、「船外機付衝撃艇（後の『震洋《しんよう》』）」など、特攻兵器が示されている。同年七月には、人間魚雷回天の試作機が完成したという記述があった。神風特攻隊の三ヶ月前である。

何度も言うようだが、神風特攻隊をはじめ、特攻は、現場部隊の熱意で始まったとされてきた。しかし、それよりも前に、軍令部が特攻作戦の計画を進めていたことを示す重要な証《あかし》が、中澤元中将の日誌に記されていたのだ。

この業務日誌に特攻兵器の提言者として書かれていた人物がいた。軍令部第二部長・黒島亀人元少将である。

「変人」参謀・黒島亀人

黒島亀人元少将は、開戦時に連合艦隊司令部の先任参謀を務め、山本五十六司令長官の下で、真珠湾攻撃の作戦に深く関わった人物として知られている。

昭和十八年七月に軍令部の第二部長に異動し、海軍の兵器の開発や準備に関する責任者となった。中澤元中将がいわば海軍の作戦を統括する立場なら、黒島元少将は作戦を遂行するための兵器を統括する立場となったと言える。

反省会での証言からは、黒島元少将がこの第二部長の時、悪化する戦局を挽回《ばんかい》するためとして、特攻兵器の開発に執着していた様子がうかがえる。なぜ黒島元少将はそこまで特攻兵器にこだわったのか、またこだわることができたのか。

私は戦時中の黒島元少将の人間像に迫りたいと思い、本人を知る人物を探そうと試みた。しかし、その取材は難航を極めた。黒島元少将は昭和四十年に病のため死去し、海軍兵学校の同期など身近にいた人たちもすでに他界している。長男や次男の住所を割り出したものの、現地を訪ねるとすでに別宅に変わっていて、近所の住民に尋ねても、黒島家について知る人はなかった。

終戦から六十年以上。時の経過による取材の難しさを感じていたが、黒島元少将を直接知る人の情報が寄せられたのは、意外にも、身近にいた人からだった。

貴重な情報提供者は、北海道在住の写真家、真継美沙《まつぎみさ》さんである。戦時中、海軍の特別報道班員でもあった写真家の真継不二夫《ふじお》氏を父に持ち、美沙さん自身も海上自衛隊の遠洋航海に同乗、撮影を行い、写真集を上梓《じょうし》したことがある。

真継さんとの出会いは、十年前にさかのぼる。私が、広島県呉市にあるＮＨＫ呉報道室に赴任して間もない頃、当時、海上自衛隊の呉地方総監を務めていた山田道雄氏に紹介されたのだ。

今回も、私と真継さんの間を取り持ってくれたのは、同氏だった。山田氏とは定期的に食事をするなど付き合いを続けているが、黒島元少将を知る人の行方探しについても協力を仰いでいた。

「真継さんの知人に、黒島さんの元部下がいるらしいよ」

山田氏から連絡があったのは、二〇〇九年二月のことだった。私は、すぐさま真継さんに連絡をとり、しばらくの無沙汰《ぶさた》を詫《わ》びた。真継さんは、そんなことなど全く意に介さず、その人物を紹介してくれた。

真継さんから紹介されたのは、近江兵治郎《おうみひょうじろう》氏。明治四十四年生まれで、取材当時、九十八歳だった。近江氏は開戦時、連合艦隊司令部の従兵長という立場で、山本五十六司令長官の身の回りを世話する兵士だったという。

教えてもらった電話番号にかけると、九十八歳とは思えぬよく通る声で、

「真継さんから『特別、よろしくお願いします』と聞いています。黒島さんのことは山本さん（山本五十六司令長官）が本当に大事にしていたからよく覚えています」

との答えが返ってきた。真継さんは、私の取材のためにわざわざ手紙を近江氏に送

り、協力を求めてくれていたのだ。ようやく会えた黒島元少将の関係者である。取材が難航していただけに、ご配慮に心から感謝した。

近江氏の自宅は都内にあった。実際に会うと、よく通る声に加え、笑みを絶やさぬ柔和な人柄だった。冒頭、近江氏は、直接仕えた山本五十六司令長官の思い出を詳しく語ってくれた。当時の状況を非常によく記憶していることに驚かされた。

一通り話を聞いた上で、「黒島さんについて特に印象に残っているのはどういったことですか？」と尋ねてみた。

すると近江氏は、少し間を置いて、

「私ら兵隊たちは〝変人参謀〟と呼んでいました」

と答えた。

黒島元少将の当時の肩書きだった先任参謀の「先任」を、韻を踏んで「変人」に置き換えた冗談を込めたあだ名かと思ったが、なぜか近江氏は真顔だった。

近江氏によると、黒島元少将は作戦会議など、公《おおやけ》の時以外はいつも連合艦隊司令部が置かれていた戦艦「長門《ながと》」内の自室に一人閉じこもっていた。昼間は制服を脱ぎ捨ててワイシャツ姿、夜はぼろぼろの浴衣《ゆかた》を羽織っていた。丸テーブルに向かい、何やら作戦計画のようなものを書き続けていたという。書いたものが気に入らないと紙をくしゃくしゃに丸めて投げ捨てるため、床には丸まった紙くずが散乱していた。灰皿にもタバコの吸い殻が林立していた。周囲からどう見られようと一向に構わず、とにかく作戦を考えることに集中しているように見えたという。

黒島元少将の近寄りがたい雰囲気を私は想像した。しかし、近江氏は、

「黒島さんは兵隊たちに苦情や小言を一切言わず、気持ちの優しい人だった」

と言葉を重ねた。「変人参謀」とは単に奇行を揶揄《やゆ》したものではなく、親しみを込めた呼び名だったのだ。

そして、近江氏は、

「山本さんにとって、本当の腹心は黒島さんだけだった」

と自身の見解を述べた。まだ連合艦隊司令部内でも真珠湾攻撃の「し」の字も聞かれなかった頃、山本司令長官は、黒島元少将ともう一人の幹部の三人だけで長官の会議室に閉じこもり、その作戦計画を練っていたという。司令部ナンバー2の参謀長やその他の幹部がそこに呼ばれることはなかった。山本司令長官の側《そば》に仕え、時に給仕もする近江氏は、その様子を垣間見《かいまみ》て、ときに会話の内容も耳にしたという。

「山本さんは、黒島さんを頼りにして真珠湾攻撃を考えたのです」と強調した。

作戦参謀として相当の信頼を得ていたことがうかがえる。私たちは、いよいよ本題

の黒島元少将と特攻との関係について尋ねた。

近江氏は、

「想像できませんなあ」

とはっきり答え、続けた。

「黒島さんが軍令部に異動した後のことはわかりませんが、少なくとも連合艦隊時代の黒島さんの言動からは、特攻作戦と結びつきません。たしかに黒島さんは変わったところがあったが、優しい人でした。〝必死〟を前提とした特攻作戦を考えたとは思えない」

さらに、こう続けた。

「そういえば、黒島さんは、真珠湾作戦に成功した時も、ミッドウェー海戦で惨敗《ざんぱい》した時も、気にかける様子は全くありませんでした。他の幹部のように一喜一憂しなかったですねえ。作戦は必死に考えるけど、その結果を気にするより、次の作戦を考える。自分の考えを通してやり抜くことにこだわるタイプのように感じました」

結局、近江氏からは、黒島元少将と特攻作戦とを直接結び付けるエピソードは得られなかった。ただひとつ、作戦の実現にかける執着の強さという一面は、特攻を推進した者の内奥《ないおう》に迫る手がかりのように思えた。

黒島元少将の「戦後」を追って

黒島元少将自身から、特攻について話を聞いたことのある人はいないのか。戦時中部下に漏らしたことはなかったかもしれないが、戦後なら、少しは気が楽になって周囲に語ったのではないか。そんなことを考えながら、私は、黒島元少将の「戦後」を追うことに決めた。

黒島元少将は、連合艦隊先任参謀や軍令部第二部長など要職を歴任してきた割には、評伝などの関連資料が少ない。取材の難航が予想される中、ここでも、突破口を開いてくれたのは、リサーチャーの土門稔だった。防衛研究所で、ある本のコピーを入手してきたのである。

黒島元少将の地元、広島県呉市の郷土史家・香川亀人氏が自費出版した『黒島亀人伝』だ。幼少期から戦後にいたるまでの経歴が驚くほど詳しく書かれている。香川亀人氏は黒島元少将と同じ名前だが、縁戚《えんせき》関係はなく、著書には「後輩の一人」とある。この本こそが、その後の取材にとって、極めて重要になるのである。

元少将との関係について、香川氏は、「生涯寡黙《かもく》の人であり、ことに自分を語ることは殆《ほとん》どなかった人であるが、なぜか私とは兄弟のように接した」と記している。

残念ながら著者は亡《な》くなっていたが、長男の香川克弘氏が呉市に暮らしていることがわかった。克弘氏は広島の地元紙、中国新聞で報道部長などを歴任した元記者で、快く取材に応じてくれた。

克弘氏によると、終戦間もない小学生の頃、黒島元少将は二ヶ月ほど香川家に居候《いそうろう》していた。そこで目にしたのは、元少将の異様な風体だった。長身で丸坊主《ぼうず》。座敷に正座をして頭から毛布をかぶり、部屋の先にある庭には見向きもせず、ただ襖《ふすま》のほうをじっと見続けていたというのだ。小学生で元気盛りの克弘氏に一声もかけることなく、一緒に食事を取ることもなかった。このため、克弘氏は戦争や特攻のことについて、黒島元少将から何も聞かされていない。

「座敷で、毛布をかぶったおっさんが、ジーッと考え込んで、正面をジーッと見ている。それも一日だけじゃないんです。何日も座っておるんですよね。お袋に、海軍の偉いさんとしか聞かされていなかったが、とにかく変な人が家におる。私の中ではただ恐《こわ》かっただけです」

そして、表情や佇《たたず》まいから黒島元少将を「抜け殻のように感じました」と付け加えた。

近所の急斜面に、黒島元少将のお墓があるということで、案内してもらった。しかし、すでに親族はなく、呉市が黒島元少将の出身地であることを知る人もほとんどいないということで、お墓を訪ねる人は多くないだろうとのことだった。

特攻との関わりをどこかに残していないものか。『黒島亀人伝』によると、黒島元少将は香川家で居候をした後、上京したが、家族のもとには戻らなかったという。上京して暮らしたのは、木村家というお宅で、そこで生涯を閉じたとある。

木村家は、戦時中は永田町にあった。戦局が悪化を極めていた昭和二十年三月頃から「軍令部永田町別館」として軍令部の仮宿に使われるようになり、黒島元少将も訪れるようになった。その後、空襲に遭い、木村家の人たちは命の危険にさらされたが、元少将が助け出し一命を取り留めたという。『黒島亀人伝』によると、こうした縁から、戦後、木村家が世田谷区岡本に移った後も、黒島元少将は木村家に寄宿することになったとされる。

木村家の人たちに戦後の黒島元少将について話を聞くことはできないか。私は、世田谷区内を歩き回った。一軒一軒、表札を確かめ、自治会長宅や地元に古くからあるお寺なども訪ねた。しかし、手がかりは全く得られなかった。戦後、住宅地として再開発されたため、町は様変わりしていた。

どこかにヒントがないか……。

『黒島亀人伝』を丹念に読み返した。ヒントになったのは、木村家の夫婦が茨城県出身であるという事実だった。いくつかの断片情報を頼りに茨城県内で関係者を探したところ、ついに木村家を知る人に行き当たった。残念ながら、当のご夫婦は、すでに他界しているとのことだったが、長女がいるという。また戦後の一時期、黒島元少将がいたのと同時期に、木村家に寄宿していた女性がいることがわかり、その連絡先を教えてくれた。

早速、この女性に連絡して取材の趣旨を伝えたところ、会ってもらえることになった。

瀧沢《たきざわ》久子さん。現在、栃木県に暮らしている。瀧沢さんは木村夫人の姪《めい》で、昭和三十五年から二年間、大学に通うために同家に寄宿し、黒島元少将と一緒に過ごしていた。瀧沢さんは元少将のことを「黒島のおじちゃま」と呼んだ。黒島元少将は、木村家から仕事のことなどでよく助言を求められ、頼りにされていたという。

普段、黒島元少将は、敷地内にある畑でイチゴの栽培など農作業をして過ごしていた。元軍人という印象は、ほとんど感じさせなかった。二、三度だけ、海軍関係のことを話したというが、そこで強調していたのは努めて冷静、柔軟な行動を心がけていたということだった。

瀧沢さんがいつも慌《あわ》てて行動する様子を見て、

「海軍では、作戦を考える時、最低でも三つの想定外の問題が起きた場合まで考えて計画を練る。目の前のことだけ考えて行動すると、何か問題が起きた時に成就《じょうじゅ》できなくなる。必ず余裕をもってやれ」

と助言された。

またある時には、黒島元少将との雑談の中で瀧沢さんが「絶対間違いない」と譲らず、結局、後で間違っていたことがわかった。すると、黒島元少将は、瀧沢さんが間違ったことには触れず、

「絶対、という言葉はそう簡単に使うものじゃない」

と静かに諭したという。

瀧沢さんは、「困ったことがあると、今でも、『こういう時、黒島のおじちゃまならどう助言してくれるだろう』と思い返すことがあります」と添えた。

落ち着いた態度を崩さない黒島元少将だったが、時折、自室にこもって一心不乱にノートに何かを書いていることがあった。何を書いているかと尋ねても、哲学的、宗教的な回答でよく理解できなかったが、ある日、寝起きの黒島元少将がポツリと言った言葉を瀧沢さんは忘れられないという。

「戦死した若い部下が出てきた。霊魂はあると思う」

このエピソードを聞いたとき、私は、黒島元少将の人物像にようやく少し触れられた気がした。戦後も先の大戦のことを考え続けていたように感じた。

そして、黒島元少将が何かを書いていたというノート。私はそこに、特攻についても、何か書き残されているのではないかと考えた。ノートを入手するには、木村家の人を取材するしかない。幸い、瀧沢さんは、木村家の長女、令子さんの連絡先を知っていた。

残されていた直筆ノート

木村令子さんは神奈川県に暮らしていた。

ご自宅を訪ねると、黒島元少将の真面目《まじめ》な暮らしぶりについて話してくれた。黒島元少将のノートは、世田谷の家を引き払った後、どこに保管しているか定かでないということだったが、「探してみる」と、木村さんは約束してくれた。

数週間後、電話が鳴った。

「四冊見つかりました。取材のお役に立つようでしたら送ります」

朗報だった。黒島元少将の取材を始めて四ヶ月、ようやく自らが書き残したものにたどりつくことができた。手元に届いたノートは、表紙が茶色く色あせていたが、それぞれのノートに黒島元少将の直筆でタイトルが書かれていた。「茶の間メモ」、「No.2茶の間メモ」、「数学と自然法則其《そ》の2」、そして「人間」。

しかし、宗教的にも哲学的にも見える記述ばかりで、一度では理解できない、独特の世界観とも言える難解な文章が続いていた。何度も書き直されたり、書きかけで終わったりしている文章も少なくない。また、座標軸らしきものなど、図や表が手書きで記されていた。いくつかのページには先頭にキーワードが書かれていた。

「人間」、「霊魂」、「人生の目的」――。

特攻については一言も書かれていなかった。

木村さんの好意に感謝しながらも、私は落胆していた。黒島元少将直筆のノートだけに、なぜ特攻が始まったのか、その断片だけでも明らかにすることができるのではないかと期待していたからだ。

反省会で名前が挙げられていた、源田実元大佐と中澤佑元中将に関する取材も並行して続けていたが、今後、そちらの筋から新しい事実が得られるという保証はない。最有力だと期待していた手がかりがしぼんでしまい、途方に暮れた。

萎《な》えそうになった気持ちを整え直すヒントは、私自身のノートの中にあった。某日、取材ノートを読み直していると、あるやり取りを記したメモに目が留まった。アドバイザーとして番組に携わっていた笹本征男氏に、相談を持ちかけたときのものだ。

特攻が発案された決定的なポイントはどこか。私は、一時期、特攻に関する本や資料を読み漁《あさ》り、取材で得た証言とつき合わせ、血眼になって探していた。しかし、なかなかその答えが見つからず、笹本氏に、相談したのである。

「これまでの取材で特攻作戦の非情さ、戦後生き残った人たちにまで影響を与え続ける残酷さを感じてきました。反省会の証言や、新たに発掘した独自資料から、特攻がどのように計画されてきたのか形が見えつつある気がしています。しかし、なぜ特攻が始められたのか、いつ誰が最終的な決定を下したのか、根本的なことがわからない気がしてならないんです」

すると笹本氏は、こう答えた。

「吉田さんが悩んでいるなあとは思っていました。悩んで当然ですが、無理に全体像に当てはまるような答えを探す必要はないんですよ。取材でわかったことをそのまま出せばいい。解答を示す必要はないんです。歴史として今語られているものの中には、根拠が決して明らかでないものでも、長く語り継がれることによって、時に『神話』

とも言えるほど侵しがたいストーリーができあがっているものもあります。あなたたちが目指しているのは、歴史をつくることではないんじゃないですか？」

私の迷いを吹き飛ばすかのような熱のこもった言葉だった。

メモは、このやりとりのときに取ったものだ。私たちは取材者であって歴史家ではない。取材し、明らかになったことを伝えるという原点を、メモを読み返しながら、あらためて思い起こすことができたのである。

源田元大佐の戦後

黒島元少将は、特攻について何も語らないまま、世を去った。では、特攻に関わったとされるほかの幹部たちは、戦後をどのように過ごしたのだろうか。

愛媛県西条市の神社に特攻の慰霊碑がある。最初の特攻、神風特別攻撃隊の敷島隊を率いた関行男大尉が、同地出身だったため建立《こんりゅう》されたものだ。そこに、源田実元大佐による追悼文が刻まれていると聞き、取材に訪れた。

ここでは、敷島隊が体当たり攻撃を実施した十月二十五日に毎年慰霊祭が開かれ、遺族や海上自衛官など多くの人たちが参列しているという。

源田元大佐による追悼文は、慰霊碑の裏にあった。

「憂国の至情に燃える若い数千人の青年が自らの意志に基いて、絶対に生きて還《かえ》ることのない攻撃に赴いた事実は、真にわが武士道の精髄であり、忠烈万世に燦《さん》たるものがある」

軍令部と特攻との関係には触れず、「青年が自ら赴いた」ということだけが書き残されていた。

反省会の証言によると、源田元大佐は、神風特攻隊の戦果広報を、戦意高揚に関わる情報戦略とも捉《とら》えていたという。その冷徹ともいえる判断の背景に何があったのか。特攻を知るには、避けて通れないテーマに思えた。

戦後、自衛隊で航空幕僚長まで上り詰め、参議院議員も務めた源田元大佐は、平成元年に亡くなっている。海軍時代、航空自衛隊時代を問わず、源田元大佐の部下だった人たちに、話を聞いて回った。しかし、源田元大佐と特攻との関係を示す証言は得られなかった。

私は、あらかじめ入手していた連絡先に電話をかけることに決めた。源田健寿《たけひさ》氏。元大佐の長男である。周辺取材をもっと固めてから接触しようと思っていたが、情報をこれ以上得られないのなら、「本丸」にあたるしかない。

果たして取材に応じてくれるのだろうか。仮に応じてくれたとしても証言は得られるのだろうか。逡巡《しゅんじゅん》しながら、健寿氏に電話をかけた。電話口で健寿氏は、「なぜ私と会いたいんですか？　私と会っても何もわかりませんよ」と話していたが、無理にお願いして時間をつくってもらい、都内の喫茶店で会うことになった。

私は、警戒されているのだろうかと考え、どのように話を進めるか、頭の中で質問の順番を何度も確認しながら取材場所に向かった。

初めて対面した瞬間、一瞬身構えた。源田元大佐を彷彿《ほうふつ》とさせる面影に加え、私をしっかりと見据える大きな眼が、非常に鋭く感じられたからだ。

挨拶《あいさつ》を済ませると、健寿氏は落ち着いた物腰、淡々とした口調で語りはじめた。

「父に関する本は全《すべ》て読んでいます。父のことがよく書かれていない本があることもよく承知しています。良くも悪くも父は目立っていたんでしょう」

そこに父親を無闇に擁護しようという意図は感じられなかった。緊張の糸が少しほぐれ、健寿氏は父親を客観的に捉えていると感じ始めた。そこで、私は、率直に質問を投げかけることにした。源田元大佐が特攻の宣伝を指示する電報を出していた事実について尋ねた。すると、健寿氏は拒否感を示すどころか、

「電報のことは知りませんでしたが、それが事実なら仕方がありませんね。放送について私がとやかく言う立場にないですから」

と落ち着いて答えた。

続けて、源田元大佐と特攻の関わりについて何か思い当たることはないかと尋ねると、

「戦後、父は特攻に兵士たちを送り出した者の一人として責任を感じていたと思います。そのようなニュアンスの話を何度か私にしたことがあります」

と言う。

戦後、源田元大佐が、特攻との関わりを公《おおやけ》に語ったことは確認できなかっただけに、その返答は思いがけないものだった。

そしてこう付け加えた。

「自宅の仏壇に戦死した特攻隊員や海軍の部下たちの名前が記された過去帳が供えられています」

源田元大佐が、亡《な》くなるまで毎朝拝み続けていたというのだ。

特攻慰霊碑に「青年が自ら赴いた」と書いた源田元大佐。私は、軍令部の幹部として特攻作戦に責任を感じていたことを示す重要な証言だと考え、健寿氏に過去帳を撮

影させてほしいと依頼した。

しかし、固辞された。

「どうしてそれが必要なんですか？　過去帳をテレビで放送しても何も伝わらないと私は思います。『だから何？』と思う人もいれば、『当然のこと』と思う人もいるでしょう。偽善と捉える人もいるかもしれない。他人がどう受け取るかわかりませんが、私たち家族は、父が過去帳を拝んでいたという事実を大切にしています。取材には応じられません。心情を察してください」

戦後、特攻との関係を公に語らなかった源田元大佐が、特攻を戦後一貫して忘れなかったのは事実だ。過去帳の存在を伝えることは、なぜ源田元大佐が軍令部と特攻との関係を戦後説明しなかったのか、それを考えるうえで重要な意味を持つはずだという思いを私は深めていた。

健寿氏が別れ際《ぎわ》に発した「取材のお役には立てませんが、また会ってお話しすることは構いません」という一言に、私は賭《か》けてみようと思った。

二週間後、私は再び源田健寿氏に連絡をとった。再会した健寿氏は、やはり眼光が鋭い。私は、怯《ひる》みそうになる気持ちを奮い立たせて、改めて過去帳の撮影をお願いした。

「健寿さんがおっしゃるように、源田元大佐が過去帳を拝んでいた事実を伝えても、意味がわからない人が少なくないかもしれません。しかし、たとえ僅《わず》かな数の人でも特攻について考えるきっかけになれば、それは意味があることだと私は思います。前回お会いした時から考え続けていますが、過去帳の存在は、私にとっては思いがけない事実で、特攻のことをより深く考え始めています。失礼は承知の上ですが、取材に協力していただけないでしょうか」

じっと黙って聞いていた健寿氏は、

「そうですかねえ……。でも、まあそこまで言われるなら、過去帳を撮影してもらって構いませんよ」

と了承してくれた。

なぜ撮影を認めてくれたのか、その理由までは詳しく聞かなかった。この後、健寿氏は自分の家族のことを話してくれた。距離が少し近付いたような気がした。

後日、借り受けた過去帳は、歳月を経て黄色く変色し、源田元大佐が時々ページをめくっていたのだろうか、紙の端が随分擦り切れていた。戦死した特攻隊員たちの名前、部隊、出身地などが記され、その数は数百人に上っていた。

源田元大佐は何を思ってこの過去帳を拝んだのか。

源田元大佐が死去した後も、妻が、毎朝この過去帳を拝み続けているという。

中澤元中将の戦後

軍令部第一部長、すべての作戦を統括する部長として、特攻について最も詳しく知る立場にあった人物。その人、中澤佑元中将は、昭和五十二年に一度だけ講演で特攻について語っている。

「特攻というのは、これは作戦ではないと。作戦というのは、命令、服従。これらの関係で、やるので、お前その行って死ね、とこういう事を命令するというのは、作戦に非《あら》ずと」（昭和五十二年七月十一日、講演「海軍勤務時代の回想」、水交会）

中澤元中将は、特攻隊員たちの行為を「崇高な精神」と褒め称《たた》えながらも、特攻は、命令に基づく作戦ではない、と強調していた。

中澤佑元中将は、昭和二十三年十二月、戦犯として横浜の法廷で、「十年間重労働」の判決を受け、三年半ほど経《た》った昭和二十七年四月、仮出所した。

その後、就職したのは、アメリカ海軍横須賀基地である。「スペシャルコンサルタント」として、十年余り勤務を続けた。そして終戦から三十二年後の昭和五十二年十二月、自宅で急性心不全のため、八十三歳で亡くなった。「特攻は命令に基づく作戦ではない」と講演で語ったのは、亡くなる五ヶ月前のことだ。

特攻をめぐって遺《のこ》した言葉は、本当にこれだけだったのだろうか。私は、中澤元中将の死後に編まれた、追悼本を入手して読み込んだ。元中将の四人の息子がそれぞれ書いた追悼文は、父への尊敬の思いに溢《あふ》れていた。しかし、特攻のことには全く触れられていない。

これまでの取材では、軍令部と特攻の関係をずっと追究してきた。中澤元中将の家族への取材は避けて通ることはできない。しかし、元中将への家族の尊敬の念を知るにつけ、私の心は滅《め》入《い》った。私がぶつける質問は、家族にとって聞きたくもないものばかりであることは、容易に想像がつく。

「今回、最も厳しい取材かもしれない」

そんな思いが何度も何度も胸に去来した。

取材班の打ち合わせでも、いつ中澤元中将の家族に取材に行くかが、議論になった。ディレクターの右田は、軍令部関係者の取材の進め方について全《すべ》て私に任せてくれていた。彼女の信頼に応《こた》えるためにも中澤元中将の取材はミスが許されないと思っていた。

打ち合わせの席上で、私は「家族以外の関係者にも取材をして、入念に準備をした上で、ご家族にあたるべきだと思います」と発言した。事実、これまでも本や資料を読み込み、関係者の話を聞いて周到に準備した上で、本人や家族の取材に向かうケースが多かった。

番組のデスクの小貫は、「これまでの取材を見ていて思うんだが、今回は、もうご家族を訪ねてもいいかもしれないな。取材は随分進めてきているから、大丈夫じゃないか？」と返してきた。取材が慎重すぎる、といらだっているようにも見えた。

「そんなに簡単なものじゃない」と若干の反発を感じ、はっきりとは返答しなかった。小貫の取材指揮は、よく言えば大胆、悪く言えばアバウトにすぎると感じることもある。しかし、打ち合わせの後、これまでの取材を思い返してみた。

「確かにこれまで、できる限りの取材を積み重ねてきた。ここで時間をかけて準備することで、取材に向かう気持ちがかえって萎《な》えるかもしれない。中澤元中将の家族への取材は〝キモ〟だ。よし、あす、家族に連絡をとってみるか」

私は気持ちを入れ替えた。

翌日、私は中澤元中将の長男、忠久《ただひさ》氏に電話で連絡を取った。「詳しい話は自宅で聞きましょう」と応じてくれた。

私が、東京都内の自宅を訪ねたのは二〇〇九年六月のこと。このとき、忠久氏は八十六歳だった。源田元大佐の長男、源田健寿氏にも増して、父親の面差しを彷彿《ほうふつ》とさせる人だった。

挨拶を済ませると、

「特攻の取材ということですけど、父が特攻を発案したわけではありませんよ。以前、別の方の取材で、父が特攻を考えたかのように思われているのでは、と疑問を感じました。幸いその放送に父のことは出ませんでしたが、特攻に関して父のことが誤解されるように報道されるのは遺族として非常に困ります」

と、忠久氏は強い口調で語った。一瞬、取材が頓挫《とんざ》しかねないと戸惑い、どのように話を進めればいいか迷った。努めて取材の趣旨を正確に伝えることに徹した。ここは、海軍反省会のテープを聞いて、自分自身が感じた率直な動機を説明するしかない。

私は、①海軍幹部自らの反省を通じ、私自身を含め現代につながる教訓を考えるために取材を進めていること、②特定の個人を非難することが目的と受け止められる内容にはしたくないこと、③海軍の幹部について取材する上で、軍令部第一部長だった中澤元中将の存在を極めて重要と受け止めていること——などを話した。

忠久氏は、私の話をじっと聞いていた。説明を終えた後、忠久氏が再び口を開くまでの間が相当長く感じられた。「わかりました」と応え、家族が知る父・中澤佑について語り始めてくれた。その内容に、私は内心、驚きを覚えていた。

家族が明かした元中将の「内心」

中澤元中将は戦時中、時々、心境を家族に話したという。中でも印象に残っているのは、真珠湾攻撃の後の発言だ。当時、国内は攻撃の成功に沸き立ち、中学生だった忠久氏も有頂天になっていた。帰宅した中澤元中将に「おめでとうございます」と声をかけると、

「巾着切り《きんちゃくき》（スリ）のような作戦だ。あんなの駄目だ」

と好きな酒を一滴も飲まず暗い顔をしていたという。

開戦前にアメリカ駐在の経験がある元中将は、

「アメリカは日本の十倍の生産能力がある。アメリカと戦争しても勝てない」

と家族に話していた。さらに、第一次世界大戦で敗れたドイツのことを踏まえて、

「戦争に負けたら悲惨だ。負けてはいけない、勝たないといけない」

と語った。中澤元中将は、戦争する以上は絶対に勝たなくてはいけないとの強い思いを持っていたという。

特攻にはずっと否定的だったと忠久氏は私たちに明かした。

「帰宅した父から、『特攻はよくない』ということは何回も聞きました。『一パーセントでもちゃんと帰ってこられる方法があるのならいいけれど、百パーセント死ぬようなやり方は、これは戦術じゃない。絶対にこれはよくない』と私たちに話しましたねえ」

「なぜ海軍の作戦を統括する第一部長として特攻を止められなかったと思いますか？」

私の問いに、忠久氏はこう答えた。

「これは今の日本人にも言えるけれど、時の空気には勝てないんでしょうね、全体がそういう流れになっている時に。父は非常に慎重かつ緻密《ちみつ》でですね、先を読んで現状を理解する能力が非常に高かった。しかし、現状が間違っていると思ったとしても、組織の大きな流れを止めたり、動かしたりする力はなかったと思いますね。あの苛烈《かれつ》な戦況の下で、表立って『特攻をしちゃいかん』という命令を作戦部長（軍令部一部長）として出すことは父にはできなかったと思います。表立って反対だって言うことは、もう、海軍辞めないといけないことですからね。だからせめて海軍辞めないで作戦部長の辞職を願い出るということが父の抵抗だったのでしょう」

事実、昭和十九年十二月、中澤元中将は、軍令部第一部長の辞職を上官に願い出て、台湾の航空隊の司令官に異動させられている。私は胸が苦しくなってきた。間違っているいると思いながら、それを止めようとせず、組織やグループの都合を優先する構造が、決して過去のものとは思えなかったからだ。

私は忠久氏に、今の話をカメラの前で話してもらえないか、と頼んだ。快諾してくれた。一週間後、忠久氏は、尊敬する父親のこれまで語られてこなかった側面をはっきりと証言した。

インタビューの後、忠久氏は中澤元中将が保管していた戦時中のアルバムを見せてくれた。元中将は、台湾の航空部隊に異動した後、皮肉なことに、特攻隊の指揮を執ることになった。アルバムには、特攻に向かう直前のパイロットたちの写真が何枚も貼《は》られていた。パイロットたちは笑みを浮かべている。その写真の横には中澤元中将自らが書いた説明書きがあった。

「笑《えみ》ヲフクミテ死地ニ向ハントスル特攻隊勇士」

番組の放送日が近づき、私は、放送日程や制作の進捗《しんちょく》状況を伝えるため、忠久氏に電話をかけた。正直なところ、もしインタビューを受けたことを後悔していたらどうすべきだろうかという心配も若干あった。

しかし忠久氏は言い切った。

「三人の弟たちに取材を受けたことを話しました。父のことで耳の痛い話もあるかもしれないが、しっかり番組を見るようにと伝えました」

そして、番組の放送の後は、忠久氏の方から、私に電話をかけてきた。

「大変な力作でした。弟たち全員から電話があり〝公平な内容だった〟と話していました。父はやむを得ず特攻に関わったと思いますが、本当はもっと早く戦争を止める努力をするべきだったと思います。発言すべき時に沈黙してしまう、当時から現在につながる空気を感じました」

取材の過程で少しずつ感じてきた軍令部の「空気」。私は忠久氏の取材を通じて、ようやく、その一端を摑《つか》んだ気がした。沈黙していたのは、中澤元中将だけではないだろう。その沈黙が、現場の兵士たちの命をどれほど無残に散らせていったか。それを考えると怒りとも悲しみとも言えない無念の思いが胸にこみ上げてくる。なにも軍令部だけではない。現代を生きる私たちにも、重い問いが突きつけられていることを忘れてはならないと、思わずにはいられなかった。

現場の幹部が負わされた「責任」

中澤元中将、黒島元少将、源田元大佐。彼ら海軍中央の指示のもと、現場で特攻作戦に関わった指揮官・幹部たちは、戦後をどう生きたのだろうか。取材で判《わか》った限りでは、どの人も、特攻隊員たちと間近に接してきただけに、深い苦悩を抱え続けていたようだ。

反省会で、軍令部の特攻への関与を厳しく指摘した鳥巣建之助元中佐は、軍令部の指示を、直接、現場の兵士たちに伝えてきたがゆえに、責任を感じていた。

元中佐が、戦後、回天の元搭乗員に詰め寄られる場面があったという。ある年の「回天烈士追悼式」後の懇親会の席でのことだ。証言したのは、その場に居合わせた、大津島出身の元海軍兵士で「回天顕彰会」会長を務める、高松工《たくみ》氏である。

酒が進んできた頃、ある元搭乗員が突然立ち上がり、上座《かみざ》に座る鳥巣元中佐に怒鳴った。

「鳥巣さんよ、あんたが上座に座るもんじゃないんだよ。あんたはあれだけのことをやりやがって、一番下に座るのがお前の役だ」

「命令だったんだよ……」

鳥巣元中佐は、そう答えるのが精一杯だったという。

彼ら組織の中堅幹部たちが、戦後抱えた苦悩を、高松氏は代弁する。

「軍令部の参謀なんか本当にくそっ食らえと私は言うんですが、ああいう奴《やつ》らは戦時中ひどいことをやりながら、自分は戦後関係ないけれど、実戦におった隊長とか参謀とかは非常に苦しみながら、戦後も死ぬまで担《かつ》いだと思います」

特攻兵器をつくり出した技術者たちもまた、責任を感じ続けていた。

そのうちの一人の遺族、棚沢直子さんが、都内に住んでいることが判った。

棚沢さんの父親は、元海軍技術少佐・三木忠直《ただなお》氏。東京帝国大学工学部を卒業後、海軍航空技術廠《こうくうぎじゅつしょう》に配属された。人間爆弾と呼ばれる「桜花」の製造に携わった。桜花は爆弾に主翼と尾翼を取り付けたような格好をしている。この機体の設計を担当したのだ。

三木元少佐は、二〇〇五年、九十五歳で亡《な》くなったが、焼却命令が出されていた桜花の設計図を遺した。棚沢さんが大切に保管していたのだ。

私たちの取材に対し、棚沢さんは「あのような時代だったとはいえ、〝必死〟の特攻兵器をつくらざるをえなかったこと、組織の命令に従わざるをえなかったことを、父は、戦後も考え続けていたように思います」と話した。

三木元少佐は、戦後、平和産業につきたいと念願し、新幹線の車体の開発にあたった。空気抵抗を減らすための流線形の車体には、三木元少佐が戦中に研究した航空機の胴体設計の考えが大きく反映されているという。

棚沢さんから、晩年の三木元少佐のもとに通っていた人を紹介してもらい、話を聞いた。ニューヨーク州立大学の西山崇准《じゅん》教授は、一時帰国の機会を利用して、二年間、三木元少佐のもとに通い続け、戦中から戦後にかけての軍事技術開発の推移について聞き取りを行ったという。准教授によると、三木元少佐は技術者らしく戦時中の技術データなどを詳しく覚えていて、冷静にわかりやすく説明してくれたそうだ。しかし、話が桜花にうつると態度が変わり始め、「技術は人間が使うためのもので、技術に人間が使われる、または支配されるようなことがあってはならない」と熱く語った。その信念を西山准教授は感じたという。

西山准教授は、三木元少佐の死後、棚沢さんから、桜花の設計図や資料を見せてもらったそうだ。それらを丹念に調べて判ったことが一つあった。それは、命令と良心の間で揺れ続けた現場技術者の苦悩を示す痕跡《こんせき》ともいえるものだった。

桜花の操縦席に、脱出装置を取り付けようと試みた跡があったのだ。私も同じ図面を肉眼で確認した。死地に赴く兵士たちにどうにか生き残る余地を残してあげたいという技術者の感情が、無機質な図面から浮び上がってくる。

結局、脱出装置が取り付けられることはなかった。その間、どのような経緯があったのかまでは、私たちの取材では判らなかった。

最期《さいご》を看取《みと》った棚沢さんは、

「看病をしている時、父から桜花について何か話があったわけではありません。しかし、亡くなる直前のその時になっても、父は、桜花を製造した自分のことを許していないと、私は感じました」

と語った。

回天元搭乗員の慟哭《どうこく》

人間魚雷回天の元搭乗員、坂本雅俊氏。

私は、同氏に最初のインタビューを行った後、一緒に大津島を訪ねることができないか相談していた。カメラマンの宝代、音声・照明の伊藤も、共に大津島を訪ねたいと考えていた。坂本氏は、戦後一度しか行っていないので訪ねてみたいと前向きだったが、最初のインタビューの後、糖尿病の症状が改善せず入院することになっていた。

入院は当初の計画より延びておよそ一ヶ月に及んだ。

退院後、大津島を訪ねるかどうか、私は、坂本氏の思いと家族の判断に任せることにし、返事を待った。家族は相当迷ったようだが、「いま、行っておきたい」という坂本氏の意思が尊重され、大津島行きが決まった。

私は三重から大津島まで同行することにした。少しでも負担をかけないようにと、道中は取材を一切行わなかった。山陽新幹線が山口県に入り、車窓から徳山湾、そしてその奥に大津島が見えると、坂本氏は身を乗り出して見入っていた。

その日は徳山に泊まり、翌朝大津島に向かうフェリーに乗り込んだ。島が近付くと坂本氏は船室からデッキに出て、島の方向を見つめた。

昭和十九年、十八歳のとき、回天に乗ることを知らされないまま船でこの地に移動してきた坂本氏。その時の状況をデッキの上で再現してくれた。島が間近に迫ると、クレーンに吊《つ》り下げられた長さ約十五メートルの真っ黒な巨体に目が釘付《くぎづ》けになったそうだ。手を伸ばして指差しながら、「あー、あれか!」と、自分が乗る兵器を瞬時に悟ったという。その時の気持ちを坂本氏は一言、「ぎょっとした」と語った。

島に到着すると、坂本氏は回天記念館の前に設けられた墓標に歩み寄った。回天作戦で戦死した一人一人の墓標が、二列、まっすぐに並んでいる。

坂本氏ははじめに多聞《たもん》隊の隊長、勝山中尉《ちゅうい》の墓標の前に屈《かが》みこんだ。

「勝山さん、本当に、長いことご無沙汰《ぶさた》となっております。五年ほど前には、勝山さんのお宅へお邪魔して墓参さしていただきましたが、ここへは八年ぶりになります。本当に申し訳ございません」

墓標を前にお詫《わ》びの言葉を述べ、お経をよみあげた。

次いで川尻一飛曹の墓標へ。

「川尻君、ああ、ご無沙汰をしております。出撃のあの時、あんたと握手して別れた。あれはまだ、いまだに、手に残っております。あんたが輸送船やったかな、撃沈したのを艦長は潜望鏡で確認されておりますので、本当によう首尾よく目的を果たされたなあと思って感激しております。日本はあれ以来、何とか栄えております。どうかご安心ください」

そして終戦直前に出撃した関少尉の墓標へ近づく。

「関さんの妹さんが十年ほど前に私のところへ訪ねてこられました。関さんのことを色々伝えておきました。あなたは、六十四年前、非常に家のことを思っていましたな。そして、国際情勢のこともよく冷静に論じておられました。日本はあれ以来、平和で繁栄しています。関さんのあの心が通じているものと思います、本当に。安らかにお眠りください」

最後に坂本氏は荒川一飛曹の墓標に向かった。

「我々の潜水艦が攻撃を受け、あわやというあの時点、朝の四時、まだ薄暮やったと思いますが、荒川君は無事発進されて駆逐艦をやっつけていただいた。関さんと荒川君のおかげで潜水艦は助かった。私は故障でその時出られなくて本当に申し訳なかった。もう六十何年、悶々《もんもん》としておりました。あんたらのおかげで生き長らえさせていただいておりますが、本当に申し訳ないと思っております」

坂本氏は再びお詫びの言葉で結んだ。

私はその気持ちを坂本氏に尋ねた。

「元特攻兵として、生きている者の苦でしょうけど、悶々とした気持ちはこの六十何年、常に、やっぱり心の奥底にはあります。目的を果たさずに生き残らせてもらったことと、その時に散っていった戦友に申し訳ないというか、同じ目的を達成できなかったという気持ちですな。それは払拭《ふっしょく》できない」

大津島への旅の最後、坂本氏は回天記念館に入った。そこで戦死した搭乗員の写真展示のうち、多聞隊の四人の写真に向かって語りかけた。

「勝山隊長、関さん、川尻君、荒川君、本当に申し訳ない。終生、気持ちだけはあんたらと変わらんつもりでおる。また生きとったら来るわ。頑張る、俺も。安らかにお眠りください」

戦時中だけでなく、戦後も、元特攻隊員としての苦悩を抱き続けた坂本氏に、戦後世代としてどう応《こた》えればいいのか、どう応えられるのか、私は、その問いの重さに押し潰《つぶ》されそうになった。そんな私に、坂本氏は「戦後五十年間は黙して語らずやったが、今は生きている者の責任として私の経験を伝えていかないかんと思ってます」と優しく語り掛けてくれた。

番組の放送後、坂本氏は、こう感想を語った。

「軍令部の内幕はそうだったのかと思いました。しかし、私の仲間は素直な純真な気持ちで出撃していきました。反省会の議論は、あの時散った戦友に思いを馳《は》せると、聞かせられないと思いました。もしかしたら戦友たちはテープを聞かずに死んでかえって幸せだったのかもしれない。反省会のテープは、今の国民に知らせる意義はあると思う。しかし、終戦の直前に散った友を思うと、その純真な気持ちをきちんと評価してやってほしいと改めて思いました」

このときの坂本氏の言葉が耳から離れない。

海軍反省会のテープから学ぶべきことは、現代を生きる私にも大いにあると思っている。しかし、坂本氏にとって、それは「教訓」などという言葉で済ませられないほど、受け取りがたい内容なのだと私は思った。

第五章　戦犯裁判　第二の戦争

内山　拓

番組との出会い

チーフプロデューサーの藤木達弘に呼ばれ、NHK放送センター十二階の大型プロジェクト室を訪ねたのは二〇〇七年十二月。年末に放送予定のニュース企画に追われるただ中だった。

当時、私は首都圏放送センターで、東京を中心に日々起こるニュースや事件を取材し、そして、番組を企画として提案する日々を送っていた。入局して七年目の年の瀬。公営住宅の入居条件が厳しくなり、多くの高齢者や障害のある人たちが住宅を追われようとしている問題を追い、都内各地の都営住宅を訪ね歩いていた。

藤木とは国際化の波の中で疲弊する日本のコメ生産地の現状を、八ヶ月にわたって密着取材した番組を制作しており、この日呼ばれたのも、番組の放送後に、何か対応しなくてはならない事態が起きたのかと考えていた。しかし、予想は全く違っていた。

部屋に入るなり、藤木に唐突に切り出された。

「太平洋戦争がなぜ始まったのか、内山は知っているか？」

今となっては何と答えたのか覚えていないが、不意なことで唖然《あぜん》としたことだけは覚えている。そして藤木は、日本海軍の中枢《ちゅうすう》にいた高級士官たちが、戦後、秘密裏に集い、開戦から敗戦に至るまでの経緯を赤裸々に語った大量の録音テープがある、と告げた。

「なぜあの戦争が始まったのか、テープを基に徹底的に調べて番組にしてみないか」

私自身、かつて沖縄放送局に五年勤務した関係で、沖縄の地上戦については、番組を制作した経験がある。しかし、太平洋戦争全般については系統立てて取材したことはなく、とりわけ日本海軍に関しては、ほとんど無知に等しかった。それでも藤木の話に、正直心が熱くなった。誰も聞いたことがないテープ、そこには、今まで、誰も足を踏み入れたことのない世界が広がっているかもしれない。「何でも見てやろう」、そんな野次馬根性からテレビ業界に飛び込んだ自分にとっては、まさに心揺さぶられる話だった。さらに魅力を感じたのは、この番組を一緒に制作することになるディレクターが大先輩の右田であると聞いたためだった。数々の戦争ドキュメンタリーを手掛け、その実績に憧《あこが》れていた。

それでも私は、藤木のオファーに対し「やらせてください」とすぐに答えたい衝動を必死に抑え、回答を一旦《いったん》保留した。というのも、その時自分がやっていた報道の仕事に強いやりがいを感じ始めていたからである。

「六十年以上も前の話ではなく、いま起きている事象を取材したい」

そんな思いが強かったからだ。しかしすぐに自分の浅はかさに赤面することになる。数日後に改めて藤木、右田と話をする機会があり、彼らの問題意識を目《ま》の当たりにしたからだ。

「政治経済の停滞やエリートの腐敗など、いまの日本は国家崩壊の危機すら感じさせる。どうすればこの国を立て直せるのか、それを解く鍵《かぎ》はあの戦争の教訓の中にあるのではないか。今とは性格が異なるが、六十余年前、間違いなく日本は一度国家崩壊の憂《う》き目を見た。あの戦争はなぜ起き、誰が、なぜ国を滅ぼすことになったのかを冷静に分析することは、現代の国家崩壊を食い止める処方箋《しょほうせん》を示してくれるのではないか。だから、この番組は歴史番組ではない。今の日本を映す報道番組にしなければいけないんだ」

藤木はこのテーマを取材することは今の日本を見つめることになると語った。過去を見つめることは昔の話を掘り返すことと同義だと、安易に考えていた私ははっとさせられた。

「終戦の時、人は、平和になって空襲がない空の青さに感動したと聞いたことがある。生きていける、ただそのことに喜びを抱いたのではないか。悲惨な敗戦を経て、生きることへの渇望《かつぼう》からスタートしたはずの戦後日本は、六十年がたって、ともすれば生きていることの意義を見失い、自分の命すら大事にできない、大事にされていないと感じる社会になってしまったのではないか。いまの社会の閉塞感《へいそくかん》はどこから来るのか、海軍幹部の告白に耳を傾け、そのことを考えたい」

右田はこう加えた。中途半端《はんぱ》だった私の覚悟は、この時、固まった。この日から放送まで、日々のニュース取材と一部並行しながらの、一年八ヶ月に及ぶ番組取材が始まった。

語られた海軍の〝戦争責任〟～豊田元大佐の告白

放送から遡《さかのぼ》ること一年前の二〇〇八年八月。列島の猛暑が連日のように、ニュースで報じられる中、制作班の拠点となっていたプレハブ小屋で、「海軍反省会」全百三十一回のテープを、一日で二回分をノルマとし聴き入っていた。二回分というと少ないと感じられるかもしれないが、反省会の議論に耳を傾ける作業は、予想していたより遥《はる》かに苦しいものだった。というのも、当時三十一歳だった自分にとっては、日本海軍に関する専門用語や固有名詞は、時に外国語のヒヤリングのように感じられたからだ。

テープを聴き出した当初、国体護持を語る際に用いられる「皇統護持」の言葉に対し、頭の中では「口頭誤字」が浮かび、天皇からの命令を指す「大海令《だいかいれい》」を「大改令」を置き換える始末。常に海軍関係の入門書籍や関連本を傍らに置き、併読しながら反省会メンバーの発言が何についてなされているのか、誰のことを指しているのかを確認しつつテープを聴き進めるという根気のいる作業となった。

膨大なテープを聴く中で、特に注意を払ったのが、私が担当することになった放送三回目のテーマ、「敗戦後の海軍」について語られている箇所がないかを探すことだった。反省会で語られるように、太平洋戦争は海軍が自ら判断し火蓋《ひぶた》を切った戦争だとすると、結果的に三百万を超える日本人が命を落とし、豊かだった国土を焦土と化した敗戦というその結末に、軍令部員など海軍中枢を担《にな》った人々がどう向き合ったのかについて知りたいと強く考えた。

テープを聴いていた私に、その機会はまさに突然やってきた。それまで、開戦を判断した海軍の無謀を嘆く議論、あるいはミッドウェー海戦やレイテ沖海戦など局所的な戦闘・戦術を再検証する議論が、時系列を行き来しながら繰り返し交わされていた中で、異色の回が昭和六十二年八月に開かれた第九十二回反省会だった。

この日講師役を託された元海軍大佐が、敗戦後ほぼ唯一《ゆいいつ》、国家指導者の戦争責任が問われた極東国際軍事裁判、いわゆる東京裁判について冒頭から口火を切ったのである。

「およそ二年半の審理を通じ最も残念に思ったことは、海軍は常に精巧な考えを持ちながら、その信念を国策に反映させる勇を欠き、ついに戦争・敗戦へと国を誤るに至ったことである。陸軍は暴力犯。海軍は知能犯。いずれも陸海軍あるを知って国あるを忘れていた。敗戦の責任は五分五分であると」

発言の主は豊田隈雄元海軍大佐である。

海軍を「知能犯」と呼び、陸軍と並ぶ敗戦の責任があるとはっきり言い切った当事者の発言に衝撃を受けた。元大佐は、敗戦後一貫して戦犯裁判対策を担った人物であることが、この回の進行を聴きながら明らかになっていった。当時八十五歳。高齢を感じさせないかくしゃくとした張りのある声で、淡々と、準備してきた原稿を読み上げているはずの、テープ越しの見えないその姿に、私は、一気に心を奪われた。

この九十二回反省会および翌月の九十三回反省会の二回にわたる計五時間、豊田元大佐は戦犯裁判の実態および海軍がどのように戦犯裁判に備えたのかについて詳細に語ることになる。番組三回目のテーマとなる「海軍の戦争責任と裁判対策」のアウトラインが明確に頭に浮かんだ瞬間だった。

豊田隈雄元大佐は明治三十四年、大分県生まれで、大正九年大分県立宇佐中学校から海軍兵学校（第五十一期）に進んでいる。その後、艦隊勤務などを経たのち、幹部への登竜門である海軍大学校を首席で卒業した俊英で、日本がアメリカと敵対し、ナチスドイツとの同盟強化をはかっていた昭和十五年から終戦まで同盟国ドイツに駐在。大使館付武官輔《ほ》としてドイツとの折衝役という大任を担っていた。なぜ太平洋戦争中、ドイツにいた元大佐が戦犯裁判に関わるようになったのか、そして何よりも、豊田元大佐とはどんな人物なのか、私は反省会テープの聴き込みと並行して、間違いなく番組の骨格になるであろうこの元大佐の遺族の取材に取り掛かることにした。

〝海軍善玉〟イメージを決定づけた東京裁判

そもそも、極東国際軍事裁判いわゆる東京裁判とはどんな裁判だったのか。

　終戦の翌年、昭和二十一年五月に東京市ケ谷の旧陸軍士官学校大講堂を会場に開廷された。対日戦勝十一カ国によって構成された国際判事団が、各国検事団から提出された起訴状を基に、A級戦犯容疑者とされた日本の戦争指導者それぞれの、「個人」の罪を裁くという裁判で、ナチスドイツに対するニュルンベルク裁判と並び、世界史上それまでに例を見ない異質の裁判であった。従来、国家間の戦争行為における「個人の罪」は、捕虜虐待《ぎゃくたい》などの通例の戦争犯罪以外は追及できないとされていたからである。

　世界中の注目を集めた裁判は、二年に及ぶ審理を経て昭和二十三年十一月、判決を迎えた。

豊田隈雄元大佐

　審理の過程で陸軍が犯した南京事件や収容施設における捕虜虐待の実態が国民に詳《つまび》らかにされ、東條英機元首相など陸軍関係者六人と文官一名（日中戦争開始時の外相であった広田《ひろた》弘毅《こうき》）が絞首刑の宣告を受けた。その一方、日米開戦時の海軍大臣・嶋田繁太郎大将をはじめ、海軍関係の被告二人は、両名ともに終身刑。のちに釈放されることとなる（永野修身《おさみ》元帥《げんすい》は判決前に病死）。

この判決はある決定的な印象を日本国民の間にもたらしたと言われている。極刑に処される戦争犯罪人が陸軍関係者から多く出たのに対し、海軍からはひとりも出なかったこと。このことが、日露戦争を勝利に導いた東郷平八郎元帥や真珠湾攻撃の英雄・山本五十六連合艦隊司令長官らに象徴される国民的な海軍人気ともあいまって、「陸軍悪玉・海軍善玉」イメージを、戦後長らく、恐らく今に続くまで、われわれ一般国民の間にひろく浸透させたと言われているのである。

しかし、太平洋戦争はその名の通り、海上では日本海軍とアメリカ海軍の戦争だったといっても過言ではない。本当に陸軍だけが「悪」で海軍は「善」だったのか。別の言い方をするならば、海軍が結果的に免責とされたのはなぜだったのか。答えを求め、東京裁判関連の書物を漁《あさ》り、多くの研究者に当たった。ところが、海軍が実質的に免責されたことに関する実証的な研究・分析は、ほとんどなされていないことが分かってきた。

関連資料の公開が進んでこなかったという制約に加え、東京裁判は、戦勝国側が「日本人に戦争は罪であったと思い込ませようとした」（江藤淳）ものだなどと批判されるように、多分に政治裁判の性質を有していたという理由が挙げられる。有識者・研究者の間でも判決内容に関する客観的・実証的な分析が成立しえないのではないか、と考えられてきたともいう。

日本が行った無差別爆撃はアメリカの強い意向により訴追されず、731部隊に代表される毒ガス兵器の開発・使用は、同兵器の開発競争に踏み出していた各国の思惑で訴追事項から外されるなど、恣意的《しいてき》な裁判であったという指摘を補強する事例は枚挙にいとまがない。

それだけに戦後長い間、海軍による組織的な裁判工作は、歴史上の空白となっていたともいえる。それが判決にどう影響を与え、海軍の善玉イメージがどのように作られていったのか。その空白を埋めるような反省会における豊田元大佐の発言は、メガトン級の破壊力を持っていた。

「東京裁判関係。政府決定の弁護方針。これは二十年の十月二十三日に次官会議でまず決定いたしまして、それから上に通してやっております。いわゆる戦争犯罪人、政治犯人、弁護方針。それから根本目的。至尊に煩累《はんるい》を及ぼしたてまつらざる事。帝国として被害を極小に防止する事。個人の被害を極小に防止する事と。まぁ、いわゆる陛下にご迷惑をかけないという事と、後はこの裁判は国家弁護で行くという事をまぁ大変早い時期に二十年の十月二十三日、しかもこれは海軍の方からの起案で出ております。(略)もちろんこの実際の裁判についてはですね、連合国が入って来ましてから後は一切政府として戦争裁判の実質に触れてはいけないと、いう事に禁止されたわけですけれど、いち早くこれらの事を処理されておった」

終戦からわずか二ヶ月後には、海軍は組織としての弁護方針を決めていた。

さらに、裁判用の模範解答作りまでしていたと証言する。

「政府の要路におった人は大臣、総長、皆ね。答弁がまちまちにならないようにね、みんな話し合って、答案の骨子になるものが、ちゃんとできたものが残ってるよ。裁判用に」

赤裸々な発言を続ける豊田元大佐とは一体どんな人物なのか。

旧海軍のOB組織である水交会の名簿から辿《たど》ってみると、本人は一九九五年に九十三歳で亡《な》くなっていたが、遺族が横浜市に健在であると分かった。取材の趣旨をしたためた手紙を投函《とうかん》後、頃合いを見計らって電話を入れることにした。番組上重要かつ不可欠な取材先であるという認識から、緊張で受話器を握っては置き直す事を何度か繰り返した。ようやく意を決して電話をかけると、気品あふれる声の老紳人が出た。取り次ぎを頼むと、すぐに穏やかな口調の老紳士の声が聞こえた。豊田隈雄元大佐の長男・勲氏だった。

「手紙を読みました。若いのに随分昔のことを勉強しておられるんですね。私は父とはまったく別の人生を歩んできておりますので、お役に立てるかは分かりませんが、それでも構わないならいつでもどうぞ」

今回の仕事を通じて初めて、直接コンタクトをとった元海軍高官の遺族だ。取材を拒否されるかも知れないと一方的に危惧《きぐ》していた中、正直、意外な反応だった。その後一年、番組が形となる最後まで、勲氏は、

「正しい歴史を世の中に残して欲しい」

と、終始懇切丁寧に接し、惜しまず協力してくれた。

勲氏は、終戦のとき旧制中学校二年生で、父に続こうと海軍兵学校を目指していた。学徒動員先の工場で玉音放送を聞いたという。家族を日本に残し、五年間ドイツに駐在していた父・隈雄氏に関する戦中の記憶は何もない。一方で、敗戦後、帰国して以降の父については、鮮明に覚えていた。

勲氏によれば敗戦後四ヶ月ほどで帰国を果たした豊田元大佐は、息つく間もなく海

軍省に出仕し、直後に重要な役割を与えられたようだったという。謹厳実直な性格で、戦前から自らの役職について詳細は一切語らなかった。しかし、このときばかりは戦犯裁判に関する任務に従事することになると、家族にはすぐに分かったという。元大佐は、

「戦争中の罪悪は裁かれるべきだが、これから始まる戦犯裁判は公正な裁判ではない。戦勝国が一方的に敗戦国を裁くという不条理なものである」

と、戦犯裁判に関する考え方を一度だけ家族に語った。

「だからこそ裁判に負けてはならない。場合によってはＧＨＱの手が自分に伸びるかも知れないから、そのときは覚悟をしておいてくれ」

と母親にもらしていた言葉を勲氏は覚えている。勲氏はそんな父の悲壮感漂う姿を見て、裁判に対抗するための証拠隠しや人を逃したりしたことも随分とあったのだろうと考えている。

また、豊田元大佐の属する海兵五十一期は、鉄の結束を誇るという「海兵同期生」の中でも特に団結の強い期と言われており、戦死した同期や戦後罪に問われた同期のために皆で金を出し合い、残された遺族の生活を物心両面で支えていたという。この海兵一と言われる五十一期生の強いつながりが、裁判対策においても様々な形で影響

を与えてゆくことになるのだが、それについては後述する。

勲氏からはさらに貴重な情報がもたらされた。生前誰にも見せずに大切に保管していた段ボール一箱分の個人資料があり、豊田元大佐の死後、何かの研究に役立つのではと、勲氏が防衛省防衛研究所に寄贈したという。この個人資料の中から、裁判対策の詳細な実態を浮かび上がらせる重要な文書が、後日見つかるのである。

そもそもなぜ豊田元大佐が裁判対策に指名されることになったのかは、遺族への取材では判明しなかった。しかし、その疑問を解き明かす本人の手記が、意外な場所に残されていた。勲氏のアドバイスで取材に向かった母校、旧制宇佐中学校（現在の大分県立宇佐高等学校）。京都・石清水八幡宮《いわしみずはちまんぐう》などと並び、日本三大八幡に格付けされる宇佐神宮を見下ろす丘の上に建つこの歴史ある学校の同窓会館に、亡くなる前年、九十二歳の豊田元大佐が後輩たちに宛《あ》てた自筆の手記が保管されていた。その中に、敗戦直後に従事した裁判対策についての記述があったのである。

ドイツからの帰国直後、終戦時の軍令部第三部（情報収集や分析を行う諜報《ちょうほう》部門）の課長であった竹内馨《かおる》少将から声をかけられ、本格化する戦犯裁判に対応するために力を貸してほしいと懇願されたこと。武官として戦場に立たなかった豊田大佐ならば「戦犯容疑者となる可能性がない」ために適任とされたこと。また、自身も駐在武官として太平洋戦争の戦場に一度も立つことが出来なかったことを、心から悔いていたことなどが赤裸々に綴《つづ》られていた。

「祖国の興廃のかかる戦争に何らお役に立てなかった武運誠に残念で相済まないこと。与えられた戦争裁判事務、これこそ私の戦場であり、これからが私の戦争である」

（豊田隈雄手記より）

戦犯裁判を、国家の命運をかけた戦争であるとした並々ならぬ決意が語られている。番組第三回の副題にもなった豊田元大佐の「第二の戦争」。軍令部と裁判対策、そして豊田元大佐が、この時一本の線でつながった。

組織的に練られた戦犯裁判対策

海軍の裁判対策で鍵《かぎ》を握っていたのも、やはり軍令部であることが次第に分かってきた。敗戦直後に解体されてはいたものの、その実態は消滅していなかったのである。

昭和二十年十一月三十日、ＧＨＱの指令により海軍省は解体され、その後継組織として翌日に発足したのが「第二復員省」、通称「二復」だ。空襲で焼け落ちた海軍省の建物にそのまま看板を掛け替えてのスタートだった。

主な業務は海外に残された数十万にも上る海軍将兵の復員業務の遂行とされていた。同時に、二復には、GHQが求める海軍関係の戦犯容疑者を国際検察局（IPS）に出頭させ、その軍歴・経歴を照会するという業務が課された。その任に当たったのが、二復の大臣官房「臨時調査部」（のちの調査部）という部署であった。

防衛研究所に軍令部最後の集合写真が残されている。軍令部解体のその日の写真、それを見て私は驚いた。

終戦まで軍令部で作戦を統括した第一部長を始め、作戦課長など主だったメンバーの半数近くがそのまま第二復員省復員官となり、裁判業務を担《にな》う臨時調査部にも配属されていたのである。帰国直後の豊田元大佐を呼び出し、裁判対策に当たるように命じた終戦時の軍令部第三部課長・竹内少将は、この臨時調査部部長として翌年五月の東京裁判開廷までの半年、海軍関係の裁判業務一切を指揮した人物でもあった。豊田元大佐はこの竹内部長のもと、A級戦犯に関する事務を統括する第一班班長に任じられたのである。軍令部は解体されたが、実態としては厳然と残されており、第二復員省が水面下で進める裁判対策において、その〝能力〟を発揮することになる。

ここで戦犯裁判と海軍省（のちの第二復員省）の関係を整理しておきたい。日本が無条件降服を受け入れたポツダム宣言第十項には「吾等《われら》ノ俘虜《ふりょ》ヲ虐待《ぎゃくたい》セル者ヲ含ム一切ノ戦争犯罪人ニ対シテハ厳重ナル処罰ヲ加ヘラルベシ」と明記されていた。そのため、ポツダム宣言を受諾した日本政府は、連合国側に協力し、戦争犯罪人を訴追する立場にあったことになる。

海軍省はそもそも大蔵省や外務省同様、日本の中央省庁の一つであるため、連合国によって実施される戦犯裁判に対し、政府の一員として協力する側であり、海軍関係の戦犯容疑者の弁護などはＧＨＱによって一切が禁じられた。従って臨時調査部にはＧＨＱからの問い合わせに対し、戦犯容疑者の軍歴や家族情報を照会・提供する業務だけが求められた。しかし実際には、ＧＨＱの目をかいくぐり、海軍関係者の擁護、裁判対策に組織をあげて取り組んでいたのである。

二復が重要視した海軍トップの免責

海軍省の後継組織である二復が行った水面下の裁判対策の知られざる実態の一端を明らかにしたのが、海軍反省会における豊田隈雄元大佐の発言だった。実際には一人の極刑者も出さなかった東京裁判において、当初、極刑必至と目されていた人物がいたと打ち明けている。

その人物とは、嶋田繁太郎海軍大将である。開戦時の海軍大臣にして、後に軍令部総長も兼務した。敗戦時、嶋田は陸軍出身の東條英機元首相と並ぶ最大の戦犯の一人と見なされていた。米国にとっては真珠湾奇襲を決行した際の海軍大臣であり、日米開戦にゴーサインを出した国家首脳の一人であったからである。「海軍の象徴」ともいえる嶋田の極刑を回避することは、〝戦後の海軍〟にとっては極めて重要であり、裁判対策の主眼もここに置かれた。

東條英機首相と嶋田繁太郎海相（右）

嶋田に関する東京裁判での課題は、捕虜虐待などの通例の戦争犯罪への関与を否定することだった。

豊田元大佐たちは、先行して開廷されていたナチスドイツを裁くニュルンベルク裁判を徹底的に研究した。そこでは、極刑が予想される被告は①平和に対する罪（開戦責任など）と②通例の戦争犯罪（捕虜虐待など）の二件を併せて厳しく追及されていた。開戦時の海軍大臣として開戦の責任、つまり平和に対する罪が有罪となることは避けられないと見られていた嶋田の場合、これに通例の戦争犯罪が加われば、死刑の可能性が極めて高くなる。

嶋田の判決に影響を及ぼす重大な事件が起きていたという。

「大きな問題となったのは、ドイツ駐在の大島（浩）大使からのドイツ潜水艦の撃沈商船の乗員殲滅《せんめつ》戦法の情報電、十七年一月頃ですね。を、日本海軍も採用したのではないかとの点であったと」

（豊田隈雄元大佐　第九十二回反省会）

海軍の「潜水艦事件」とは何か。

取材を続けると、事件は昭和十八年二月から十九年後半にかけてインド洋全域で発生していることが分かってきた。主にインド洋に展開した日本海軍の潜水艦部隊が連合国側の商船を魚雷で攻撃。沈没後、引きあげた非戦闘員を尋問の後に殺害、または救助をせずに洋上で射殺するといった、国際法に反する犯罪行為が多発していたのである。当時、連合国側から抗議が殺到し、裁判当時にも商船十三隻《せき》が撃沈され乗員八百名余が殺害されていると判明していた。この事件に関しては、東京裁判でも多くの証言者・参考人が出廷し、審理が紛糾していたことも知った。

ＮＨＫにも、関連する戦中のニュース映像が残されていた。昭和十八年、インド洋において、日本海軍の潜水艦が、連合国の商船を撃沈し、海に放り出された乗組員を引きあげている様子が克明に映しだされている。

問題になったのは、潜水艦部隊による商船の撃沈および乗組員の殺害が、軍令部の指示、あるいは容認のもとになされたかどうか、という点であった。軍令部の指示だったとなれば、海軍大臣であり昭和十九年二月からは軍令部総長を兼務した嶋田繁太郎海軍大将は監督責任を問われ、有罪となる可能性が高かった。

東京裁判での審理の結果としては、最終的に軍中央の関与は立証されず、嶋田海軍大将は通例の戦争犯罪については証拠不十分で、無罪となった。

果たして真相はどうだったのか。取材は非常にスリリングなものとなった。まず、反省会における、豊田元大佐とその部下であった中島親孝元中佐の会話の分析から始めた。

「これは中島さんが潜水艦問題はだいぶ突っ込んで、その当時扱っておられたんですが、中島さん、何かあんた詳しいんじゃないかな？」（豊田元大佐）

「ちょっと、今日はですね、そのへんの真相を話しておきますとね、終戦直後の九月十五日に私は軍令部に来て、いや、海軍省に来ましてね、そこに私が最初に行きまして、それで確認した時すぐに言われたのが、今問題になりそうなのは大船（大船俘虜収容所における虐待事件）と潜水艦だと。おまえ潜水艦持てって、持たされた。私はその時は全然そういう問題は窺《うかが》い知らなかった。連合艦隊経由しているはずですが全然知らなかった」（中島元中佐）

（第九十二回反省会）

中島元中佐（海兵五十四期）は連合艦隊で情報参謀を務めた。敗戦後は豊田元大佐の部下として、主にBC級戦犯の裁判対策を担当している。潜水艦事件は民間人の殺害という点で東京裁判ばかりでなく、BC級戦犯に対する裁判でも多く取り上げられたため、中島元中佐は、敗戦直後から海軍省の指示で実態調査に乗り出していたのだという。

「それでですね、まず事実を調べなきゃいかんというわけでほうぼうで聞いたり。それで大体私の得た感想はですね、（略）発想元は軍令部にあり、それでアリイズミさんが最初に八潜戦の参謀に出て、それから八潜の艦長になる。その間でアリイズミさんの前に一番事件が多い。その他東の方には一、二件挙がった事件があるはずです。いずれも事件というのは、向こうのいろんなのに出している物（提出証拠）から私は知ったんです」（中島元中佐）

中島元中佐は、軍令部が指示し、アリイズミという人物が深く関わったと指摘している。アリイズミとは誰なのか。海軍兵学校出身者名簿をたどると同姓の記載者のうち、潜水艦部門の士官であったのは、海兵五十一期の有泉龍之助《たつのすけ》大佐しかいないことが分かった。主にインド洋に展開する第八潜水戦隊参謀や伊号第八潜水艦艦長を務めたのち、第一潜水隊司令に就任。敗戦後、米軍による潜水艦接収を潔《いさぎよ》しとせず、艦上で自決した人物であった。軍令部の指示によって商船の撃沈を行ったとすれば、有泉大佐が何らかの痕跡《こんせき》を残していないか。

遺族を探した。関東に暮らしているというご遺族に連絡をとると、電話ではあったが貴重な話を聞くことができた。

有泉大佐の子息によると、敗戦後、第八潜水戦隊が犯した戦争犯罪の一切が、有泉大佐の独断による指示によってなされたとされた。「死人に口なし」で、一切反論などできず、遺族はつらい思いをしてきたという。また、戦時中に有泉大佐が書き残したものは存在しないが、潜水戦隊の司令部で副官を務めていた人物が健在であり、その人物は有泉大佐と同時期に司令部に勤務していたことなどを教えてくれた。

元副官ならば、潜水艦隊に対する軍令部の指示の有無について何か知っているのではないか。取材が具体的に転がり始めた。

東京・赤坂に瀟洒《しょうしゃ》な社屋を構える広告業界大手・博報堂。この会社の最高顧問を務める人物こそが、有泉大佐が艦長をしていた同時期に、潜水戦隊の司令部にいた元副官であった。秘書に誘導されながら本社ビルの執務室に向かう。元副官との面会を前に、緊張からか、額から幾筋もの汗が滴《したた》ったことを鮮明に記憶している。恥ずかしながら、その経歴に圧倒されていた。戦前、大蔵官僚から海軍短期現役士官に転じ、大尉として終戦を迎えた後は大蔵省に復職。キャリア官僚として国税庁長官まで勤め上げ、退官後は博報堂社長、会長を歴任した人物であった。

都心のビル群を一望できる広々とした執務室のデスクにどっかりと座り、書きものをしている老紳士の姿が目に飛び込んできた。元海軍主計大尉・近藤道生《みちたか》氏その人であった。取材当時八十八歳。洗練された柔和な表情の中にも、時折見せる鋭い眼光が印象的であった。

昭和十九年七月から終戦まで、マレー半島沖・ペナン島の第八潜水戦隊司令部副官を務め、その頃、司令部の指揮下にあった潜水艦の艦長・有泉大佐と面識を持ったという。

まずは単刀直入に、軍令部から潜水戦隊に対し、商船撃沈および乗組員の殺害指示があったのかどうか聞いた。近藤氏は沈思した上で、穏やかな口調で答え始めた。

「私は自分が直接見聞きしたことしか責任を持って話せません。そのことを承知の上で聞いて下さい。私が司令部に着任した昭和十九年には、制海権は完全に連合国に握られ、出撃する潜水艦は逐一連合国側に逆に撃沈されていたのが実情です。あの頃には、米国製の探知レーダーは飛躍的に技術革新され、日本の潜水艦の行動は筒抜けも同然だったのです。そんな中で護衛船団に守られた連合国側商船の撃沈などできるはずもなく、昭和十九年に関していえば、そのような命令が下されたとは考えにくいし、司令部でそんな指示がきたとも聞いたことはありません」

説得力ある説明に思わず深くうなずくと、近藤氏は有泉大佐の話を自ら切り出した。

「しかし有泉大佐は気の毒でした。敗戦後に捕虜虐待や民間商船の撃沈事件が問題になったとき、結果的にその罪を彼に背負って頂くことになったのですから。当時は、海軍も陸軍も、戦犯として訴追される人間を一人でも減らし、故国日本に帰してやりたいという思いが強かったですから、現場で起きた戦争犯罪の責任は、戦死や自決で命を落とした司令官に負わせることが半ば通例のようになっていたのです」

敗戦直後、近藤氏は、第八潜水戦隊の司令部が置かれていたペナンで捕虜収容所に入れられた。その英語力が買われ、連合国側と日本軍の仲介役として、連合国側が指名する戦犯容疑者への聞き取りを行い、調書を作成する役割に任じられたという。その際、加害責任を問われたケースについては、何度となく「命令をしたのは自決した有泉大佐だ」と容疑をかけられた士官や兵士が話し、それを訳して連合国側に報告したという。

時折押し黙りながら、近藤氏は静かに付け加えた。

「有泉大佐は勇猛な豪傑タイプの武人でした。経緯の詳細は知りませんが、一度、有泉大佐が上官と激しく口論をしているのを聞きました。私が聞きとれた内容は『自分は武人として教育を受けた。町人をやっつけろと言われても納得いかない。天皇陛下から預かった赤子《せきし》をそんな戦いに臨ませたくない』と。後から考えれば、民間商船の撃沈を指示されたことを巡っての口論だったのかも知れないと思います。あくまで私の推測ですが」

近藤氏は、私が取材を申し込んで以来、時間をかけ、何を話すべきか整理をしていたようである。確信を持って最後にこう告げた。

「あの戦争は無謀な戦争でした。いまの若い人たちは戦争をかっこういいものか何かと勘違いしているかもしれません。しかしひどいものです。私はあの戦争に関してNHKさんの取材が入ると聞いて、私が知っていること全《すべ》てを話そうと決めたのです。二度と繰り返してはいけない、そう思うからです。商船の撃沈に関して、軍令部の命令があったかどうか私には分かりません。しかし日本の軍隊は上意下達が徹底していました。天皇の軍隊であるという意識が強かったからです。『現地部隊が独断で動いた』と戦後多くの事件について現場指揮官がその責を負いました。実際は、軍令部がそんなことを許すわけがありません。彼らは命令はしていない、作戦を立案しただけで自分たちに責任はないという立場をとるでしょうが、そんなことはありません。補給も考えず、食糧など必要な物資の調達を現地で行うように指示し、結果的に地元住民との摩擦を生じさせ、今に至るまでの反日感情を生んだのは全て軍令部を始めとする軍中央の無謀な戦闘計画に端を発しているのです。そのことの反省がなされないまま責任の所在は曖昧《あいまい》にされました。そのことだけはお伝えしたいのです」

戦争の実態を知る近藤氏の発言に圧倒されていた。

「潜水艦事件に関し、軍令部が何を命じ、そしてどんな責任の取り方をしたのか、徹底的に取材し明らかにしなければならない」

そう考えていた。

近藤道生氏は、この取材のおよそ一年半後の二〇一〇年六月、九十歳で他界された。その訃報《ふほう》を聞いた時、もっともっと当時の話を聞いておくべきだったと、強い悔恨の念に襲われた。

知られざる攻防・潜水艦事件

潜水艦による商船撃沈事件を巡って、東京裁判で激しい攻防がなされたことが議事録に残されている。

議事録を読み込むと、海軍側戦犯を訴追する検察側は、具体的な証拠を持って法廷に臨んでいたことが分かった。昭和十八年三月二十日付の潜水艦部隊・第一潜水戦隊『作戦命令書』。終戦直前、南太平洋の島嶼部《とうしょぶ》にあった日本海軍通信基地を上陸襲撃した際、アメリカ軍は多数の書類を押収《おうしゅう》したが、その一つを、証拠としたのである。

議事録に記されていた作戦命令書は、東京裁判で提出された証拠書類群として千代田区北の丸の国立公文書館に保管されていた。「民間の船舶の撃沈に止《とど》まらず船舶の要員を徹底的に撃滅」するよう明記されている。まさに、この作戦命令書が裁判の主役となった。

命令書を作成したとされる第一潜水戦隊は、連合艦隊麾下《きか》の潜水艦隊・第六艦隊に属していた。第六艦隊が独自に命じたものなのか、それとも軍令部からの指示だったのか。その認定は判決を大きく左右する。軍令部からの指示だったとなれば、嶋田繁太郎海軍大将は海軍トップとして、戦争犯罪に関与した罪を問われることになる。そのため、嶋田を守る二復にとっては、命令書に軍令部が一切関与していないとすることが最重要課題だった。

その際、最も重要となった人物がいる。それは作戦命令書に署名のあった第一潜水戦隊司令・三戸寿《みとひさし》少将（のちの中将）である。法廷で三戸は、軍令部から指示を受けた覚えはないと検察側の主張を完全否定した上で、証拠として挙がった命令書は偽造されたものであると主張したのである。

真相はどうだったのか。反省会では、驚くべき実態が語られている。裁判対策に当たっていた豊田元大佐が、具体的に告白する。

「三戸中将が巣鴨《すがも》を出所し青天白日の心情になられた時点で、改めて一潜戦（第一潜水戦隊）命令なるものの、上述証拠の真実性についてお伺いしたところ、あれは本物であると」

まず、偽造との主張は嘘《うそ》で、作戦命令書は本物だとしている。さらに、こう続ける。

「トラックに於《お》ける六艦隊会議に軍令部から――これは確かカナオカさんと私は記憶しておりますが――を派遣され、口頭で一潜戦命令のような戦法を相当強く示唆《しさ》されたと。私も当初は口頭命令でやろうとしたが、麾下の艦長連が揃《そろ》ってその様な重大な内容の戦法は口頭命令ではできないと強く反発したので、やむなくあのような文書になることとなったと。法廷で証拠を否定するのには脂汗《あぶらあせ》をかいたよ、と淡々と語られた。（略）軍令部の参謀ですからね、命令する立場じゃないと思いますが、結局中央の意向を察して伝えたんだと思います」

（第九十二回反省会）

軍令部は、命令を書面で残さないよう口頭ですまそうとしたが、現場部隊の艦長たちが、それに強く反発し、命令書が残ったというのだ。

テープで語られているトラックとは、潜水艦部隊を束ねる第六艦隊司令部が置かれていたトラック諸島である。拡大した戦域に対応するため連合艦隊司令部もこの地に移され、南太平洋における海軍の一大拠点となっていた。

軍令部からトラックの第六艦隊司令部に派遣されたと名前が挙がった「カナオカ」とは金岡知二郎大佐を指すことがその経歴から推測された。金岡大佐は物資輸送のルート確保など、海上交通保護や防備を担当するために昭和十七年十月に新設された軍令部第一部第十二課の初代課長だ。残されている公的な資料から遡《さかのぼ》れたのはここまでだった。

海軍士官名簿をもとに、大阪に住む遺族を訪ねた。金岡大佐の長男が、父親の戦中日記を大切に保管していた。真珠湾攻撃の成功に驚く記述やミッドウェーの敗戦を「大変な事態」と記すなど、昭和十一年から自身が戦死する直前までのおよそ九年、日記はほぼ毎日付けられていた。そこには、戦況の推移に加え、軍令部員として参加した会議の題目や出席者に関するメモ、あるいは風邪をひいたわが子を気遣う記述など、戦時下の日常の記録が端的に書き込まれていた。読み進めていくと金岡大佐はドイツ海軍が先行して実施していた、敵国商船の殲滅《せんめつ》作戦を研究するよう、軍令部上層部から命じられていたことが分かった。さらに反省会での豊田元大佐の発言を裏付けるような昭和十八年二月の記述を発見した。

「2月23日　トラック到着」

「25日　旗艦・香取における第6艦隊研究会を傍聴」

第一潜水戦隊の作戦命令書に書かれていた日付は昭和十八年三月二十日。金岡大佐がトラックに出張したのは昭和十七年と十八年に合計三回だ。その中で第六艦隊の会議への出席を示唆する記述はこの一回のみ。

軍令部から派遣され、第六艦隊幹部を前に民間商船乗員の殲滅作戦を指示したとすれば、命令書の出されるおよそ一ヶ月前にあたる、この二月二十五日の研究会の可能性が高い。そう考えた私は第六艦隊幹部や潜水艦艦長の手記・戦中日記・回想記を集中的に探すことにした。

その裏付けは、九段の靖国《やすくに》神社にある靖国偕行《かいこう》文庫の図書室にあった。昭和十八年二月に軍令部から派遣された金岡大佐が民間商船の殲滅指示を伝えたとする潜水艦艦長や軍令部員の戦後の供述が複数見つかったのである。

作戦が伝えられたとする昭和十八年二月と言えば、陸海軍が敗北を重ね、およそ二万の将兵を失った末、ガダルカナル島を撤退したその月である。米英など連合軍の反攻を食い止める要石《かなめいし》とされたこの島の、半年に亘《わた》る攻防戦で、海軍が持つ百隻《せき》余りの艦船が沈没または損傷し、九百機を超す大量の航空戦力が損害を受けたと推計される。海軍にとってまさに痛恨の消耗戦となった。

同年初頭、軍令部はどのような状況だったのか。軍令部作戦課で、航空作戦の立案を担当していた佐薙毅元大佐が、当時の軍令部の空気について証言している。

「当時の空気としては、軍令部としては一兵でも多く敵兵を殺すと。こちらは数が少ないんですけどね、相手が多いから、向こうの兵隊を殺すと。一兵でも多く殺すという空気がありましたね、確かに」

（第九十二回反省会）

つまり、このような敵愾心《てきがいしん》が軍令部に色濃く漂っていた中、第六艦隊の会議に軍令部から参謀が派遣され、撃沈した商船の乗組員を殺害するよう口頭で指示していたことになる。金岡大佐から命令が伝えられたという豊田元大佐の発言を裏づけた潜水艦副官の供述。それによると、軍令部で乗員殲滅作戦を最も強く主張したのは、富岡定俊作戦課長。彼は敗戦後、第二復員省で裁判対策にも関わることになる史実調査部の初代部長となる。

このとき富岡課長は敗戦後に問題になるからと、作戦指示は文書でなく口頭のみで伝達するよう金岡大佐に厳命したという。しかし、現場の指揮官・艦長たちが文書での命令にこだわったために作戦命令書が残ってしまったわけである。作戦命令書は軍令部が指示し、三戸少将が作成した本物だった。三戸少将は偽証をして組織のトップを守ったのである。金岡大佐はその後、前線に赴任し、昭和十九年六月、サイパンで戦死している。

裁判に向けて、潜水艦事件の実態調査にあたった中島親孝元中佐は反省会で告白する。

「これは表向きにしたらえらいことになる。しかも日本の海軍の信用に関わると。私は一切証拠をあげるなと。結局本質にならないようにしておけと言ってましたから」

戦犯裁判への「指導」とは?～徹底した口裏合わせ工作

「私に相談に来た者に、全部本当のことは言うなと。それで何とかなってしまうという指導をしておりましたから。したがって最後まで検事側は本当の証拠を得られなかった」

（第九十二回反省会）

中島元中佐が口にした「指導」の内実を示す第二復員省の資料が見つかった。

先に述べた豊田元大佐の長男・勲氏が防衛省防衛研究所に寄贈した個人資料である。その中にあった「東京裁判関係重要資料」は寄贈以来、ほとんど手つかずで書庫の中に保管されていたという。この資料は、番組にとってまさに宝の山となっていった。

その一部を紹介したい。東京裁判開廷の三ヶ月前、昭和二十一年二月に作成された海軍戦犯に関する訴追予想事項一覧である。「シンガポール・マニラ等への無差別爆撃は戦争法規に反しないか」や「戦争を長引かせ国民を無益に死地に追い遣《や》ったのは人道に反しないか」など、東京裁判で問われるであろう海軍の責任や戦争犯罪について列挙されている。

その想定項目は六十三に上る。また、項目毎《ごと》に、事情に詳しい軍令部員など元海軍幕僚が指名され、海軍が組織としての責任を追及されぬようどう答弁すべきか、対応策が細かく研究されていたのが判る。

その中に中島元中佐の「指導」の内容を窺《うかが》わせる資料があった。二復が作成した、戦犯容疑者および証人予定者への対応表だ。戦犯容疑者や証人がGHQから呼び出しを受けると、一旦《いったん》、臨時調査部に立ち寄らせ、そこで口述書を作成することになっていた。容疑者や証人が何を知っているかを聞き出し、海軍が不利にならぬよう証言を訂正させ、喋《しゃべ》らせないよう組織的に「指導」する、こういった方法論が示されていた。GHQが証人から聞き取りをする前に口裏合わせの対策を終えていたことになる。

一連の対策について、豊田元大佐は、戦犯裁判自体が戦勝国による一方的な裁きで、公平なものでない以上、一人でも多くの関係者を救うことを目的に全力を傾けていたと証言している。

「逮捕者の範囲をなるべく広げないことと。まあいろいろ余計なことも言葉でどっと喋っておりますと、結局非常に範囲を広げてしまって、どこまででもいくというような形になるから。結局これは向こうがやる裁判なんだから、なるべく日本人としての被害を少なくする為《ため》に、範囲をなるべく、捕まった者はしょうがないから、それ以外になるべく範囲を広げないように、そうしていこうという事だと思います」

そして、日本が独立を回復すればすべてが解消するとした。

「これは、戦争裁判というのは普通の裁判と違いまして、どうせ講和条約までだと。講和条約が成立すればその時点で全部解消して水に流す、流されると。従来の慣習でもあるから、そういうふうになるものという期待をもっておったわけでありますから、死刑になりさえしなければ、終身刑でおっても、まあ、講和条約までがんばれば、それで自由の身になれるということが希望的に考えられておったと思います」

（第九十二回反省会）

組織的に実施された証拠の隠滅

潜水艦事件に関する、証人への徹底した口裏合わせに加え、第二復員省による組織的な証拠隠滅が行われていたことも、取材を通じ明らかになってきた。

東京からJRで二時間の山梨県韮崎《にらさき》市。今はうっそうとした藪《やぶ》の中に埋もれている海軍省人事局の功績調査部壕《ごう》跡がそこにある。

東京から遠く離れたこの内陸部に、海軍は、戦火から守るため、各部隊から人事局宛《あて》に送られてきた戦果の報告書を避難させたという。山積みにされていた人事評価の対象となる戦績報告の中に、潜水艦部隊が行った殲滅作戦の報告書も含まれていた。

敗戦直後、潜水艦事件の調査にあたった元軍令部員が、裁判終了後に残した記録を私は入手した。そこには次のように記されている。

「終戦後潜水艦問題が難しくなってきたので私は命令が出たのか、事実があったのかということで調査をしたところ（略）各艦及各人の功績調査に殲滅戦の事実が記載してあること右を知り事の重大に驚いた。私は二週間かかって自らこの記録を全部焼却した」

潜水艦部隊の殲滅作戦に関する報告書の焼却が行われたこのとき、海軍省付として、一連の裁判対策を指揮した人物の名を知った時、問題の根の深さを思い知ることになった。その人物こそ三戸寿海軍中将。まさに商船の撃沈と乗組員の殺害を命じる命令書を作成した当事者である。

三戸中将は、昭和二十年十二月一日付で第二復員省初代次官となった。それから戦犯容疑で逮捕されるまでの半年間、事務方トップとして、自らが関わった潜水艦の事件を始めとする戦犯裁判対策にあたっていたのである。

三戸寿元中将は、裁判で徹頭徹尾、軍令部からの指示を否定した。敗戦後十数年が過ぎた後、生前非公開を条件に海軍の後輩に語った回顧談が、水交会図書館収蔵の

「小柳資料」に収録されている。

その中で、戦犯裁判などについて、率直に語っている。軍令部からの指示を受け、潜水艦甲板に乗員を殺害するための軽機関銃を装備したと告白し、さらに裁判で、自らが署名した作戦命令書がアメリカ軍によって証拠として提出されたときの衝撃を、「機密はとんだところから暴露するもの」

と述懐している。

組織を守った三戸中将は、事件を起こした艦隊の司令官としての責任を問われ、禁固八年の実刑を言い渡された。

関係者への取材によると、刑期を終えた三戸元中将は前述の回顧談の場以外は元海軍関係者との一切の交わりを断ち、家族にも戦中戦後の話をすることはなかったという。胃を患《わずら》い、昭和四十二年に亡《な》くなっている。

語られるBC級裁判の実態

反省会テープを聴く作業は遺族や関係者への取材が本格化しても続いた。なかなか聴き終わらないことに加え、何度も聴くほどに新しい発見があるからだ。

淡々と、用意してきた原稿を読むように議論を進める豊田元大佐が、一回だけ明らかに感情の起伏をあらわにしたときがあった。戦犯裁判について初めて語った第九十二回の反省会に引き続き、進行役を務めた昭和六十二年九月二十五日の第九十三回反省会の中での出来事である。この日、元大佐は多くの海軍軍人が死刑になったいわゆるBC級裁判について切りだした。

「BC級裁判の一方的と言われる所以《ゆえん》。負けた方の側はどんどん容赦なく裁判されましても、結局勝った方はどんなことをやっても、ちっとも咎《とが》められないという、その点が何としても、これは一方的と言われても仕方がないと思います」

豊田元大佐が勝者による一方的な裁判と指摘した、BC級裁判とは、捕虜虐待《ぎゃくたい》など通例の戦争犯罪を命じた将校や下士官あるいは直接手を下した兵士などを、連合国側が裁いた裁判のことだ。

元大佐は、特に印象に残った裁判について話し出した。

「第二南遣艦隊管下の第二十一特別根拠地隊に関わる俘虜《ふりょ》四名の処刑、スラバヤ事件がある。この事件においては、艦隊司令部側と根拠地隊側の処刑命令に関する自供が正面対立し、互いにその責任を回避。

しかし裁判の結果、当然一部の責任はあると予想された艦隊司令部側の責任まで、根拠地隊側の勝手な行動と認定され、シバタ長官以下、ハセ参謀長、イチカワ先任参謀、タツノ通信参謀の四名は全《すべ》て無罪となり、一方、根拠地隊側は、タナカ司令官、シノハラ先任参謀ともに絞首刑を判決されたが、シノハラ参謀を中心とする熱心な司令官助命の嘆願の結果、タナカ司令官は十五年に減刑され、根拠地隊を実質的にきりまわしていた先任参謀シノハラひとりのみ処刑となった。一方的に根拠地隊側に全部、その、責任がかかりまして、え〜、艦隊側は全部無罪と」

豊田元大佐が一言一言、記憶を確認するように慎重に話し出したのは、BC級裁判で絞首刑となったシノハラ参謀が処刑された事件だった。シノハラとは、豊田元大佐の海軍兵学校の同期生であった。先にも述べたが、豊田元大佐の属した海軍兵学校五十一期生は、鉄の結束を誇る海兵卒業生の中でも、とりわけ同期の結束が固かったという。豊田元大佐が強い感情を含ませたのは、同期への情があったからだと思われる。

「シノハラは私のクラスなんですけども、巣鴨によばれて、え〜、その出て来ました、途中で私のところに、警察官に連れられておりましたが、私のところに寄って来て、え〜、私を逆に慰めてですね、もうえらい、その、お前、そのやっかいな仕事をしてご苦労なことだが、俺の事件はもう全く、その、心配することはいらんと。何も大した事はないから、心配せんでくれということで、かえって私を慰めて、まあ、巣鴨に入って行ったような状況でありますが」

シノハラは、戦犯容疑者として連行された際、豊田元大佐の勤める二復に立ち寄り、自分のことは心配するなと告げたのだという。この人物に一体何が起こったのか。すぐに海軍兵学校の名簿を調べた。シノハラとは篠原多磨夫《しのはらたまお》大佐であることを確認した。この篠原大佐を巡って不当な裁きが行われたと豊田元大佐は告発したのである。

「やっぱり海軍にも悪い人がおりまして、これは中央でもって、裁判を統括している中央でもって、上の方を助けて、そして下の方をやっつけるという、そういう方針でいってるからだというようなことが遺族の耳に入りまして、え〜、仏参りも、そういったあの、墓参りも受け付けないような状況で」

この件に関する発言はここまでだった。一呼吸置いた後は、異なる裁判に話は移ってしまった。

一体、スラバヤ事件とはどんな事件だったのか。そして「上を助けて下をやっつける」との豊田元大佐の言葉は何を指しているのか、この事件を追うことで、海軍が組織を守るために行った裁判工作の本質が浮き彫りになるのではないか。

そう考えた私は、この事件と篠原大佐について詳しく調べてみようと決めた。

スラバヤ事件とは何なのか

ＢＣ級裁判は戦勝各国が独自に裁判官・検察官をたて訴追をしているため、どこの国が実施した裁判であるかによって公判記録などの保存状況・公開状況は大きく異なる。

たとえばフランスや中国によってなされた戦犯裁判に関しては、その記録のほとんどが今もって公開されていない。「スラバヤ事件」および「被告・篠原大佐」をキーワードとして裁判記録を洗ったところ、オーストラリアが行った戦犯裁判のうち、現在のパプアニューギニア・マヌス島に臨時法廷をつくって実施された裁判の中に「スラバヤケース（スラバヤ裁判）」の公判記録を発見した。

オーストラリアは終戦直後からBC級戦犯の訴追にとりわけ熱心で、他の戦勝国がBC級戦犯の訴追を取りやめても、最後まで戦犯裁判を継続した。篠原大佐を含む戦犯容疑者が巣鴨拘置所を出て、マヌス島に向け出港したのは何と、敗戦から五年もたった昭和二十五年二月だった。出発当日に発表された豪州の首相談話は「その罪死に値するもののみ裁判す」という厳しい先行きを感じさせるものであった。篠原大佐を裁いたスラバヤ事件の法廷は、昭和二十五年十一月二十九日に開廷し翌年二月十四日に結審している。

豪州は、戦犯裁判の公判記録を広く公開している例外的な国である。早速、米国在住のリサーチャー・山田功次郎氏に依頼し、豪州メルボルンに飛んでもらった。スラバヤ事件に関する膨大な公判記録および調書類などの公判資料を収蔵している豪州国立公文書館に取材に入ってもらうためだ。

山田氏は、資料の発掘や分析などを極めて綿密に行う有能なリサーチャーである。その彼に数日にわたり公文書館に通ってもらい、必要な原資料の複写を依頼した。公判記録だけでも英文二千ページにも及ぶなど、その量は膨大で、私のもとに送られてきた資料のコピーは段ボール一箱分にもなった。この公判資料から概要が明らかになった。

篠原大佐がただ一人死刑となった、スラバヤ事件は、昭和二十年四月（ないし三月）、当時の日本軍占領地、インドネシアのスラバヤで発生した。大佐が問われたのは、当時の国際法に反するという罪で、捕虜になったオーストラリア兵およびスパイ容疑の現地住民を不当に処刑するよう命じたのではないか、というものだった。

篠原大佐は、スラバヤの守備にあたる部隊、第二十一特別根拠地隊（二十一特根）の先任参謀で、この部隊は、同地に司令部を構える第二南遣艦隊司令部（司令官・柴《しば》田《た》弥《や》一郎《いちろう》海軍中将）の指揮下にあった。裁判では、捕虜処刑が篠原大佐の独断で行われたのか、艦隊司令部からの命令を受けて篠原大佐の部隊が実施したのか、が争われた。

艦隊司令部の命令については証拠不十分で立証されなかった。一方、実際に現場で命令を下したことは認めた篠原大佐は、自らの部隊に独断で処刑を命じたと、裁判では認定された。判決は、艦隊司令部の関係者は司令官の中将以下全員が無罪、篠原大佐ひとりが極刑に処され、実行犯となった下士官や兵たちは比較的短期間の懲役刑ないし無罪となった。

公判記録を読んで分かったことがある。裁判では、終始、篠原大佐が属する部隊関係者と艦隊司令部幹部との証言が真っ向から食い違っていたのである。最後まで篠原大佐は、艦隊司令部からの命令があったと主張し譲らなかった。

本当に独断で処刑命令を出していたのか。あるいは艦隊司令部からの命令を実行したに過ぎないのか。潜水艦事件の取材を通じて、

「戦争犯罪に関する責任の多くが、現場指揮官にのみ押し付けられた」

との証言を得ていた私は、スラバヤ事件の関係者の取材を進めることにした。

BC級戦犯の無念を追って

瀬戸内海を望む徳島県鳴門《なると》市。海軍兵学校の名簿によると、篠原大佐の実家はこの地にあるはずであった。しかし、その住所には、すでに住人はない。兵学校同期の遺族やOB会にも問い合わせてみたが、情報や手がかりはなく、半ば途方に暮れていた。そんなとき、同時に読み進めていたスラバヤ事件の公判資料の中に、重要な手がかりを見つけた。篠原大佐の助命を嘆願する手紙が数点含まれており、差出人は篠原大佐と同じ徳島在住の「篠原祥郎」氏となっていた。その文面から篠原大佐の甥《おい》であることが分かった。

「甥であれば健在かも知れない」

私は祈るような気持ちで、祥郎氏の現住所を探し出し、手紙を出した。篠原大佐やスラバヤ事件、そして彼が裁かれた裁判について、また、ご遺族が生きた戦後のことについて、どんな些細《ささい》なことでも聞かせてほしいと綴《つづ》った。一週間ほど経《た》って、返信の代わりに私の携帯に祥郎氏の夫人から電話が入った。

「過日頂いた手紙に驚きました。もう随分と昔のことですし……でも、残念ながら夫は平成七年に、交通事故で亡くなっています。私では御期待に沿えないかと思います」

「もう少し前だったら……」、そんなショックから、私は電話の声が遠のくような錯覚すら覚えていた。しかし、先方は続けて、

「夫は生前、多磨夫おじさんの二十五回忌に合わせて、故人の追悼記をまとめるために裁判当時のおじさんの日記やら手紙やらを段ボール箱にまとめていたんです。私も、今でも捨てられずそのまま残してあるんです」

私は一転、不謹慎にも、興奮していた。オーストラリアで入手した裁判資料には含まれていなかった、当時の篠原大佐の直《じか》の声、本音が書き残されているかも知れない。

その週末に徳島に伺う約束をしていた。

約束の日時に、ご自宅を訪ねると、祥郎氏の妻・道《みち》さんと長男が待っていた。

道さんによると、篠原大佐が戦犯容疑で処刑されたことは、戦後、親族の間でも滅多に話題に上ることがなかったという。家族にとって痛ましい記憶を思い出したくないという気持ちが強かったのでは、と道さんは言った。

篠原家の戦後は、大佐が戦犯裁判にかけられたことで様変わりしたという。大佐がマヌス島で刑死した昭和二十六年には、その妻は既に他界していた。当時九十歳に近かった大佐の母は、息子の無実と無事な帰還をひたすらに祈っていたが、

「篠原大佐は不当な判決で絞首台に上がった」

と聞き、その後に亡くなっている。甥の祥郎氏は、戦中、海軍士官である篠原大佐に憧《あこが》れ、自らも商船学校に進んだほどだった。

氏は、篠原大佐だけが責任を負わされる格好になった戦犯裁判に強い疑問を持ち続けていたという。日本各地から篠原大佐の直筆日記や友人に宛《あ》てた手紙などを収集していった。そして刑死から二十五年後、それを編集し、獄中記としてまとめてもいた。祥郎氏が集めた資料は、実に段ボール箱二つにもなった。それが、祥郎氏の遺品とともに大切に残されていた。

丁寧に梱包《こんぽう》されている段ボールを開き、資料を調べていくうちに、声を失った。遠い南方の地から家族や友人に宛てられた数十点の書簡や、戦犯容疑をかけられて巣鴨

に入所して以降、処刑される直前までの心境を詳細に綴った日記、さらに検察から受けた尋問の詳細なやりとりを復元し、大佐自身が感じた疑問点などを精緻《せいち》に記録した尋問記録など、大量の直筆資料が出てきたのだ。その場で二時間ほど、むさぼるように資料を読み漁《あさ》った。

「艦隊司令部は捕虜処刑の命令を出していたにもかかわらず、その関与を完全否定。全ての責任を現場実施部隊の首席参謀であった自分に押しつけようとしている」

そう篠原大佐は訴えていた。以下は検察尋問を終えたある日の篠原大佐の私的考察である。

篠原多磨夫大佐

「艦隊司令部参謀が揃《そろ》って嘘《うそ》を言っている理由について／それは彼らが何か不利なことがあるから／逆に私を陥《おとしい》れるとしか判断の仕様がない」

篠原大佐の死後、元部下から家族に宛てられた手紙も複数残されていた。

「捕虜処刑の責任が全て篠原大佐に押し付けられたのです。篠原大佐は司令部の部屋一面に海軍軍規を事細かに貼《は》り出し、日頃から軍紀違反を徹底して赦《ゆる》さない実直な将官でした。その篠原大佐が命令も受けずに捕虜処刑を独断命令するなど考えられない」

（第二十一特別根拠地隊司令部副官からの手紙）

さらに、注目すべき手紙が見つかった。篠原大佐が絞首刑の宣告を受けた直後に、両親に宛てたものである。その中で、最後まで捕虜処刑の責任を認めなかった艦隊司令部と、海軍の裁判対策を担《にな》っていた第二復員省の、まさに組織的な共犯関係を匂《にお》わせる記述があった。

「裁判中においても私は部下の罪は出来る限り引き受けると述べ、自ら白人を斬首《ざんしゅ》したという当時二十歳前後の水兵は無罪となり、部下たちは幸い私に感謝して居《お》り候《そうろう》。一方、柴田司令長官はじめ艦隊司令部幕僚の非人行為に対し一同憤慨し、彼らと共謀せる二復を国会考査委に訴ふる由《よし》に候。わが身は何も申しますまい」

私は一連の直筆資料を読み、直観的に思った。死を前にした人間、しかも軍人が、最後の最後まで嘘をつき、自らが潔白であると主張し続けるものであろうか。本当に彼が独断で命じたとしたら、極刑判決が出た時点で観念するのではないか。

もちろん先入観は禁物だが、この事件の場合、本当は、艦隊司令部からの処刑命令が下っていたのではないか。また、そうだったとするとなぜ艦隊司令部の命令や関与は明らかにならなかったのか。篠原大佐が記した「彼らと共謀せる二復」とは一体どういうことなのか。さまざまな疑問が頭を駆け巡った。事件が起きた当時の現場や、その後の裁判の実態を知る人間を探す必要があると、強く感じながら、徳島の篠原家を後にした。

処刑現場に居合わせた元兵士の証言

二〇〇九年二月、私は長崎県五島列島に向かう高速船の上にいた。スラバヤ事件の関係者として、篠原大佐同様、裁判にかけられた元兵士が、いまも健在であることが分かったのだ。

その存在は、篠原家から借用した資料が教えてくれた。祥郎氏がまとめた篠原大佐の獄中記を読み進めると、後半部分に関係各位からその寄稿のページがあり、その刑死は「不当な処罰だった」と証言している男性がいた。この男性の所在を探し連絡を取ると、「篠原大佐のためなら」と、八十六歳という高齢にもかかわらず、取材に応じてくれることになったのだ。

法村剛一《のりむらごういち》氏は、昭和二十年に起きたオーストラリア人捕虜の処刑当時、篠原大佐が首席参謀を務める第二十一特別根拠地隊に所属していた。戦後は、故郷に戻って事業を営み、町議を長く務めるなど地域の名士となり子供にも恵まれた。法村氏は、訪ねてきた私を見るなり、篠原大佐への感謝の念を口にし始めた。

「あのとき、篠原大佐が〝自分は命令をしていない〟と裁判で主張していたら、私たちは絞首刑になっていた筈《はず》です。艦隊司令部は命令を否定したが、篠原大佐は私たち一兵卒を救うために自ら命令をしたことを認めたんだ。あれから五十八年。いつも篠原さんに感謝しながら生きてきたんです」

続けて、極めて淡々と、しかし、私の膝《ひざ》が震えるような驚くべき告白をした。

「私は処刑現場にいました。というより捕虜を殺害したのはこの私です」

思わず息を呑《の》んだ。処刑現場に居合わせたというようなことは事前に承知していた。しかし、実際に処刑を行ったことは、この時初めて聞かされた。目の前に、捕虜を殺したと告白する人物が座っている。さらに、そう淡々と告白する人物の表情に、私はショックを受けていた。その動揺を感じ取ったのか、法村氏は、鋭い眼差《まなざ》しで言った。

「この手で人を処刑したことは家族にも、妻にも直接言ったことはありません。私だってショックでした。人を殺して普通でいられるわけがない。しかし、あのときは、自分がやらなければ、逆に私が上官にやられていた。仲間にも迷惑がかかる、そんな思いでいっぱいでした。だから、いまの常識で戦争を考えないでください。それが戦争なんだとあれからずっと自分に言い聞かせてきたんだ」

背後の本棚にびっしり並べられた、戦争関係の本や終戦記念日の新聞記事を切り抜いたスクラップの数々。よく見ると関連書籍やスクラップは棚に留まらず、部屋のあちこちに山積みにされていた。あの戦争とは一体何だったのか、過去の記憶に苦しめられながら、六十年以上も必死に生きてきたに違いない、そう感じた。篠原大佐のためならと、私の訪問を快く受け入れ、思い出したくない話を懸命に伝えようとしてくれる法村氏。私は、背筋を伸ばし、彼の話を一言も聞き漏らすまいと身構えた。

当時の法村剛一氏

当時の法村氏は、特別根拠地隊所属の上等水兵として、軍港の警備にあたっていた。処刑当日、仲間とともに軍港内の広場に集まるよう命じられ、気が付くと、連行されてきた捕虜数名を取り囲むように並ばされていたという。そして、いよいよ処刑というそのとき、所属する警備隊隊長の指名で、捕虜の首を切り落とす役目を、同年兵とともに命じられた。突然のことにパニック状態になったという。処刑の瞬間の記憶は曖昧《あいまい》だとしながら、ただ一点だけ、事の本質にかかわる重要な記憶が鮮明に残っているという。法村氏は、当時の記憶をたどり、処刑現場の見取り図を描きながら、証言を続けた。

「二名のオーストラリア人捕虜とスパイ容疑の現地住民三名を取り囲むように、私を含む百人を超える根拠地隊の兵士が並んでいたと思います。そして刑の執行を見守る役割として、艦隊司令部の法務官がその場にいたのです。ひざまずいて処刑されるのを待つ捕虜たちの前に立って、刑の執行を見ていた。法務官の徽章《きしょう》には特徴がある。私は部隊の司令部にも出入りしていたので、階級に関しても詳しく、記憶に間違いはありません。彼は法務官で、中尉《ちゅうい》か大尉であったと思う」

法村氏の言う法務官とは、海軍法務科士官のことで、その名の通り軍法会議を取り仕切る専門職の士官であり、軍法を犯した海軍将兵や、治安を乱すなどの罪を犯した外国人捕虜などを裁く権限が与えられていた。法村氏の証言が正しければ、艦隊司令部直属の法務科士官の一人が、処刑現場に立ち会っていたことになる。当時のスラバヤで、法務科士官は唯一《ゆいいつ》、第二南遣艦隊司令部直属の軍法会議に所属していた。法村氏は、このことが、艦隊司令部が処刑命令に関与していたことを明白に物語っていると言う。

「軍隊に属していない人間には分からないかもしれないが、当時の日本軍では上官の命令は絶対だった。上官を無視し、独断専行で命令を出すなんてあり得なかった。全《すべ》ては上意下達。艦隊司令部の法務官が立ち会っていながら、艦隊司令部は一切命令に関与していないなんて、よく言えたものだと呆《あき》れてしまう」

怒りに震える法村氏。裁判当時も、処刑現場に法務官が立ち会っていたことを証言したという。しかし実際には、戦後、肝心のこの法務官が逃亡してしまい逮捕されなかったために、真相は明らかにならなかった。

なぜ法務官は逮捕されず、逃亡できたのか。意外な答えが返ってきた。

「その法務官逃亡の背後に、裁判対策を行っていた第二復員省が関わっている」

法村氏は当時、裁判が行われたニューギニアに東京から派遣されてきた弁護人から、そう聞かされたことがあるというのだ。

「第二南遣艦隊は法務官を逃亡させたんですよ。お前がいたら俺たちが絞首刑になるって。二復は、マッカーサー司令部が誰を逮捕するか分かるんですよ、事前に。東京の第二復員省は海軍の組織ですから、これはって時は海軍にとって都合の悪い関係者を逃亡させる。つまり、法務官を組織的に逃亡させせたんです」

耳を疑うような話に呆気《あっけ》にとられた。さらに氏は続けた。

「篠原大佐の無念を晴らしてやってください。彼は命令を受け、その命令を指示したに過ぎない。私は司令部の庶務係として二年ほど彼の身近に仕えたこともありますが、篠原大佐は非常に勤勉かつ実直な将校でした。紀律には厳しすぎるくらいな人で、命令違反を犯した部下を容赦なく叱責《しっせき》していました。そんな彼が司令部の命令もないままに、捕虜処刑という重要な命令を独断で下すはずがないんです」

篠原大佐の命日にあたる六月十一日。東シナ海を見下ろす小高い丘の上の神社に、深々と祈りを捧《ささ》げる法村氏の姿があった。裁判の結果、無罪となり釈放された法村氏は、日本に帰還して以来五十八年、命の恩人として、毎年欠かさず供養《くよう》を行っているという。

消えた法務官を追う

法村氏の証言の核心は「法務官が処刑現場にいた」ことであると私は考えた。その事実はつまり「実は艦隊司令部が命令を下していた」ことを意味すると捉《とら》えていいのか。私は法務官を追った。

処刑が行われた時期、スラバヤには四名の法務官がいたことが分かった。法務少佐一名とその部下として法務中尉が三名である。改めてオーストラリアの裁判記録を読み込むと、この四名のうちの三名は頻繁に名前が登場するにもかかわらず、ただ一人だけ、ある法務中尉が逮捕も尋問も免れ、敗戦後その痕跡《こんせき》がぱったりと消えていることが浮かび上がってきた。

しかも、裁判で、その法務中尉が処刑現場に立ち会っていたことが事実認定されたが、なぜ居合わせることになったのか、肝心な因果関係は、本人の証言が取れなかったために判明せぬままに終わっている。

この法務中尉はどこに消えたのか。法務科士官といえば主に大卒のエリートを登用した法律の専門家である。その名前を手掛かりに、戦後、法曹登録された人物を各県ごとに照合してみた。すると何と、首都圏のある県で、今も弁護士として登録されている人物の中に、同姓同名の人物が存在したのである。健在であれば年齢は九十三歳。私は興奮のあまり弁護士名と取材ノートにあるその名前を何度も見比べてしまった。この人物が、本当に捕虜処刑の現場に立ち会っていたという法務中尉なのか。

経歴を確認するため、平静を装《よそお》いながら弁護士会に電話を入れてみた。すると窓口の女性が、個人情報に関する問い合わせには答えられないとしながらも、この弁護士がいまも開業していて健在であろうことを告げた。そして海軍の出身で、戦前は法務関係の士官としてインドネシアに勤務していたことを記憶していた。

間違いない。この人物が全てを知っているはずだ。

弁護士事務所に向かった。どう声をかけるべきか何種類ものシミュレーションを頭の中で繰り返しながら、また、決して過去を責め立てるようなことはせず、あくまでも真実を語ってもらえればいいのだ、そう自分に言い聞かせ、さまざまな思いを巡らせながら、電車に揺られていた。

ようやく到着した事務所に人影はなかった。聞くと、持病を悪化させ入院中であるという。病院に直接出向くことも考えたが、まずは手紙を書き、真実に迫りたいという思いを伝え、力を貸してほしいと願った。二度、書簡を往来させたが、

「事件のことは何も覚えていない。いまさら話すことは何もない」

と取材は拒否された。

返信の文字はところどころ弱々しく、乱れがちであったことが印象深い。病に蝕《むしば》まれながら懸命に書いた文面に違いない。そう思った。しかし、それ以上、話を聞くことはできなかった。敗戦以降、今に至るまでの彼の長かった後半生に思いを馳《は》せた。

「それでも、真実を探りに直接病院を訪れるべきではなかったか」

いまでも時折こう思う。果たして正解は何だったのか、と考え続けている自分がいる。

事件の真相を示唆《しさ》する元法務中尉の証言

艦隊司令部所属の法務官が処刑現場に立ち会うとはどういう意味なのか。事件の起きた昭和二十年の同じ時期に、スラバヤに赴任していた同僚の法務中尉がもう一人、横浜に健在であることが分かった。敗戦から六十四年も経《た》つというのに、いまも関係者を取材できることに感謝しながらも、残された時間はそう多くないと、元中尉の入居する高齢者施設に急行した。

杖《つえ》をつきながらもしっかりとした足取りで応接スペースに現れた元海軍法務中尉のS氏。処刑の前後、シンガポールへの長期出張中であったため、スラバヤ事件については関知していないという。関与は早期に否定されていたので、この件に関するGHQの取り調べは受けなかったと話した。また、別の任地で起きた事件に関して取り調べを受けていたために、スラバヤ事件そのものの詳細や、裁判の推移を殆《ほとん》ど知らなかった。それでも、あくまで一般論であると断りながら、さまざまな重要な示唆を与えてくれた。

まず、事件当時のスラバヤについて、法務官四名は繁忙を極めていたと語り出した。昭和十九年になると、戦況が悪化して抗日スパイ容疑の逮捕者が増えたこと、また、空襲に来て撃ち落とされた爆撃機搭乗員など敵軍捕虜の扱いが増加し、各地で軍法会議が頻繁に開かれたからだという。一方で、戦場の緊張感から軍紀が厳しく統率され、一般的に言えば、捕虜処刑が独断で断行されることは考えにくかったと指摘した。

「独断による捕虜処刑、スラバヤでそんなことは殆どあり得ませんね。つまり国際法上も許されないことですから。そういうことは各部隊とも責任ある人は承知していますからね。そんなことはしません。だから、どの部隊も独断でスパイや捕虜を殺したりはしないし、そんなことをしたくないからこそ、何でもかんでも艦隊司令部に逐一相談してきた。だから、我々の繁忙さは尋常じゃなかった。法務官は四名しかいないのに、何でも軍法会議にかけるとなるんだから。だから、多くの案件は、最終的には軍法会議に持ってきて、軍法会議で処分する。決定はね」

そもそも軍法会議とはどういったものなのか、私の質問にS氏は懇切丁寧に応じてくれた。

軍法会議には二種類あるという。軍人・軍属が犯した罪を海軍刑法に則して裁くことと、占領地の治安を乱した者やスパイなどを『軍罰処分令』に則して裁くことの二つで、後者の裁きの根拠となる『軍罰処分令』は日本軍将兵には適用されず、主に敵性外国人（現地住民スパイや捕虜など）に適用される。スパイ活動などを通じ、日本軍に危害を加えるおそれがあると看做《みな》された場合に、軍法会議が開かれ、処刑を含めた処分を審理するのだという。

『軍罰処分令』は艦隊司令官が発布する命令であるという。捕虜の取扱いが、艦隊司令部の管轄《かんかつ》事項であることの根拠がここにあるとS氏は証言した。つまり、スパイなどの罪に問われた捕虜の処遇は、艦隊司令部直属の司法機関である、軍法会議が軍事裁判を実施して処刑か否《いな》かの判決を下していた。そのため正式な処刑の現場には、必ず検分役として法務官が派遣され、処刑に立ち会うことになっていたのだという。

「非公式にやった事件に法務官はのこのこ立ち会いに行きませんよ。もし非公式なら、本当はやっちゃいけないことをやってるんだから。そんなところには立ち会いませんナ」

元法務中尉のS氏は、あくまで一般論と前置きしながら証言をしてくれた。彼の証言は、事件の真相を何よりも雄弁に物語っているように私には感じられた。私は聞こうと決めていた質問を最後にS氏にぶつけてみた。

「篠原大佐は罪をかぶせられたと考えるのが妥当でしょうか？」

しばらく沈黙した後、私の眼を強く見入るようにS氏は答えた。

「私は一般論としてお答えしたまでです。あの事件のことは何も知らないと申し上げたでしょう。いまさら何が本当だったかなんて誰にもわかりません。知ったところで何にもならないのです」

真実を知っても何にもならない、本当にそうなのだろうか。釈然としない気持ちを抱いたまま、私はその場を辞した。S氏の話を聞くことができたおかげで、少なくとも艦隊司令部が捕虜処刑の実施を認識し、法務官を現場に派遣していた構図が明らかになった。

豪州人捕虜遺族の沈痛に触れて

このスラバヤ事件の取材で、われわれにとって、忘れられない出会いがあった。その出会いによって、私たち取材班の視点がときに表層的で、日本人本位の一方的なものであったことを痛感させられたのである。

私たちロケクルーはスラバヤ事件に関する裁判資料の撮影のため、オーストラリアを訪ねた。その際、リサーチャーの山田功次郎氏から、処刑された捕虜の甥《おい》がシドニー郊外で見つかったと告げられた。篠原大佐がこの事件の犠牲者であると捉え始めていた私には、この事件に本当の〝被害者〟がいるという視点が抜け落ちていた。まさに国際法に反して不当に処刑されたオーストラリア人兵士その人たちである。思わぬ提案であったが、少しでも取材を深められるならと、すぐにアレンジを依頼した。

シドニーから郊外に向かう約二時間の道中、運転席の山田氏から、そもそもこの事件がなぜ発覚したのか、取材によって明らかになった経緯の説明を受けた。

終戦後、スラバヤへ侵攻したオランダ軍が日本軍の施設を接収、その際、海軍基地内にあった牢獄《ろうごく》の壁に、ある落書きを発見したのだという。そこには、

「これを見た人は、どうか私の父に連絡を取り、私がここにいたことを知らせてください。住所は……」

とあった。この落書きを発見したオランダ兵は、イニシャルを頼りに遺族を割り出した。そして手紙を書く。手紙によって息子の没した地を知った家族が、それまで不明とされていた息子の死について、軍に改めて問い合わせを行った。それを契機に、GHQが捜査を開始し、日本海軍スラバヤ守備隊による捕虜処刑の事実が発覚したのだという。

私の気持ちはざわついていた。処刑された兵士の家族はどんな思いで戦後を生き、あの事件をどう受けとめているのか。

初めて、被害者の存在に思いを馳せた。

このときまで、捕虜処刑は艦隊司令部の命令だったのか篠原大佐自身の命令だったのか、責任は誰にあったのかと、海軍内部での責任の所在をはっきりさせたい、その一心で取材を重ねてきた。私は大事なことを忘れてしまっていた。誰が責任者であったにせよ、処刑によって命を落とした兵士がおり、またその遺族がいること。本当に遅ればせながら、そこに気づかされたのである。

郊外の閑静な住宅地にジョン・サックス氏の自宅はあった。元政府高官の娘だという陽気な夫人と並んで我々の到着を出迎えてくれた。終戦直後の生まれで、六十歳を越えたサックス氏は、実業家として成功し、今は子供も独立して夫婦二人、穏やかな生活を営んでいるように見えた。簡単な挨拶《あいさつ》を交わし、さっそくインタビューの準備を始めると、彼はおもむろに、今回、我々の取材を受けることにした動機を語り出した。

「私が日本人と直接話をするのは初めての経験になると思います。物心ついたときから日本人というものを避けてきました。できればずっと関わりたくないと思っていました。しかし、日本人が自ら犯した罪に向き合おうとしている、向き合わなければならないと考えているのであれば、自分たち家族の気持ちをお伝えする意味があるのではないか、そう考えたのです」

サックス氏は処刑されたオーストラリア兵の甥にあたる。

ジョン・サックス。その名は、亡《な》くなった叔父と全く同じ名前だった。終戦直後にサックス氏が生まれたとき、亡くなった兵士の兄であったサックス氏の父が、「家族の英雄、弟ジョンの生まれかわり」として、わが子に同じ名前をつけることにしたのだという。

サックス氏は自分の名前に込められた思いを、物心ついたときから両親に聞かされて育った。そのため、叔父の存在を強く意識し、大学生になると、叔父の軍歴や戦闘記録、裁判記録など、ありとあらゆる情報を入手し読み込んだという。当然、裁判の中で、日本海軍の将兵同士が、命令責任の所在をめぐり争ったことも知っていた。

「叔父は腕利《うでき》きの陸軍パイロットでした。スラバヤ上空で撃ち落とされ捕虜になった英雄です。捕虜は敬意をもって遇されるべきであると国際法では規定しています。しかし、裁判記録を読んで驚きました。刀によって斬首《ざんしゅ》されるなど、あまりにむごい殺され方でした。しかも、その死への追悼の言葉は一切なく、裁判ではひたすらに責任の押し付け合いがなされていました。裁判記録からは、捕虜の虐待《ぎゃくたい》という卑劣な犯罪行為が行われたという反省は全く読み取れませんでした」

サックス氏は最後に、今なお多くのオーストラリア人遺族が、日本と日本人に対して、複雑な気持ちを抱き続けているという現実を率直に言った。

「ここオーストラリアでは、第二次大戦時、日本軍がアジア各地で多くの戦争犯罪を犯したことは皆よく知っています。歴史の浅いこの国では、あの戦争は大事件でしたからよく勉強するのです。もちろん戦争は善悪だけで語れるほど単純なものではないと認識しています。しかし犯してしまった悪いことは素直に認め、謝罪する姿勢がなければ、悲劇的な歴史はまた繰り返されるのではないかと心配してしまいます。

日本では戦争というと、ヒロシマ・ナガサキのことばかりを学ぶと聞いたことがあります。それは確かに大変不幸な悲劇でしたが、一方で加害者としての歴史もしっかり知るべきです。親日的と言われる豪州でも、戦争時代の日本の行いから、日本を絶対許せない、日本人と話もしたくないと思っている人間が少なからずいることを知っておいて下さい。両者の溝は時間が解決するのではありません。罪を認め、悔い改める姿勢があって初めて、お互いの気持ちの雪解けにつながるのではないでしょうか」

その指摘に、私は何の反論もできなかった。実は、私の妹はオーストラリアで結婚し、この地に二人の子供たちと暮らしている。

「皆良くしてくれるし、住みやすい国だ」

妹がいつもそう言っていることを思い出していた。自分も含め、私たちは、あの戦争の時代に祖父の世代が戦地で何をしていたのか、余りにも知らな過ぎる。戦った相手の側には、あの戦争をよく知り、何十年たっても忘却できない人たちがいる。そうした事実を、痛感させられた。

悲惨な歴史であればあるほど、正視することは難しい。そう思う。しかし、悲劇を生んだ過去の傷痕《きずあと》は時間が解決してくれるのではない。番組で取り組まなければいけないテーマは、過去の事実を明らかにするだけではない。戦後六十年以上が過ぎたが、歴史を直視し、どう向き合うのかが、問われているのだ。改めてそう強く感じながら、インタビューを終えた。

「上を守って下を切る」

戦勝国による一方的な裁判に対抗するため、組織を挙げて裁判対策を行っていたという第二復員省、二復は、この事件にどうかかわったのか。

篠原大佐が死の間際《まぎわ》に家族に宛《あ》てた手紙には「彼ら（艦隊司令部）と共謀せる二復」と記され、実際に捕虜処刑を行うことになった法村氏は「二復が法務官を逃亡させた」と証言した。

裁判対策を担《にな》った豊田隈雄元大佐の遺品として防衛研究所に寄贈された裁判関係資料の中に、ＢＣ級裁判に対する二復の弁護方針が手書きで記されたメモが見つかった。元大佐の部下で、ＢＣ級裁判の対策を担当していた二復班長から、弁護人に宛てられた昭和二十一年作成のメモである。

「陛下に累《るい》を及ぼさないために中央に責任がないことを明かにしその責任を高くとも、現地司令官程度で止《とど》めるべし」

「問題は責任の遡上《そじょう》をどこで食いとめるか」

この方針がどこまで徹底されたのか、また、二復が本当に関与していたのかなど、詳細を窺《うかが》わせる資料はこれ以上見つからなかった。しかし、実際の判決が多くを物語っていると考えられる。豊田元大佐が裁判直後に記した手記にはこうある。

「ＢＣ級刑死者は海軍で二〇〇余名。その殆《ほとん》どが現地守備隊士官で、艦隊司令官以上の天皇親輔《しんぽ》職では死刑はひとりもなかった」

天皇親輔職とは、天皇から直々に任命された艦隊司令官などの高官を指している。つまり任命権者が天皇であることを意味した。見つかった二復メモに記されていた「陛下に累を及ぼさないために責任は現地司令官程度に止めるべし」という基本方針が徹底されたのか確認することはできないが、事実として、天皇に最も近い親輔職に対する極刑判決はゼロであった。
　ＢＣ級裁判の裁定は、二復にとって、まさに構想通りの結果となっていたのである。

なぜ戦争犯罪が多発したのか

　第九十三回の反省会では、戦場で多発した海軍の戦争犯罪について、具体的な言及がなされていた。昭和十二年の南京事件など、陸軍による戦争犯罪は戦後ひろく公《おおやけ》にされてきたが、テープの中では、海軍も同様に凄惨《せいさん》な戦争犯罪を重ねていたと語られている。その内容に驚かされた。
　以下の二つの発言はいずれも、海軍側の弁護人として、実際にＢＣ級裁判に参加した元海軍大佐が、裁判を通じて見聞きした犯罪事例について述懐したものである。

「陸軍の人にいわせると、海軍というところは俘虜《ふりょ》の取り扱い、思い切ったことをやるもんですなと言われてる。それは海軍側の俘虜、そこに関する大胆さといいますか、証拠隠滅の、まあ大胆さの例を二つ、私がラバウルでもグアム裁判でも経験しておりますので、これをここで披露しておきますと、一つはウェーク島の事件でありますが、これはウェーク島に艦載機が、母艦の艦載機が猛烈な空襲をやったわけなんです。そうしますと、その、アメリカ海軍のやり方からすれば、空襲で、母艦の空襲でやった後に上陸をするということが大体常識と考えられるわけです。それで、グアム島には、設営隊の、シビリアンの設営隊の相当数を残しておったんです。それをですね、いよいよ明日米軍が上陸するというので、これは、内部で反乱されては困るというので、俘虜を全部ですね、海岸に並べて、撃ち殺してしまったわけです。ところが一人だけ海へ逃れてですね、それで生き残ってたのが、あとでそれが出て来て、米軍のシビリアンの設営隊全員殺したということが分かったんです。それでもちろん死刑、え〜、司令は死刑の宣告になったんですが。まあそういう生き残りを、俘虜全員を刺殺して殺して証拠隠滅を図るといったような、その、グアム島のウェーク島事件」

「もう一つは、ナウル、オーシャン。ナウル島の事件ですが、これは終戦後なんですよね。あの、ナウル島で、島民を疎開《そかい》させるためによそへ船で送り出して、そして実は途中で死んでしまったり、要するに住民殺害の事件があったわけです。それが終戦後ばれると困るというので、終戦後残っていた婦女、老人から在島の住民全員をですね、海岸の崖《がけ》の上に並べて、これも機銃で全部殺してしまったと。そしたらこれまた一人、海岸から飛び降りて、洞窟《どうくつ》のようなところに残ってたのが、豪州軍が上陸してきてから、ノコノコ出てきて事実を話したと。要するに海軍の人の、その、俘虜取り扱いに対する考え方は、陸軍の人にいわせると、まあ、実に思い切った大胆なことをするという、まあ、私が陸軍の人からも言われ、また自分も痛感した、え～、俘虜取り扱いに対する海軍側の感覚といいますか、あるいは戦犯に対する証拠隠滅に対する、私もラバウルでも証拠隠滅を図ったんですけども、まあ、生き残りの人を全員殺害して証拠隠滅を図るといっても今のように二つとも生き残りの人が一人ずつ出て、あの、証拠がばれてしまったという事件がありました」

　戦場に立つことなく敗戦に至った無念から、裁判対策を「第二の戦争」と位置づけ、海軍のために奮闘した豊田元大佐。多くの戦犯裁判に関わる中で、豊田元大佐は、自分が知っている日本海軍の姿とは異なる、知られざる、あるいは、知りたくなかった現実に触れることになったのではないか。そして、少なからぬショックを受けたのではないだろうか。全《すべ》ての裁判が終了した後に、海軍の戦争犯罪について、次のように綴《つづ》っている。

「拙劣無謀な戦争遂行策のもと、たしかに行きすぎた事件が各地で発生したことは否定できない」（『戦争裁判余録』）

元大佐は反省会の中で、軍令部の参謀などの参加メンバーに対し何度も同様の質問を投げかけている。戦時中、海軍は民間人や捕虜をどう扱っていたのか。なぜ行き過ぎた事件が多発したのか、という問いかけであった。

「佐薙さん、軍令部でその当時、何かそういう面に感じたことはないかな?」（豊田元大佐）

「当時の空気としては、軍令部としては一兵でも多く敵兵を殺すと。こちらは数が少ないんですけどね、相手が多いから、向こうの兵隊を殺すと。一兵でも多く殺すという空気がありましたね、確かに」

質問に答えたのは佐薙毅元大佐である。太平洋戦争開戦の前年にあたる昭和十五年から昭和十八年にかけて軍令部一部作戦課に在籍した。作戦参謀として、軍令部の中《ちゅう》枢《すう》にいた人物である。この第九十二回反省会では、佐薙大佐に続けるように、別の海軍大佐が具体的な事件を引き合いに出し、発言している。

「私はもっと前に、たとえばサンソウ島事件というのがあって、昭和十三年かな。サンソウ島事件というのがあって、私はその後行ったんですが、臭くて死臭が。あのサンソウ島に海軍の飛行場を作ったんです。飛行場を作るのに住民が居るもんだから、全部殺しちゃったんですよ。何百人も殺した。（略）ようするに支那《しな》事変の頃から人間なんてのはどんどん。作戦が第一なんだ、勝てばいいんだ。そういう空気でしたよ、あの頃は」

「こっちは負けてるんだから」（発言者不明）

「いや勝ってる時からやってんだ。勝ってる時やってるんだからね」

発言の主は大井篤元大佐。中国に派遣された艦隊の参謀を務めた。戦況悪化が戦争犯罪につながったという解釈を唱える他のメンバーに対して異を唱え、太平洋戦争開戦の三年も前に発生した、「サンソウ島」という中国の島で起きた事件に触れている。

この日の議論を境に、反省会ではしばしば海軍の戦争犯罪について議論が交わされている。その中で私が注目したのは、一年三ヶ月後の第百六回の反省会。捕虜や民間人の保護などを定めた国際法をめぐって議論が行われた。このとき初めて、豊田元大佐が戦争犯罪多発の背景についての持論を展開する。

「海軍も陸軍と並んで沢山の戦争犯罪を出したことに関連して日本が戦前のジュネーブ条約を批准《ひじゅん》していなかったために、これが前線の部隊の末々まで充分留意してやれということが徹底しないままで戦犯事犯が起こっておるわけであります。
一九四二年の一月二十九日、英米は日本に対し相互条件下に、その俘虜及び抑留者に対しジュネーブ条約を準用すべき旨《むね》通告をしたと。（略）それが一つも徹底していないんですね、先々に。それが戦線によく伝わっておらなければ何にもならないわけですが、その、十分の努力をしていないわけです。だから、これがひとつ、やっぱり今度のいろんな問題が沢山起こった一つの、やっぱり原因になっておるんじゃないかと思います」

捕虜の取り扱いについて定めているジュネーブ条約を批准していなかったことから、

国際法の教育が徹底していなかったと豊田元大佐は分析した。

調べてみると、この捕虜取り扱いに関する条約の批准に最後まで反対したのは実は海軍であった。一九三四年に枢密院本会議で批准を検討した際、陸軍は譲歩の姿勢を見せた一方で、海軍は最後まで首を縦に振らなかった。その理由として、海外戦地で発生した捕虜の輸送を担うことに触れ、「米英との海軍力に差がある中、輸送能力が劣る日本海軍にとって不利な条約」であり、さらに、日本将兵が捕虜になることを潔《いさぎよ》しとしない中での批准は「片務的な条約である」と主張した。

その点について、先に触れた大井元大佐が、改めて自らの中国での経験をもとに、海軍が反省しなければならない思考法について言及している。

「我々は捕虜と言っておったんですが、そういうものの人権なんていうのは全く無視しているんですよ。ことに捕虜どころではない市民にまで酷《ひど》いことしてるんですよ。サンソウ島に三連空（第三連合航空隊）の飛行場をつくったんですよ。その時も行きました。とにかくもう、あの頃からね、私は満州だとか、日中戦争あの頃がね。あの癖がついたんじゃないかという気が非常にするんですよ。太平洋戦争になると、何であんなに日本の人たちが残酷になったのかと」

捕虜取り扱いに対する意識の低さを、大井元大佐は、厳しく指摘していた。

元大佐について詳しく調べてみると、海軍戦史の権威として著名な人物であることがわかった。戦中の昭和天皇の考えを生々しく伝えているという点で、昭和史の第一級資料とされる『高松宮日記』の編纂者《へんさんしゃ》の一人にもなっている。高松宮家から請《こ》われたのだ。戦前は、海軍から派遣されて東京外国語学校（後の東京外大）で英語を修め、アメリカの名門ヴァージニア大学およびノースウエスタン大学に留学。その後ワシントンの日本大使館に勤務するなど、海軍指折りの国際派とされた人物であった。

海軍切っての国際派にして戦史の権威・大井元大佐の発言に登場した「サンソウ島事件」。その語り口は屹然《きつぜん》としており、確信に満ちた発言であるように聞こえた。私には、彼が反省会を通じ、後の世に語り残さねばならないと強く考えていた事件であるように思えてならなかった。

サンソウ島で一体何が起きたのか。大井元大佐のいう人権感覚の欠如とは。その実態が分かれば、反省会で指摘された海軍の戦争犯罪の問題、その本質の一端が見えてくるかもしれない、と考えた。それまで名前も聞いたことのない中国の島で起こった事件について、取材を開始した。

大井元大佐が言及したサンソウ島事件

サンソウ島という名前を聞いて、何らかのイメージが湧《わ》く人はほとんどいないのではないか。私はテープを聞いた直後、その島が中国のどこに所在するのかすら全く分からなかった。中国全土の地図を広げてみたが、それらしき名前の島を見つけることができなかったのだ。

中国の事情に詳しい同輩に相談すると、中国では、軍事施設が含まれる場合には、小さな島は地図に地名が表記されないケースもあるのだという。資料や情報収集の難しさを予見させる、そんな取材のスタートとなった。

わが国唯一《ゆいいつ》の公刊戦史とされる『戦史叢書』と睨《にら》めっこする時間がしばらく続いた。すると、海軍関係の戦史を詳述した巻の中で、複数回「サンソウ島」と呼ばれる地名が出てきた。漢字表記は「三灶島」。戦史叢書によれば、日中戦争下、蔣介石《しょうかいせき》率いる中華民国を軍事援助するため主にアメリカ、イギリス、ソ連が作った「援蔣ルート」の遮断を図り、海軍が昭和十三年一月に上陸占領し、「昭和十三年四月、第十四航空隊基地として三灶島に飛行場を建設」したとされていた。海軍が海外に獲得した初めての航空基地で、同年には、当時最新鋭の攻撃機が配備され、中国本土への爆撃拠点として使われていた。

「昭和十三年かな。サンソウ島事件というのがあって、私はその後行ったんですが、臭くて死臭が。あのサンソウ島に海軍の飛行場を作ったんです」

戦史叢書に書かれた「三灶島」に関する記述と大井元大佐の証言内容は一致していた。「サンソウ島」は「三灶島」のことを指している。そう考えて間違いないと確信した。

やがて、戦前の日本の新聞にも何度か登場している地名であることが分かった。沖縄の地方紙であった「沖縄日報」の昭和十四年の記事によると、海軍が島を占領した翌年の昭和十四年五月には、島内での食糧増産のため、沖縄から農業移民が派遣される方針が決定している。さらに、入植直前に沖縄県が実施した三灶島に関する事前調査の報告記事もあった。

「△△島には一千町歩の広大かつ肥沃《ひよく》な水田が広がっており住民は一人もいない。そこに五十世帯前後を派遣すれば、最も理想的な田となるであろう。島に入ってしばらくは生活は海軍が世話する。海軍も大変歓迎している。米は最終的には海軍が買い取ることになると思われ、三反歩前後の野菜も海軍に納めることになるという」

興味深いのは、農業移民が送り込まれる先の三灶島の名前が黒塗りになっていたことが窺《うかが》える。海軍航空基地の島として、当初国内では軍事機密扱いになっていたこと。昭和十四年暮れになると、ようやく黒塗りが外され、新聞記事に「三竈（灶と同意）島」という島名が記載されるようになっている。

さて、新聞記事にあった「住民は一人もいない」との記述が気になった。

昭和十四年九月に三灶島に向け第一次の移民が渡っている。その新聞記事を頼りに私たち取材班は沖縄に飛んだ。新聞に地名の出ていた沖縄本島南部の旧大里村。この村で聞き取りを続けると、当時成人していた移民の多くは既に亡《な》くなっていた。しかし幼少期や国民学校時代を同島で過ごしたという元移民が健在であることがわかった。

個別の記憶は曖昧《あいまい》であるという理由から、今は沖縄各地でそれぞれに暮らしている元移民たちに旧大里村の公民館に集まってもらい、証言を聞くことになった。その数八名。最高齢は移民当時十歳だったという八十歳の男性で、それぞれ昭和十四年ないし十五年に入植した。昭和二十年の敗戦の混乱の中、命からがら日本に帰国した苦難の経験を共有している。公民館に一人またひとりと親族に付き添われてやってくると、さながら同窓会のようにお互いが再会を祝し合った。重々しい雰囲気での聞き取りになるのではと覚悟していた私たちであったが、意外なほど和やかな空気の中、証言取材を始めることができた。

入植当時の様子を聞いた。広い田んぼや畑が手つかずで放置されていたこと、元々の島の住人たちのほとんどが島の外に逃げていたらしく既に空家となっていた家々に入居したこと、移民の役割は田畑を整え海軍に米や野菜を納入することだったこと、さらには、島に残っていた中国人は農繁期に各戸に手伝いに来ていたことなどを、それぞれの記憶をたどりながら証言してくれた。

日本人移民のほとんどは沖縄出身者で、終戦までに入植したのはおよそ四百人だった。海岸沿いの平地に築かれた海軍航空基地を扇の要《かなめ》の位置とすると、移民たちは基地を囲むように出身地ごとに集落を営み、その更に外側に、元々の住民であった島に残った中国人が集団で移住させられたという。移民家族の生活は、基本的に沖縄での暮らしとほぼ同様であったというが、ただひとつ大きく違うことがあった。それは、各戸に海軍から拳銃《けんじゅう》が配られ、成人男性には射撃訓練が課され、毎晩交替で海岸線の見回りに出ていたことだという。銃など持ったこともない父親や親族が険しい表情で夜な夜な警戒に出かける姿を、それぞれが鮮明に記憶していた。農業移民とされては

いたものの、いわゆる屯田集落として、海軍基地を守る人垣としての役割も担《にな》ってい
たのだろう。
ある程度の証言を得た上で、最大の関心事について聞いてみることにした。
移民が入植する前、海軍は島民を殺害したのかどうか。
元移民たちはそれぞれに顔を見合わせるようにゆっくり記憶を確認しているようで
あった。まず最年長の男性が口を開く。
「はっきり詳しいことはわかりません。そういう噂《うわさ》はあったが……自分たちが島に行
った時にはもう飛行場は完成していたし。直接見たわけじゃないので」
この男性の発言をきっかけに、当時国民学校に通っていた男女の何人かが、入植当
時について証言した。そのうちのひとりが、
「島に行った時期は骨がね、畑なんかにあちこち転がっていて、泣いていましたよ、
お母さんたちは。恐ろしい恐ろしいって言ってね」
証言をしてくれた元移民たちは皆、入植時に十歳前後であり、記憶は断片的であっ
た。そのため、大井元大佐のいう三灶島事件の概要が明らかになるような証言を得る
ことはできなかった。私たちは国内での関係者捜索や海軍資料のリサーチと並行しつ
つ、三灶島で現地取材をすることに決めた。

現地取材から見えてきた海軍支配の実態

三灶島は中国本土南部、香港《ホンコン》の西およそ八十キロに位置する周囲約十数キロの小さな島である。沿岸開発の結果、いまは大陸と地続きとなっており、島ではなく三灶鎮と呼ばれる行政区となっている。中国人民解放軍の兵舎が置かれるなど、軍事施設も含まれるため撮影の難しい地域であることが事前取材で分っていた。

取材班は、ここまでの全《すべ》ての取材を共にしてきたカメラマンの佐々倉大、音声・照明マンの森山正太に加え、通訳コーディネーターの楊昭氏と私の計四名。番組放送の四ヶ月前にあたる二〇〇九年四月初旬に広州経由で現地入りした。

経済特別区・珠海市金湾区三灶鎮は現在、北京《ペキン》や上海《シャンハイ》などから直行便が乗り入れる、中国本土最南端の空港を抱え、順調な経済成長を続けていた。珠海空港は、七十一年前に海軍が作った滑走路を土台に整備されたものだ。

三灶鎮の中心地に入って我々がまず驚いたのは、多くの日本企業の工場が並んでいるその光景だった。日本の食品メーカーや機械メーカーが進出し、地元の雇用創出に貢献している。案内役の三灶鎮共産党委員はそう解説してくれた。これから自分たちが取材しようとするテーマを考えたとき、非常に複雑な思いに至った。

近年の経済成長で様変わりしたかのように見える島ではあるが、住民やゲリラを監視するために設置された、集落を見下ろす丘上のトーチカなど、海軍が占領していた当時の痕跡《こんせき》が今もあちこちに残っていた。

私たちはまず、現地の公文書館にわずかに残されていた「三灶島」に関する中国側の資料を繙《ひもと》いてみた。戦後にまとめられた『中山抗戦初期史料考述』（中山市文史資料委員会編）によると「三灶島に上陸・占拠した日本軍は昭和十四年四月十二日から十四日まで島で大虐殺《ぎゃくさつ》を展開。まずは魚弄村で五百八十六人を殺害、続いて全島三十六の村落に同時に放火、三千二百四十軒の家屋、百六十四艘《そう》の船を焼き払った。この三日間の犠牲者は二千人余りにも達した」とある。さらに「飛行場建設のため日本軍は現地および中山県で強制労働のために人々を拉致《らち》、飛行場の建設後には彼らを虐殺、あるいは海の中に追い立てて溺死《できし》させた」と記されていた。

私たちは、まずは専門家の意見を聞こうと、周辺の戦史や戦後史を編纂・検証しているという珠海市共産党歴史委員会の主任研究員を訪ね、この事件の裏付けがどこまでなされているのか、あるいはなぜ、戦後の戦犯裁判で事件が訴追されていないのかを尋ねてみることにした。

文書資料に覆《おお》いつくされた自室で取材に応じた主任研究員は、非常に穏やかな態度

で私たち取材班の来訪を迎え、

「歴史を取り戻すことはできないが、歴史から不断に教訓を受け取ることはできる」

そう言って、二時間にわたって私たちの取材に丁寧に応じてくれた。彼によると、中国側資料の住民殺害の実態や被害者数などは、終戦後の聞き取りをベースにしているが、聞き取り時の一次資料が紛失しており、どの程度信憑性《しんぴょうせい》があるのか、今も検証が続いている。市政府も具体的な被害者数を公的には表明していない事件なのだという。しかし、戦中、島に暮らしていた人たちへの聞き取りから、海軍の占領後、少なからぬ島民がスパイ容疑などで殺害され、また、残された島民は滑走路の建設や軍施設の造営のために総動員されたことは疑いようがないという。

加えて、大陸南部のこの辺り一帯は、戦後、非常に難しい立場に置かれたため、戦争被害の実態が解明されずに六十年以上が経過してしまったのだとも指摘した。

日本との戦争が終了した後、中国では蔣介石率いる国民党軍と毛沢東率いる共産党軍の国共内戦が激化。そのため対日戦争の被害実態の把握は二の次にされた上に、日中戦争の当時、国民党側が大陸南部を実質的に支配していたため、内戦に勝利した共産党政権はこの地域の戦争犯罪の掘り起こしに熱心ではなかったのだという。そういった諸事情が複雑に絡《から》み合い、実態解明が進んでこなかったのではないかと示唆《しさ》した。

次に、私たちが希望したのは、海軍の上陸占領時の様子を記憶にとどめる島民の取材であった。しかし簡単には進まなかった。何しろ七十一年も前の出来事である。当時十歳の子供が八十一歳になる。この地域に詳しい、鎮政府の広報担当・張氏が連日私たちの取材に同行し、集落ごとに「海軍が島を占領したときの記憶を話してほしい」と説得してくれた。話を聞きに訪ねた高齢者は二十人あまり。認知症を患《わずら》っている老婆《ろうば》、記憶は鮮明だが、海軍が上陸した直後から島を離れてしまっていた老人など、該当者が現われない状況が続いた。

島に入って三日。ようやく探し求めていた人物に出会うことができた。滑走路と隣り合わせの地区に、当時から暮らし続けている陳福炎さん、七十七歳である。海軍がこの島を占領したのは七歳のときだったが、激変した島の様子を鮮明に覚えており、また後日、周囲の大人から聞かされたことも証言してくれた。

上陸直後、歩哨兵《ほしょうへい》が島の見回り中、何者かに殺害された。それ以降、日本海軍の島集落への厳しい対応が始まった。住民は夜陰にまぎれて島外に逃れるか、島内移住を余儀なくされ、海軍管理下で暮らすことを強いられたのだという。島に残された住民の生活は、極めて制約の多いものだったようだ。

陳さんの証言である。

「昼間でも夜でも雨風が吹き荒れるようなときでも、彼らは全員の名前を点呼するんです。老若男女《ろうにゃくなんにょ》、年齢まで一日二回。その都度基地に連れて行かれたのですが、集落の村人全員で行かなくてはなりませんでした。真ん中にも周囲にも機関銃を持った人が立っていて包囲されていました。通訳が私たちに言いました。人数が合えば安全に帰ることができるが、一人でも多かったり少なかったりしたら、面倒なことになる、殺される、と。あるとき、私の両親、それから私の叔母たちが連行されていきました。そのときは内心とても怖かったです。兵士や、機関銃がそこにあるのを目にしました。私は二回、連行されました」

「海上を封鎖され、海に出られなくなり、島の外の世界との連絡を遮断され、夜、他の家を訪ねることも禁じられました。私たちがもっとも苦しかったのは、マッチすらなかったことです。米、野菜、果物はすべて自分たちで育てたものでした。でも、火を点《つ》けるものがありませんでした。原始的な生活は大変な困難を伴いました。船の行き来ができないので、あらゆるものが島に入って来なくなりました。大変貧乏をしたことが忘れられない」

島に海軍航空基地が出来あがった。爆撃機の発着回数など、海軍にとっての重要な機密を守るため、陳さんたち住民はその行動を徹底的に管理され、外に出ることは一切禁止されたのだという。

陳さんは、海軍によって多くの住民が殺害されたことは明白な事実だと、繰り返し強調した。自身、親族を失っている、と言う。隣家に暮らしていた当時三十歳前後の従兄《いとこ》が、海軍占領下の拘束を嫌い、同志たちと島を脱出しようとして捕まり、スパイ容疑で銃殺されたのだという。私たちに生前の従兄の写真を見せながら、悔しそうに語るその声は怒りで震えていた。

実態窺わせる日本側資料『三灶島特報』

中国入りの直前、私たちは、占領直後の島の様子を僅《わず》かに窺い知ることができる海軍側機密資料を発見していた。東京・恵比寿《えびす》にある防衛研究所の収蔵資料の中にあった『三灶島特報』だ。三灶島に建設された第六航空基地司令官の手による報告書で、上陸占領から五ヶ月後に第一号（一九三八年六月十五日）報告がなされ、第五号（同年十月一日）までの計五巻が存在した。毎月の戦闘機の出撃状況や戦果、島の治安の様子などが、作戦報告として海軍省人事局に送付されていた。

報告書によれば、海軍の上陸から三ヶ月で、島民は一万二千人から千八百人弱に激滅。島民自身の逃亡に加え、島北部の集落への大規模な「掃討作戦」が行われたためだと記されている。当時、各地で抗日ゲリラが組織され、三灶島でも島北部を哨戒していた日本兵が襲われ、死亡。その結果、スパイ嫌疑で掃討したとある。

島でのもう一人の証言者は、島北部の集落に暮らしていた李義興さん、八十三歳。事件のあった当時は十二歳だった。夜明け直後に突如やってきた数十名の日本兵グループが村の成人男性全員を一斉に捕まえたと証言する。父親も同じく捕まった。

その翌日、村に十数名の日本兵が戻ってきて、今度は残っていた女子供・老人を川沿いに並べて、一斉に射撃したと李さんは証言する。李さんは、死体の間に倒れたことで九死に一生を得る。たまたま村外れにいた母と、八歳と四歳になる二人の妹を連れ、家族四人で山中に逃れたのだという。

実際に一斉射撃を受けたという集落内の川沿いに立ち、記憶をたどる李さん。収録する私たち取材班は、あまりに重い告白に圧倒されていた。感情の起伏を感じさせない淡々とした語り口が、証言する者の口惜《くや》しさを却《かえ》って際立《きわだ》たせていたように思う。耳を傾けるのも辛《つら》いような重い証言は、これだけに留まらなかった。

李さんたち一家四人の、日本兵の影におびえながらの山中生活は、四ヶ月にも及んだ。家族は木の実を食べ、雨水で飢えをしのいだが、四歳の幼い妹は次第に憔悴《しょうすい》していったという。そんなある日、家族が息を潜めるそのすぐ近くにまで、山狩りをする日本兵が迫った。そして、李さんは、戦後も誰にも話したことがないという告白を始める。

「突然幼い妹が泣き出したのです。お腹《なか》が空《す》いたか何か別の理由があったのかもしれません……このままでは家族四人とも終わりでした」

「何度もためらいました。でも心を鬼にして妹を絞め殺したのです」

その時まで淡々と、むしろ穏やかともいえる口調で証言を続けていたがこのときばかりは声を詰まらせ、大粒の涙を浮かべながら嗚咽《おえつ》した。そして、李さんは、何度も「妹を絞め殺した」と懺悔《ざんげ》のように繰り返した。通訳を介して私たちに伝えられる、あまりにつらい告白に、カメラを止めることもできず、一同茫然《ぼうぜん》とその場に立ち尽くしていた。

海軍が占領してから終戦に至るまでの七年半、どれだけの島民が命を失ったのか。正確な数字を明らかに出来る資料は日本側にも中国側にも残されていなかった。

大井元大佐が反省会で証言した、飛行場建設に関わる大虐殺が起こったのか否《いな》かも、今回の現地取材では、全体像を明らかにすることは出来なかった。

いずれにせよ、私たちが、ほとんど知ることのなかった不幸な出来事が、かの地で確実に起こっていた。継承されなかったこの負の歴史をどう清算するのか、重い宿題が浮かび上がった。

大切な仲間が遺《のこ》してくれた重い問いかけ

妹を手にかけたという李さんの取材を終えた日の夜、クルーの一人がつぶやいた一言がいまも忘れられずにいる。長時間に及んだインタビュー取材の間、片時も休むことなく、重い音声機材を構え続けた音声・照明マンの森山正太が、夕食を終えてホテルに戻る道すがら私に言ったのだ。

「僕たちの仕事って何なんでしょうね。今日のインタビューを終えて悩みました。つらくてつらくてずっと封印してきた、思い出したくない記憶にマイクやカメラを向けて、あえて心をこじ開けて証言してもらう。そこまでしてもらって番組作って、僕たちは何か彼らに報いることができるんですかね……番組を通じて彼らは救われるのでしょうか」

すぐには答えられなかった。インタビューの直後はショックで茫然としていたが、徐々に、どこかで中国での取材の進捗《しんちょく》に安堵《あんど》しつつある自分がそこにいなかったか。取材の成果に胸を撫《な》で下ろしていたというのが、そのときの私の正直な気持ちだったと思う。森山正太は、そんな私に取材には、番組を制作するには、どういった意味があり、どのような覚悟が必要なのかを問いかけたのだ。

覚悟の上で証言をしてくれた取材相手に、協力してよかったと思ってもらえる、そんな番組にしなければならない。その夜、森山の言葉をきっかけに議論をし、スタッフ皆で確認し合った。

結局、番組が放送されるその時まで、協力してくれた証言者の思いに果たして応《こた》えることができているのかと悩み、もがき続けることになった。

その森山正太が、この中国ロケの最中、不慮の事故で亡《な》くなった。享年《きょうねん》三十一。どんなときも取材対象と誠実に向き合い、クルーの誰よりも取材相手から愛された。どんな些細《ささい》な作業にも決して妥協をせず、ストイックなまでに業務に向かうその姿は、まさにプロの職人だった。番組のロケが始まって半年間、同世代という親しみもあり、幾度も議論を重ねた。志を同じくした仲間と共に国内外を回っての取材・ロケをした経験は私にとってかけがえのないものだった。彼の死は、悔やんでも悔やみ切れない。

事件を遺族に伝える苦悩

そもそも三灶島の取材を始めるきっかけとなったのは、反省会における大井篤元大佐の発言だった。私たち取材班にとって、一連の発言が大井元大佐のものであることが大きな意味をもっていた。戦史に通暁《つうぎょう》しており、何より、戦後の海軍関係者の間でも歴史家として一目置かれていた人物であったからである。

元大佐の長男のもとに向かったのは二〇〇九年六月も終わりを迎えようとしていた頃だ。大井駿氏宅には、取材への協力を仰ぐため、当初より番組趣旨の説明に訪れていた。駿氏は「事実を後世に残さねばならない」と最後の最後まで反省会に通い詰めた父の姿を思い出しつつ、今回の番組への協力を惜しまないと言ってくれた遺族だった。

駿氏は、ひさびさに挨拶《あいさつ》に伺った私を快く迎え入れてくれた。番組の第一回と第二回で使用する予定の日米開戦や特攻作戦に関する大井元大佐の反省会での発言について説明すると、「なるほどなるほど、父らしいですね」と笑顔で相槌《あいづち》を打ってくれた。話を聞き終えると、

「了解しました」

と応じた。

第三回の「三灶島事件」に関する発言について説明すると、表情が変わったように私には見えた。駿氏は、発言の前後の文脈を聞かせてほしいと言った。それを説明し

た後、改めて、戦史に通暁した大井元大佐の発言であるからこそ、十分信用に足ると判断していること、元大佐自身が何度も議論に乗せており、後世に残さねばならないと感じていたように思える事件であること、その二点を伝えた。

駿氏は、私にこう告げた。

「若いディレクターさんが、父のことをそんなにまで考えてくれているのであれば、歴史家として彼も本望でしょう。存分におやりになってください」

大井元大佐本人が事件に関わっていないことを明確に伝えてほしい。この発言により特定の個人の罪を追及することにつながらないようにしてほしい。二つの要望を私たちに伝えた。異存はなかった。

最後に駿氏の方から逆に、

「他に何か懸念《けねん》していることがありますか」

と質問を受けた。

「大井元大佐が反省会で語った事件については、様々な意見が寄せられることも考えられます。ご家族の周辺をお騒がせすることになるかも知れません」

と答えると、駿氏は決然とこう語った。

「その辺は父の名誉にも関わるので、はっきり申し上げます。今、事前に説明を受けたことですが、父は真実を違《たが》えて語るような人物ではないことは、息子の私が一番良く知っています。ですから何が起きてもこちらが毅然《きぜん》と対応します」

胸が熱くなった。今回の番組取材では、本当に多くの遺族・関係者が、ある種の覚悟を持って、われわれの取材に力を貸してくれた。大井元大佐の遺族の理解や協力はその象徴であるようにも思う。

海軍反省会に集い、真実を語り残そうとした元幕僚たち。あくまで秘密裏に行った会合であったため、その内容は長い間、誰にも知られることなく埋《うず》もれてしまっていた。しかしその一方で、真実を後世に残そうとするその思いや志を、遺族や関係者がしっかりと受け継いでいることに素直な感動と敬意を覚えた。御遺族の理解がなければ、放送することもままならなかった。そう考えると、心の底から頭の下がる思いがする。

裁判対策の本質は天皇の戦争責任回避

ここまで述べてきた通り、豊田隈雄元大佐が遺した裁判関係資料から、海軍の裁判対策の基本方針は「天皇に累《るい》を及ぼさず」というものだったことが判《わか》った。その枠組みの中に、嶋田繁太郎大将の無罪や、篠原多磨夫大佐の処刑はあった。

天皇に近い高位の役職の者の有罪は何としても避けなければならない。そうしなければ天皇陛下にまで訴追の手が及びかねない、という論理であると考えられる。

それでは、その天皇自身の戦争責任に関しては、どのような議論がなされているのか。この問題は、ある時期から、反省会の中で活発に議論されるようになっていた。

そのきっかけは、昭和六十四年一月の昭和天皇崩御にあった。

平成元年三月二十七日の第百十回反省会。世間では新聞や月刊文芸誌を中心に、昭和を総括する紙面や特集が数多く組まれていたその時期である。

この日、特別に参加していた元海軍省担当記者が、これまで反省会でほとんど触れられたことのなかった「天皇の戦争責任」について話を始める。

「天皇の戦争責任問題でございますが、一体天皇の戦争責任、どういう風に絡《から》んでいるのかと。その後考えないわけにはいかない。避けて通れる問題ではありませんので。天皇は明治憲法の最高責任者であったという事実は否定するわけにはいきません。

（略）結局天皇に責任が、日本憲法の最高責任者として、天皇に戦争責任がある事は否《いな》めないと、そういうような点だと思います。国内問題、および戦犯問題ですね。

（略）そういう点に関連して、忌憚《きたん》なき意見をひとつ、今も新聞紙上その他でも、これが問題になって、雑誌その他にも出ておりますが、その点を踏まえて、建前問題的に、或《ある》いは戦犯問題的に、ご意見を、忌憚なき意見を述べていただければありがたいと思います」

「天皇はやむを得ず、輔弼《ほひつ》のあれによって開戦は認めざるを得なかったんだってことをね、やったんだと思いますね。ですから天皇の責任論っていうのは、道義的な責任論っていうのはこれは無いことは明白ですな」（大井篤元大佐）

「え〜私は天皇の責任問題についてては、今皆さんのお話のようにですね、まあ法的には絶対ないという風に確信しています。終わり」（元中佐）

「東京裁判の、その、あの長い間の二年半の審理の間に色々陛下に対する、関係した場面が、色々出てくるわけですけれども、その点に関する限りは、陛下に法律的の責任を負わせるような事はまったくありませんで、（略）ただ、あの、やっぱり日本のこの、憲法上の、天皇は立場っていうのがですね、立憲君主であるという天皇の立場に対する、まぁ非常に日本が列国にあんまりないような。輔弼とか輔翼《ほよく》とかいうような、その事で、陛下に責任を負わせないと、いうような政治体制になっておる。そこら辺がですね、こうよく理解できないんですね彼らは。だから、ただ、その自分が酷《ひど》い目にあったと、あれは陛下が、その判を押して始めた戦争なんだから、あれはもう一番のその、首魁《しゅかい》だという、そういうその感情的のね、考え方からきてるのが非常に大きいわけです」（豊田隈雄元大佐）

参加者の中には、天皇に戦争責任があると同調する人はいなかった。

豊田元大佐も、大日本帝国憲法下では全《すべ》ての政策決定は内閣が輔弼するとされたため、「天皇に責任はない」と私見を述べた。その上で、それまでほとんど明らかになっていなかった海軍とGHQに関する知られざる事実を語り始めた。

まず、天皇の責任を連合国軍によって追及される懼《おそ》れはあったと、終戦直後の緊迫した空気について証言する。

「あの私ども、その当時、アメリカのこういうはっきりした、その、もうこういう風に決まって、陛下には決して手はつかないんだという、その確信はなかった訳です、何も知らないから、まだ。そういう情報がないから、だからまぁ一生懸命、弁護団と一緒になって、傷がつかないようにと、国の決めた、戦争裁判に対する、第一の方針の陛下に話題が及ばないようにという事を第一の目標として、努力はした訳なんですが（略）またフィリピンとかですね、中国とか、豪州は、ウェッブ裁判長（オーストラリア人）が代表してますから、まぁそういう風な天皇制を潰《つぶ》せという、考え方の国はですね、みなさん、個人的の意見として、天皇には責任があるんだと」

元大佐がここで述べている、陛下に話題が及ばないための「努力」とは一体何を指すのか。反省会の中では、それを示唆《しさ》する議論が続いた。

「政府の要路におった人は大臣、総長、皆ね。答弁がまちまちにならないようにね、みんな話し合って、答案の骨子になるものが、ちゃんとできたものが残ってるよ」（豊田元大佐）

「そいつは戦後に裁判用に作ったんだね」（大井元大佐）

「そうなんだ」（豊田元大佐）

戦後、裁判用に作られたという〝答案の骨子〟。海軍のOB組織である水交会の図書室で、それを指していると思われる海軍最高幹部たちによる会合の議事録が見つかった。

議事録は、豊田元大佐の指揮下で裁判対策にあたった中島親孝元中佐の遺族が寄贈した遺品の段ボール箱の中に、ほとんど手つかずの状態で保管されていた。表紙には二復が取りまとめたことを示す公印も押されている。

中島元中佐が死の直前にまとめた回想記の中で、二復としても「まずは事実を知らなければならない」と裁判対策用に最高幹部の座談会を企画したと記されている。また、昭和五十一年に毎日新聞社から出版された元従軍記者・新名丈夫《しんみょうたけお》氏の著書『海軍戦争検討会議記録』の原本であることも分かった。

出版当時は最後の海軍大臣・米内光政が開戦に至る真実を後世に伝えたいと、新名氏に託したものであるとされていたが、実は、天皇免責を目的とした海軍最高幹部による「裁判対策用」の会談記録であることが、今回浮かび上がってきた。

敗戦の年の十二月に第一回の会議が開かれ、昭和二十一年一月までに計四回開催されている。東京裁判が始まるおよそ半年前に開かれていたことになる。特別座談会に呼ばれた将官は合わせて九人。その顔触れは、まさに壮観だった。開戦時の軍令部総長・永野修身《おさみ》大将、海軍省軍務局長の岡敬純《おかたかずみ》中将、開戦という判断に至る決定的な時期に海軍大臣を経験した及川古志郎大将など、開戦の事情を熟知した最高幹部が集められていた。

天皇に開戦責任はないという大前提に立ち、なぜ、誰の責任で開戦に至ったのかという点を明らかにするため、豊田元大佐や中島元中佐など二復側官吏が質問し、将官たちが答える形で進行していく。

開戦の年の九月、戦争か否かを事実上決定づけた御前会議で、海軍が戦争に反対しなかった理由を問われた、当時の海軍次官・澤本頼雄《さわもとよりお》中将。

「当時の空気は現在と全く異なり、海軍は戦えないなど言い得る状況にあらず。その理由は、海軍存在の意義を失い、また陸海の物資争奪で、陸軍は『戦えざる海軍に物資をやる必要なし』と言えり」

同じ質問に、ときの海軍大臣・及川古志郎大将が答える。

「私の全責任なり。軍令部は毎年対米戦争の作戦計画を陛下に奉《たてまつ》っている。戦争をできぬと言えば陛下に嘘《うそ》を申し上げたことになると、かつて東郷元帥《げんすい》が言っていた言葉が自分の頭を支配せり」

当時全く表に出ることのなかった海軍側の主体的な責任にも、当事者が言及している。海軍が反対したら、陸軍との予算獲得競争や物資の争奪に遅れをとる可能性を危《き》惧《ぐ》し、開戦に異議を唱えなかったというのである。省益のために開戦に突き進まざるを得なかったとの告白であった。

しかし、二復によってなされた議論の取りまとめとしては、アメリカやソ連との対外関係や国力の限界に伴う自存の問題など、様々な要因をあげながらも、最後には「陸軍の他人を排除して自分の意見を通さざれば生存権を奪う空気」に引きずられたとしている。つまり、海軍が開戦に反対できなかった主な理由を、最終的には、陸軍の強硬な姿勢にあったと結論づけているのである。

海軍最高幹部とアメリカ軍高官の蜜月《みつげつ》

反省会での豊田元大佐の発言に話を戻したい。その発言は、徐々に核心に踏み込んでいった。海軍の最高幹部だった人物が占領政策を進めるアメリカ軍と接触を始めていた、と証言しているのである。その際、両者の話の中心となったのは天皇の存在であったという。

「陛下を、俗な言い方でいえば利用して占領政策をやりやすいようにすると。米内元大臣がマッカーサーのところに会いに行かれた時も、結局、占領政策をうまくやるためにこういう方針を執っているんだと言っておられました」

（第九十二回反省会）

マッカーサーと会っていたというのは米内光政《よないみつまさ》元海軍大臣だ。戦前、総理大臣を務めるなど天皇の信任厚い宮中派の重臣だった。豊田元大佐は裁判対策のため、最後の海軍大臣となった米内とは頻繁に連絡を取り合っていたので、米内がマッカーサー側とどのようなやりとりをしていたのか、把握していたのである。

昭和二十一年三月六日。米内が、マッカーサーの腹心である軍事秘書官のボナー・フェラーズ准将《じゅんしょう》から東京裁判の行方に関わる、踏み込んだ申し出を受けていたと元大佐は語っている。

「ゆうべ私の東京裁判当時の綴《つづ》りをめくったら、親密だったフェラーズ准将と米内大将の談話資料が出てきた。これ昭和二十一年三月六日のなんです。（略）フェラーズ准将が『自分としては天皇制がどうなろうと、一向に構わないのだが、マックの協力者として占領を円滑ならしめつつある天皇が裁判に出されることは、本国におけるマックの立場を非常に不利にする。これが私のお願いの理由だ』と。（略）対策として『天皇が何らの罪がないことを日本人側から立証してくれることが最も好都合である。そのためには近々始まる裁判は好都合である。東條に全責任を負担せしめるようにすることだ』と、そういうふうにフェラーズがそこまで突っ込んだ話をしているんですね。それに対して米内さんが『全く同感です』と」

（第百二十九回反省会）

米内はこのとき、東條元首相だけでなく嶋田元海軍大臣にも責任をとらせる準備があると伝えたという。結果として東京裁判によって死刑判決を受けたのは、フェラーズ准将の言葉通り、東條始め陸軍関係者六人と文官一人だけで、海軍関係者は免責されたのである。

豊田元大佐の赤裸々な発言は、ほぼ全て、彼がまとめた戦犯裁判資料の中に文書記録として遺《のこ》されている。私は、海軍が天皇を守るという大義のために陸軍にその責を負わせることに至る一連の証言・記録を、手に汗を握りながら聞き、読み込んだ。自分の中でも半ば既成事実化していた「海軍は善玉である」とされる東京裁判史観は完全に覆《くつがえ》された。

さらに取材中に、国立公文書館で奇妙な資料を発見した。

豊田元大佐がまとめた戦犯裁判関係資料。法務省から国立公文書館に移管されてきたその資料群の中にあった『A級裁判参考資料冊子　嶋田被告関係（2）』を読み込んでいる最中にふと目にとまった一枚の手書きメモがそれである。

そこには、国際検察局のジョセフ・キーナン（米国より任命派遣された東京裁判首席検事）が海軍の免責に相当早い段階で、しかも深く関わっていたことが示されていた。

以下はその抜粋である。

（豊田隈雄メモ：二復での弁護人会議　昭和22年9月12日）

――会議の冒頭ブラナン氏（筆者注：嶋田被告の米人弁護人）より発言あり

米国より東京に戻ってきたキーナン検事がブラナン氏に密《ひそ》かに述べた重要事項あり

公《おおやけ》になることはいかにも問題　この場限りなり　具体的には以下の通り

「東京裁判を早々に終わらせること（講和会議開催前終了メド）」
「A級以上をこれ以上やらぬ（第2段のA級裁判をやらぬ意図と解せり）」
「海軍の個人弁護は嶋田・岡2人にて終わり（筆者注：永野はこのとき病没）
　高官をこれ以上収容することなし」
「あとは捕虜虐待《ぎゃくたい》のみが問題なり　よって継続せらる」
「判決に関しては　岡はおそらく無罪　嶋田は極刑とはなることなし
　有期何年になるかの問題」　以上

　昭和二十二年九月十二日といえば、二日前の十日にようやく弁護側個人立証が始まったばかりのタイミングだ。検察が立証しようとした被告個人の罪（残虐行為への関与や開戦への強硬発言の責任など）について、弁護側が反証を試みようとしている段階である。

　この時点で、訴追側の首席検事が海軍弁護団に「嶋田の極刑はない」と伝えることは通常では考えられない。判決が出る前に、首席検事から「海軍からは誰も首を取らない」と伝えられていたことになる。もちろん、裁判は米国の意向だけでは決まらない。不確定な要素が多かったことを考えると、この発言が決定事項ではなかったという考えも成り立つ。しかし、反省会での豊田元大佐の証言やメモ類から読み解くと、少なくとも海軍は天皇制を護持するという点においては米国と利益を共有し、組織防衛を図っていたと考えられるのである。

さらに、国立公文書館に収蔵されていた二復の裁判対策資料の中に、天皇の戦争責任の問題に海軍がどう向き合ったのかを示す文書が遺されていた。「天皇ノ戦争責任ニ関スル研究」と銘打たれた綴りだ。海軍省の便箋《びんせん》が使用され、文面から、東京裁判の開始前、米内とフェラーズが接触している時期に作られていることが判明した。複数の専門家にあたったところ、誰が書き、どう利用されたのかの一切が明らかになっていない新発見資料であると分かった。

文書は膨大な分量に及んでいる。国際的な観点から照らし、政策決定過程における天皇の慣習上および実質上の位置づけや、天皇が有する統帥《とうすい》大権に関する見解が、ハイレベルで詳細に研究されていた。その上で、天皇に戦争責任が及ぶことを防ぐには、あらゆる局面で「責任者が必ず存在しなければならない」。そう結論づけていた。

責任者とは誰を指すのか。そこまでの言及はなかった。しかしこの研究がなされたあと、およそ二年半にわたって行われた東京裁判では、東條元首相をはじめとする陸軍関係者六名と日中戦争開始時の外相・広田弘毅《こうき》の計七名が絞首刑との判決を受け、結果として戦争の責任を負うことになったのは、よく知られた歴史的事実である。

遺された数千点の戦犯裁判記録

豊田元大佐は、この裁判の結果を最終的にはどう感じていたのだろうか。後年、裁判対策の日々についてまとめた『戦争裁判余録』に、次のような文言を残している。

「旧海軍全般については検事自身が海軍出身の旧重臣と接触するなどアタリが柔らかだった。全体の公判の流れの中では海軍は陸軍に引きずられて戦争に参加したとの印象が持たれるようになっていたことも見逃せない。それやこれやが重なり合い、影響し合って極刑は回避されたと思われる」

終戦から六年後の昭和二十六年、すべての海軍関係者の戦犯裁判が終わった。東京裁判で極刑判決を受けた海軍関係者はゼロだったが、一方で、通例の戦争犯罪を裁いたBC級裁判ではおよそ二百人の海軍将兵が刑場の露と消えた。

裁判が終わっても、元大佐と戦犯裁判との関わりは途切れることがなかった。

豊田元大佐はその後、第二復員省から法務省に移り、嘱託職員として、全国を回って戦犯裁判に関わった被告や弁護人、遺族の聞き取り調査を実施した。その記録をまとめ、関連資料の収集を続けた。十八年かけて集め、綴った資料は五千点以上。この貴重な資料群は国立公文書館に収められ、順次公開が進んでいる。全《すべ》ての資料が公《おおやけ》になった後、さらに、新しい事実が明らかにされるはずである。

今回の取材で入手することができたのは膨大な資料の半分弱に過ぎない。その中には、組織を守るために行った裁判対策や弁護研究の詳細、あるいは証拠隠蔽《いんぺい》に関わる内部資料など、二復内部の機密資料を含め、ありとあらゆる資料が項目ごとにまとめられていた。

「このままでは重要な歴史が欠落してしまう」

豊田元大佐がそう思い、覚悟の上でまとめたとしか考えられない。海軍にとって都合の良いことも悪いことも包み隠さず残されているからだ。

戦犯裁判対策の先頭に立つ中で、海軍という組織を守ることと引きかえに、埋もれていく事実が余りにも多いことに、徐々に気づいていったのではなかろうか。そう思えてならない。

その検証は後世に託し、豊田隈雄元大佐は平成七年、九十三歳で亡《な》くなった。

次の発言が、彼の内奥《ないおう》を如実《にょじつ》に物語っているように私には思えた。

「東京裁判を終えた日本弁護団が異口同音に、陸軍は暴力犯、海軍は知能犯、いずれも陸海軍あるを知って国あるを忘れていた。敗戦の責任は五分五分であると。けだし言い得て妙、あり得べき至言ではあるまいかと。東京裁判は日本人の魂を奪い去り、いわゆる敗戦ボケとなったため、占領政策は日本の歴史に断層を生じ、戦後ひたすら物の面にのみ走った結果、東京裁判の判決は知らず知らずの間に日本の昭和史として定着しつつあるかに見える。今一度日本自らの手によって昭和の正しい歴史を見いだし、断層を埋めたうえ、日本の将来のあるべき姿、進むべき道を自らの手によって発見する事が必至と考えられる」

（第九十二回反省会）

豊田元大佐が収集した資料の山

戦勝国によって押しつけられた一方的な裁判に対抗する決意を固め、戦犯裁判に対し全身全霊をかけて挑んだ豊田元大佐。彼は事実を明らかにするのではなく、組織を守るという強い信念のもとに奔走し、それでも最後は、全てを記録し後世に遺すことで歴史に対する責任を取ろうとした。私はそう考えるようになった。

直接会話を交わすことは叶わなかったが、取材を通じて、長い対話を行ってきたようにも感じた。

番組では最後に、次の点を明確に指摘することにした。

海軍は戦争を指導し、敗戦という結果を招いた。その中心だった軍令部のメンバーの多くは、戦後、後継組織の第二復員省へと移り組織を挙げて真実を隠匿《いんとく》し、組織を守るための裁判対策を実施した。その結果、多くの事実が表に出ることなく歴史の闇《やみ》に埋もれていった。

いま私たちの社会を覆《おお》う停滞感が、何が起きても誰も責任を取らない無責任の連鎖の末にあるのだとしたら、その起点は一体どこにあるのか。その一つは、あの戦争に、私たち日本人がしっかりと決着をつけていないことなのではないか。誰も本当の歴史を語らず、敗戦の責任を取るべき人たちがそうすることのなかった戦後日本の出発点にこそ、現代の閉塞感《へいそくかん》の起点があるのではないか。

反省会の取材を通して、そんな思いを抱くに至った一年半の日々だった。

恩師・笹本征男の遺した言葉

最後に番組の恩師・笹本征男氏について書きたい。

大学や研究機関には一切職を得ず、生涯、在野での研究に徹した戦後占領史家である。塾講師やビル清掃のアルバイトをしながら国立国会図書館に通って占領史の文献を読み漁《あさ》り、占領期日本の原爆被爆者調査や科学技術政策などをテーマにした論文を精力的に執筆されていた、清貧の歴史家だった。プロデューサーの藤木との縁で、NHKスペシャル「靖国《やすくに》神社」や「日本軍と阿片《あへん》」などNHKの番組制作に参加し、今回もわれわれの番組に対してアドバイザーとして大変な助力を頂いた。とくにシリーズ三本目の戦犯裁判に関しては、一年にわたって、占領史家の立場から様々な指導を頂くことになった。

制作当時六十四歳。八年前に発病した癌《がん》との闘病を独り続けながら、毎日のように手作りの小さな弁当を持参し、われわれのプロジェクトルームに通って来た。山と積まれた新出の原典資料を黙々と読み、番組の骨格となるような新事実を次々に提示してくれた。

私たちディレクターにとっては、長談義となる笹本氏との意見交換の場が、番組を作る上で欠いてはならない、大事な視点を与えてくれていたのだと、番組を終えた今、つくづく実感している。

「識者によって加工された書籍などの二次資料ではなく、原典に目を通すことで、初めて自分なりの発見がある」

「本当に大切なことは記録には残らないし、残さない。残された記録や資料には残した人間の意図が必ずある。残っている資料だけに捉《とら》われてはだめだ」

取材を通じて、次々に発掘される資料や記録にどのように向き合うべきか、あるときは厳しく諭すように、またあるときは穏やかに、資料の発見に浮かれて拙速な結論に至ろうとする私を諌《いさ》めてくれた。

とりわけ印象に残っているのは、「被害者の意識のみで戦争を考えていては、戦争を遂行した国家エリートの思考を分解することはできない。あの戦争を加害者の意識で見つめなければならない」という言葉だった。番組制作も大詰めを迎えた編集室でも、笹本氏はその言葉を繰り返した。

なかなかその真意をつかめずにいた私に、笹本氏が語ってくれたのは画家・香月泰男《かづきやすお》の「赤い屍体《したい》・黒い屍体」の話だった。第三章で右田もふれているが、私にとってもまた異なる意味で深く感銘を受けたエピソードである。香月は原爆で黒焦《こ》げになった無辜《むこ》の市民の死体を「黒い屍体」と呼び、戦争一般が持つ残虐性の象徴としての死であるとした。一方で、自身がシベリアに送られる輸送列車の車窓から目に飛び込んできた、線路わきに転がる、満人によって皮を剝《は》がれ、赤くただれた日本人の死体を「赤い屍体」と呼び、加害者としての死と記したという。そして自らのシベリア抑留体験を題材に、「シベリヤ・シリーズ」と称される多くの作品群を描きあげた。

戦争を考える際に大事なのは、自らも加害者の立場に陥るかもしれないという認識の上に立って取材することだ。そうすれば思考停止に陥らずに、本当の教訓を導き出す原点になる。笹本氏は、私にそう伝えたかったのだと思う。

「日本海軍400時間の証言」は戦争被害者の声を代弁するドキュメンタリーではなく、為政者に近い権力の中枢《ちゅうすう》にいた側の声から、あの戦争の本質を浮かび上がらせようとした挑戦的な番組であった。作り手である私たちは、「被害者」としての視点ではなく、戦争を遂行した、あるいは遂行せざるを得なかった「加害者」の視点で番組を構成することで初めて、単に為政者を非難するだけでなく、戦争という暴力を二度と繰り返さないための教訓を導くことができる。笹本氏はそう指摘してくれた。

できるだけストイックに反省会の発言を紹介し、その裏づけを取材。さらに新しく分かった事実を提示する。そんなシンプルな構成に徹した。その骨格には、笹本氏の遺した言葉が息づいている。

いたずらな権力批判に陥っていないか、自分たちも立たされるかもしれない「加害者」側の問題として、番組を提示できているか。答えは視聴してくれた方々の感想に委《ゆだ》ねるとして、今後も戦争の恐ろしさや愚かさ、その本質に迫る番組を制作していきたいと思う。


恩師・笹本征男氏は、放送を終えた翌年の二〇一〇年三月、検査のために入院した病院で帰らぬ人となった。享年《きょうねん》六十五。

「次はタブーになっている沖縄の援護金の矛盾を明らかにしたい。一緒にやろう、内山さん」

亡くなる一週間前にお見舞いに伺った際、闘病で痩《や》せてしまった身体《からだ》を起こし、鋭い眼光でそう語りかけてくれた笹本氏。まさかこんな早くに別れが来ようとは、想像だに出来なかった。

心からご冥福《めいふく》をお祈りしつつ、頂いたご恩や志を、これからも番組という形で伝えることで、笹本氏が生きた証《あかし》を、この世に刻んでいければと願ってやまない。

エピローグ

小貫　武

「ＮＨＫスペシャル」は、ＮＨＫで報道に携わる私たちにとって、最も長尺の表現手段である。定時のストレートニュースは、通常一分から一分半。『おはよう日本』や『ニュースウオッチ９』の中で、特集と銘打って放送されるニュースリポートでさえ、せいぜい七〜八分が限度である。その点、『ＮＨＫスペシャル』は一本が通常四十九分だ。ニュースの三十倍から五十倍近くある。しかも「日本海軍４００時間の証言」は、一本が五十九分で、三本のシリーズとした。この上なく潤沢な放送時間を与えられた番組だったとつくづく思う。

しかし、すべてを表現し尽くせたかというと、実はそうでもない。番組から落とさざるを得なかったものも多い。その最たるものが、ディレクターや記者が、関係者を取材し、それをまとめていく制作過程で抱いた実感だ。

今回の取材で、ディレクターや記者が取材した相手は、ゆうに百人を超える。私も、その取材メモ、取材裏話を見聞きしていたが、どれも興味深いものばかりだった。また、今回は、番組の精度を高めるための試写が、通常の番組では考えられないほど何度も繰り返された。本書の執筆にあたっては、取材・制作時の実感を何よりも大切にしている。本編をお読みいただき、それを感じ取っていただけたなら、望外の喜びである。

最後の章を担《にな》う私も、番組の中には入らなかったエピソードを、ここでちょっと紹介したい。

この番組の取材・制作に直接的に関わり始めたのは、番組放送の約二年前、二〇〇七年の十一月のことである。本編でも登場する、戸髙一成氏、元統合幕僚会議議長の佐久間一氏らとの勉強会に参加したのが発端だ。

番組を立ち上げた、藤木チーフプロデューサーや右田ディレクターとは、二〇〇一年の米同時多発テロ事件以降、何度も仕事を一緒にしてきた。海上自衛隊のインド洋派遣、日米同盟の基底にある海上自衛隊の創設史、陸上自衛隊のイラク派遣など、激変する安全保障の現場を追うドキュメンタリーの取材・制作である。その過程で、私自身も、戸髙氏や佐久間氏の知遇を得ていたし、何より、共に番組制作をしてきた「戦友」からの勉強会参加への誘いを断る理由は、全く無かった。

ただ、当時、私は、NHK千葉放送局のニュースデスクを務めていた。地方局のニュースデスクの仕事は、大勢の若手記者の指導や原稿の手直しから、庶務・労務業務まで、極めて幅広く量も多い。勉強会に参加するのはいいが、番組の取材・制作に関わるといっても、どの程度時間を割けるのか、先の見えない状態が続いていた。

転機になったのは、二〇〇八年六月だ。思いがけず、千葉放送局から、東京・渋谷の放送センターを拠点とする報道局社会部へ異動することになったのである。社会部での担当は、安全保障問題のデスク業務で、この番組の制作も十分守備範囲に入る。予想外の人事によって、番組に関われる環境が偶然整ったのであった。

番組の主要テーマの一つは「組織と個人」。その点について、番組の中で色々と物申したが、私自身、NHKという組織に所属する組織ジャーナリストであり、人事異動に一喜一憂し、部下、同僚、上司との関係に悩みながら仕事を続ける、いわゆる中間管理職であることを、ここで告白しておきたい。

さて、取材・制作過程について、である。詳細は本編に譲るとして、ここでは私自身、いまも強く印象に残っていることを二つだけ紹介しよう。

一つは、打ち合わせの席で、藤木が盛んに語っていた話である。「月刊誌の終戦特集号は売れる」というものだ。

毎年八月、著名なオピニオン誌では、必ず終戦特集が企画される。「陸海軍はなぜ失敗したのか」といったタイトルで、戦争に詳しい作家や評論家が座談会形式で語り合う。陸海軍という組織がどうして選択を誤ったかということや、リーダーシップのありようがよくテーマとされる。

終戦から既に六十年以上が経《た》つのに、なぜこうした記事が受けるのか。藤木の分析は、「読者がいまの企業社会に同様の問題点を見出《みいだ》しているからではないか」というものだった。

「うちの会社も同じだ」

「うちの幹部も同じ誤りを犯している」

サラリーマン読者のこうした共感めいた感情が、この種の月刊誌の好調な売れ行きの背景にあることは否定できない。番組が目指すものもその辺りにあるのではないか。体験者だけに好まれる戦争番組ではなく、働き盛りの三十歳代、四十歳代にも見てもらえるような、現代につながる報道番組にしたい。

藤木が示した方針はすんなりと腹に落ち、私自身の中で、その後の取材指揮や構成検討、コメントを直すときの基準ともなった。

もう一つは、番組でキャスターを務めたことである。報道記者・デスクとして仕事をしてきて約二十年。初めての経験である。

藤木から「小貫ちゃん、キャスターできるよね」と言われ、最初はいつも生返事を繰り返していた。そんな大役が務まるのか、と逡巡《しゅんじゅん》したのである。しかし、構成検討や編集を重ねて、徐々に番組の形が見えてくると「自分がキャスターをやるしかない」と肚《はら》が据わってきた。番組の主要テーマが「組織と個人」であることがはっきりしてきたからだ。

取材・制作に徹する現場の記者やディレクターは、ある種「ピュア」な存在と言える。しかし、私が日頃務めるニュースデスクは中間管理職であり、望もうと望むまいと、組織人として「事なかれ主義」や「セクショナリズム」に身をもって直面することになる立場である。前任地の千葉放送局で三年、社会部で足掛け二年になるデスク業務で身についてしまった「垢《あか》」こそが、自分をこの番組のキャスターたらしめるゆえんではないのか。その実感をもって、コメントを伝えたい。そう思うに至ったのである。

キャスターとしての一番の大仕事は、海外でのリポート収録だった。神風特別攻撃隊が最初に出撃したフィリピン・マバラカットの航空基地跡に赴いたのである。

現場に着いてみると、そこは、何の変哲もない空き地だった。一部は畑に変わっている。前日からの雨で地面はややぬかるんでいた。赤とんぼが何匹か飛んでいる。跡地のわきには高速道路が通っている。若い頃に勤務した北陸地方の風景に見えなくもない。

しかし、六十数年前、特攻隊員たちが私の立っているまさにこの場所に立っていたのか、この空に向かって飛び立っていったのか、と思うと、胸が苦しくなった。もし自分が彼らだったら。決められた死がもう目前に迫っているとしたら。そんな気持ちをかみ締めながら、カメラの前で、リポートを行った。集中力が高まっていたのだろうか、あわせて三分余りのコメントを、ほとんどメモに頼らず語りきれたことに、私自身が驚いた。

番組は、長い取材・制作期間を経て放送された。そして、幸いなことに予想以上の評判を呼んだ。二〇〇九年末までにＮＨＫに寄せられた視聴者からの反響約二千件の多くは好評意見だった。海軍という組織の問題点を、現在の社会と重ね合わせて観《み》て下さった人が多く「こうした番組を今後も制作し続けてほしい」といった励ましのお便りを幾通もいただいた。

そうしたこともあってだろうか、二〇一〇年五月、母校でもある早稲田大学のジャーナリズム講座に講師として招かれた。番組の取材・制作過程を学生たちに話してほしい、というのである。光栄なことであり、喜び勇んで依頼を引き受けた。

講義の当日、私は、この本でも紹介したような取材・制作過程を詳しく話した。右田ディレクターの熱意、若手のディレクターや記者の活躍、試写の際に起きた議論、そのときの藤木チーフプロデューサーの言葉……。

ただ、一時間を超える講義の中で詳しく立ち入らなかったことが、ひとつだけあった。それは、番組の中で私自身が果たしたキャスターという役割についてである。なぜ話さなかったと問われても明確な答えを出せないが、柄にもない役回りを演じたという面映《おもはゆ》さが、心の何処《どこ》かに残っていたのかもしれない。

講義では、私からの話がひと通り終わると、学生との質疑応答の時間となった。その冒頭、司会を務める花田達朗教授が、私が避けていた核心をズバッと突いてきた。

「今回の番組は、NHKのドキュメンタリーの中ではちょっと異質だなと思ったんですね。いったいこの番組を作ったのはどういう人なんだろうと関心を持ったのが、小貫さんを招いた理由です。何が違うかというと、キャスターの小貫さんが『わたし』で語っているんですね。『私は戦後生まれです。私の祖父は海軍にいました。戦争が二度と起こらないようにすることは私たち戦後世代の責務です』。政治的に色々立場もあるだろうし、遺族も関わっているのに、非常な覚悟をもって制作しているのが、伝わってきたんです」

花田教授が指摘するとおり、確かに、私が語ったコメントは、これまでのＮＨＫのドキュメンタリーにはないスタイルのものだった。ご覧にならなかった方もいるかもしれないので、各回の最後で語ったコメントをここで紹介したい。

▼第一回「開戦　海軍あって国家なし」

それぞれの仕事に埋没し、国民ひとりひとりの命が見えなくなっていった将校たち。その姿勢は、海軍あって国家なしと言わざるを得ません。

そうした内向きの姿勢は、戦後に至っても続き、元将校たちは、反省の弁を述べながらも、その記録を国民に公開しませんでした。

しかし、私は、彼らを一方的に非難することにためらいを感じてしまいます。

縦割りのセクショナリズム、問題を隠蔽《いんぺい》する体質、ムードに流され意見を言えない空気、責任のあいまいさ。

元将校たちが告白した戦争にいたるプロセスは、今の社会が抱える問題そのものであり、私自身がそうした社会の一員であるからです。

元将校たちは、二度と過《あやま》ちを犯さないために、反省会を始めたと語っていました。彼らの言葉を真の教訓としていける社会でなくてはならないと強く感じました。それが、あまりにも多くの犠牲者を生んだこの国に生きる私たちの責任だと思うのです。

▼第二回「特攻　やましき沈黙」

反省会に参加していたひとりひとりは、特攻は決して命じてはいけない作戦だと、心の中ではわかっていました。

しかし、その声が、おもてに出ることはありませんでした。

間違っていると思っても、口には出せず、そうした空気に個人が呑《の》み込まれていく。そうした海軍の体質を、反省会メンバーの一人が、「やましき沈黙」という言葉で表現していました。

しかし、私は、この「やましき沈黙」を他人の事として済ますわけにはいかない気持ちになります。

今の社会を生きる中で、私自身、この「やましき沈黙」に陥らないとは断言できないからです。

特攻で亡《な》くなった若者たちは、陸海軍あわせて五千人以上。

そのひとりひとりが、どのような気持ちで出撃していったのか。

決められた死にどう向かっていったのか。

その気持ちを考えると、いま、私たちが反省会の証言から学び取るべきものは、ただ一つのことではないかと思います。

それは、ひとりひとりの「命」にかかわることについては、たとえどんなにやむをえない事情があろうと、決して「やましき沈黙」に陥らないことです。

それこそが、特攻で亡くなった若者たちが、死をもって、今に伝えていることではないかと、私は思います。

▼第三回「戦犯裁判　第二の戦争」

ここは、海軍反省会が行われていた水交会です。

十一年にわたって続けられた反省会は、平成三年四月に開かれた百三十一回が、確認できる最後の回となりました。

その後、膨大な証言の記録は、埋もれたままになっていました。

ここで交わされた議論から見えてきたのは、無謀な作戦でも、いったん始まると誰も反対できなくなる組織の空気です。

本来、ひとりひとりを守るために存在する国家や組織が、あるべき姿を見失い、逆に個人をいとも簡単に押しつぶしてしまうという現実でした。

この反省会での議論は、今の社会にも通じるものがあると私は思います。

今回番組で取り上げた人たちの多くは、海軍という組織のために忠実に自分の役割を果たしていました。

そのことが、結果として、組織の利益を優先し、個人の存在を軽視することへとつながっていきました。

そこに、現代の組織にも通じるものを感じざるを得ないのです。

あの戦争では、日本人だけでも三百十万人、アジアではさらに多くの命が失われています。

この悲劇を二度と繰り返さないため、反省会の証言から、読み取るべき教訓とは何なのか。

それは、どんな組織よりも、ひとりひとりの命のほうが重いということではないかと、私は思うのです。

種明かしをすると、番組を締めくくるこれらのコメントは、私一人で書き上げたものではない。「わたし」という一人称で語っているものの、考えたのは、私を含めた各回担当の取材・制作スタッフである。

VTRの編集方針がほぼ固まってきた段階で、各回のスタッフが、NHK放送センター西館七階の「本読《ほんよみ》」と呼ばれる部屋に集まる。番組出演者の台本読みにも使われるこの部屋で、かなりの時間をかけてコメントの検討を行った。読んでしまえば二分から三分のコメントを検討するのに、短くて六、七時間。長いときには十二時間くらいかけた記憶がある。それだけ神経を使い、注意力を要する作業だった。自分と自らが所属する組織との関係、自らの立ち位置にも関わってくる内容だったからだ。

話を再び早稲田大学の教室に戻す。花田教授が、こうしたコメントをNHKとしては異質と位置づけたものだから、それに触発され、学生たちから次々に質問が寄せられた。そのうちの一人は、こう突っ込んできた。

「以前、お話を聞いたNHKの歴史番組のプロデューサーは『番組の中で主張を絶対にしない』と言っていました。小貫さんの論理はそれとは違うように思うのですが」

想定外の質問で、答えに窮してしまった。質問した学生はじっとこちらを見つめている。私は、藤木や右田らスタッフの間で何度も繰り返してきた議論を思い起こしながら、答えを探した。

「なかなか難しいけれど、今回のような題材を扱うとき、それを語っている『お前は何者なんだ』ということが問われると思うんですね。今回の番組では『主張をする』というよりも『自分自身はどうなんだ』という内省や自問に近いことを表現したと思っている。自分だけが安全地帯にいてはモノは言えない。歴史を伝えるものと、われわれ報道が関わる番組の違いというものがあるとしたら、そこだったのかなと思います」

ホッと胸を撫《な》で下ろすのも束《つか》の間《ま》、学生から質問が続く。そして最後に、花田教授から直接質問があった。

「この番組は『組織と個人』という普遍的なテーマ、あるいはそこでの責任の問題を扱っている。ちょっと厳しい質問をしたいんですけど、この番組が放送された後、NHKの内部ではどういう反響がありましたか」

質問を受けた瞬間、組織人として決して平坦《へいたん》ではない道を歩んできた先輩から、番組の放送後にかけられた言葉が思い浮かんだ。

「『よく言ってくれた』『ありがとう』という人が多かったですね。心ある人は『本当にありがとう』と言ってくれました」

ただ、これだけではきれいごとに過ぎる。物事の半分しか語っていないからだ。私は、放送前にずっと抱いていた懸念《けねん》についても、言葉を選びつつ打ち明けた。

「制作する前には『本当に大丈夫なのか？』という懸念の声はありました。『小貫が言っていることは、あいつが所属している組織のことか』といった反応がくると思っていました。そのような読み方をする人も中にはいるんじゃないかという懸念があったのは確かです」

質問に対する答えを絞り出す中で、私は、自分がこの番組に関わった意味を再整理していった。

二〇一一年三月十一日、本書の入稿、校了という作業のまさにその最中に、東日本大震災が起きた。その後も不気味な余震が続発し、福島第一原発の事故は収束の兆《きざ》しが見えないままだ。

未曾《みぞ》有の惨事を受け、本書の執筆者たちも次々に被災地に入った。吉田好克は陸前高田市をはじめ主に岩手県内で取材指揮にあたり、横井秀信は原発事故で揺れる福島県飯舘《いいだて》村に何度も通って住民たちの取材を続けている。内山拓、右田千代、藤木達弘もそれぞれ被災地に入り、震災や原発事故に関する番組制作に携わっている。

私も防衛省担当デスクとして、原発の冷却作業にあたる自衛隊幹部の取材を指揮し、何日も職場に泊り込む日々を過ごしている。

この間、何度も思いをめぐらせざるを得なかったのは、日本人が戦後断ち切れないままでいる「負の連続性」とでもいうべきものだ。

最悪の事態を想定せず、楽観的な予測に基づき、作戦を立案する。最前線に無理を強い、命令を下した幹部は責任を取らない。外交努力、説明責任を果すことを怠り、諸外国から孤立する。真実を国民に公表せず、現場を軽視し、ひいては国民の命を危険に晒《さら》す……。

これらは何も「日本海軍400時間の証言」で描いた話ではない。今回の原発事故の関係諸機関にもそっくりあてはまることである。本文でも述べているように、番組は現代への問題提起を目指したものだったが、いまなお繰り返される蹉跌《さてつ》に暗澹《あんたん》たる思いがする。

原発をめぐる、いわゆる安全神話がいかにして作られてきたか。そこに「やましき沈黙」はなかったのか。そして、私たち自身も、その危険性を感じながら、あえて突き詰めて考えず、空気に流されてこなかっただろうか。徹底的な検証が必要だろう。

私は、今回の番組キャスターとして、全国の視聴者の前で、組織の病弊を指摘し、「やましき沈黙」に陥らないことが大切であると語った。逃げ出すことはできない。自らにかかる責任の重さを、今あらためて感じている。

最後になったが、新潮社の岡田葉二朗氏に感謝を申し上げたい。氏の叱咤《しった》激励なしに、本書の完成はなかったとつくづく思う。

そして、番組の取材に協力していただいた全《すべ》ての方々に心より感謝を申し上げたい。この中にはテレビカメラの前で証言してくれた方もいれば、事情により名前を明かすことのできない方もいる。放送を待たずに、あるいは放送後、他界された方もいる。貴重な証言者の協力なくしては、この番組は成立し得なかったことをここに記しておきたい。

最後に、番組の制作に携わった全てのスタッフに改めて感謝したい。この本は長い取材・制作期間を、家族のように過ごした仲間が、同じ目的に向かってともに生きた証《あかし》でもある。

二〇一一年七月

文庫版のためのあとがき

小貫　武

　ＮＨＫスペシャルやクローズアップ現代など、大きな番組を放送すると、必ず「後日談」が生まれる。共感や励ましの電話を受けることもあれば、厳しいお叱《しか》りの声を頂戴《ちょうだい》することもある。部外で取材・制作の経緯をお話しする機会を与えられ、こうした場で交わす議論が、放送前にスタッフ同士で交わしてきた議論以上に、深く、意味のあるものになることも少なくない。

　ＮＨＫスペシャル「日本海軍４００時間の証言」も例外ではない。

エピソードの一部は、単行本『日本海軍４００時間の証言　軍令部・参謀たちが語った敗戦』（新潮社・二〇一一年七月十五日初版）で、各章の筆者が紹介しているが、それから三年、「後日談」はまだ続いている。この番組は、極めて強い生命力を持っている。

　文庫化にあたって、こうした「後日談」に少し触れたい。

単行本の出版から一年余りが経った二〇一二年十月二十五日。

私は、ともに番組制作にあたった藤木達弘、右田千代とともに、「海軍反省会」の会場だった「水交会」（東京・原宿）を訪れた。水交会の元会長で、元海上幕僚長・統合幕僚会議議長の佐久間一《まこと》さんから、講演を依頼されたからである。

水交会は旧海軍と海上自衛隊ＯＢの懇親組織である。演題は、ずばり「日本海軍400時間の証言について」。取材や制作の経緯を自由に話して欲しい、というものだった。

実際に「海軍反省会」が開かれ、番組でもロケした大広間におよそ一〇〇人ほどの参加者が集った。旧海軍や海上自衛隊の関係者だけでなく、一般の人たちにも開かれた講演会。私は、ある人物の証言を詳しく伝えようと決めていた。

元海上幕僚長の中村悌次さんである。第四章「特攻　それぞれの戦後」でも紹介しているように、海軍兵学校（67期）を首席で卒業し、終戦時は海軍大尉。戦後、海上自衛隊に入隊し、第十一代海上幕僚長（一九七六年〜七七年）を務めた。二〇〇九年二月に、社会部の吉田好克記者がインタビューを行っているが、結果として、その証言を番組の構成に織り込むことができなかった。中村さんは、番組放送の翌二〇一〇年七月に九十歳でお亡《な》くなりになった。ご存命の間に、貴重な証言を何らかの形で伝えられなかったものか、と忸怩《じくじ》たる思いを抱いていたところに飛び込んできたのが、講演の依頼だったのである。

藤木、右田の話が終わり、私の順番が回ってきた。番組制作で果たした役割などを一とおり話した後、あらかじめパワーポイントにまとめておいた要旨を示しながら、中村さんの証言を紹介した。

「海軍は自分が先頭に立って戦争に向かって走りはしなかったと思うんです。それでは、陸軍だけが悪くて、海軍はいいのかというと、私は決してそうは思わないんです。本当にそうであるならば、海軍はそれこそ正面衝突をしても、国家のためには代えられないとして、陸軍を引き止めるべきでありまして、最後まで陸軍に対してNOを言わないという態度を取ったのは、私は海軍として間違いだと思うんです。『いままで長年の間、たくさんの予算をつぎ込んで海軍を作ってきて、いざとなったら戦争できないのか』といわれることは、やっぱり、海軍としては非常につらかったんですよね。戦争するための海軍じゃないのかと。いざというときに戦争を抑止するための海軍であって、戦争をするための海軍ではない、というようには作られていない。『戦争というのは、目の前の兵力だけではなくて、背後にある国力がものをいうんだから、とても戦争ができないんだ』といったようなことを、あの当時、言う人が、いなかったと思うんですよ」

続いて紹介したのが「では、あの戦争から得られる最大の教訓とは」という質問に対する、中村さんの答えである。

「やっぱり、やるべき戦争ではなかったと。負ける戦争はやるべきではないですよ。戦争というものを本当によく勉強、研究しておれば、目先の兵力ではなくて、国力がものをいうんだと。
まあ、国家戦略というものを、陸軍も海軍もみな、勉強していなかったと。戦争論というものが、日本にはなかった。やるべき戦争ではない戦争をやったというのが、それが日本の最大の失敗であると。教訓といえば、それが最大の教訓だと思いますね」

証言を紹介するにあたって念頭にあったのは、この頃、急変し始めていた日本を取り巻く安全保障環境のことである。当時、日本と中国の間の緊張は高まり始めていた。この年（二〇一二年）九月、政府は尖閣《せんかく》諸島を国有化。対抗するように、中国側も国家海洋局所属の公船を現場海域に派遣、日本領海への侵入を繰り返していた。こうした状況の中だからこそ、あの戦争を身をもって体験した、中村さんの証言に耳を傾ける必要があるのではないか。そう考えたのである。

一方で、旧海軍や海上自衛隊の関係者も少なからず参加している講演で、謙抑的な姿勢の重要性を訴える、中村さんの言葉はどう受け止められるのか、一抹の不安もあった。

幸い、厳しい批判は寄せられなかったが、会場の一角で鋭く反応している方がいた。他ならぬ、主催者の佐久間一さんだった。講演を終えた後、私たちは、佐久間さんに誘われ、水交会幹部の方々と、お茶を飲みながら懇談する機会を得た。

佐久間一さん（79）は海上幕僚長（一九八九年〜九一年）在任時、自衛隊の海外派遣の嚆矢《こうし》となる、ペルシャ湾での機雷掃海任務を指揮した。防衛大学校卒業生として、初めての海上幕僚長、統合幕僚会議議長である。

懇談の席で、佐久間さんは、こう切り出した。

「尖閣諸島問題を報じる最近の記事には、本当に腹が立って仕方がないんですよ。〝海上自衛隊と中国海軍もし戦わば〟という類の記事です。本当に無責任だと思いませんか。前の戦争の直前にも、〝日米もし戦わば〟といった記事が盛んに雑誌に掲載された。そうやって世論を煽《あお》り、結果、国の進路を誤らせたんです」

確かにこの頃、特に雑誌メディアを中心に、佐久間さんが指摘するような記事が盛んに掲載されていた。後で調べてみると、次のようなタイトルのものがあった。

「尖閣決戦カウントダウン！自衛隊の中国海軍殲滅《せんめつ》極秘マニュアル」（二〇一二年八月）

「武力衝突シミュレーション　尖閣を制圧するのはどっちだ」（同年十月）

「日本のイージス艦は中国海軍を一瞬で粉砕する」（同年十月）

「プロは知っている　自衛隊のほうが中国海軍より強い」（同年十月）

「日中開戦　勝利の条件　全予測」（同年十二月）……。

細かく言及はしないが、内容は、タイトルから推し量っていただきたい。

報道の過熱ぶりを憂慮する佐久間さんの言葉を引き取ったのが、藤田幸生《こうせい》さん（71）だった。水交会理事長で一九九九年から二〇〇一年まで海上幕僚長を務めた人物である。

「世界の三大海戦（注：トラファルガー海戦、日本海海戦、レパント海戦を指す）では、下馬評で〝戦わばこちらが勝つ〟と言われていたほうが必ず負けているんですよ。下馬評であれこれ言うほど無責任なことはありません」

自衛隊のトップを歴任した人物から相次いで慎重な意見が飛び出したことに驚いた。二人の言葉は彼らの大先輩の「自省の言葉」を紹介した若輩者に、「そういうあなたがたメディアは大丈夫なのか」と問いかける鋭い〝カウンターパンチ〟だった。

「やれと云われれば初め半年や一年の間はずいぶん暴れて御覧に入れる。然《しか》しながら、二年三年となれば全く確信は持てぬ」

山本五十六聯合《れんごう》艦隊司令長官が、対米開戦の前年、近衛文麿首相からその見通しを問われ、返した言葉だ。

山本の本意は「然しながら」以降にあり、対米戦を避けることこそが真意だったとされている。反面「短期戦なら勝てる」という考えを有していたこともうかがえる。そう考えた背景に何があったのか。

本書第二章「開戦　海軍あって国家なし」で明らかにしたように、当時海軍部内にあった、圧倒的な国力を持つアメリカとの兵力差が開く前に開戦すべき、つまり「今なら勝てる」という空気も作用していたと考えられる。そして、こうした風潮は、海軍部内に存在しただけではなく、当時の新聞などメディアにも後押しされていたのである。

この発言から一年後、日本は真珠湾攻撃に踏み切る。しかし、期待していた「短期戦」「早期講和」はかなわず、敗戦へと転がり落ちてゆく。

現代でも、国際情勢や周辺国の国力など、全体への目配りなしに「今なら勝てる」と煽る役割を、再び我々メディアが果たさないとは限らない。

紛争や戦争が起きて、真っ先に命を落とす危険に直面するのは、自衛隊員である。佐久間さん、藤田さんの言葉には、元自衛隊トップとして後輩たちを案ずる気持ちも込められているように思えた。

佐久間さんは、防衛大学校の一期生だ。卒業は一九五七年、終戦時は十歳。藤田さんは九期生。卒業は一九六五年、終戦時は二歳。「防大ひとケタ」ともいうべき、この世代は「敗戦」とその後の「混乱」を同時代史として記憶している。無責任な開戦論への強い警戒心を、メディアで働く者の端くれとして、重く受け止めざるを得なかった。

翌日、佐久間さんから改めてメールが届き、そこには中村さんの証言への感想が綴《つづ》られていた。

「米内（光政）大将が〝海軍は危険な玩具〟と述べられたそうですが、それ（海軍）を有効に活かせなかった事は、日本にとっての悲劇だったと感慨深いものがあります。現在の日本においても、国家戦略が策定されているとは思えません。同じ悲劇の道を辿《たど》らぬ事を願うばかりです」

「同じ悲劇の道を辿らぬ事を祈るばかり」という佐久間さんの問いかけ。この十数年、防衛省・自衛隊の取材を続けてきた私にとって、最も気になるのは、佐久間さんの言葉を引くなら「自衛隊が〝危険な玩具〟になりはしないか」という点だ。〝政争の具〟と言いかえてもさしつかえないかもしれない。

いま全自衛隊の中で、最も緊張感を高めているのが沖縄に配備された部隊である。緊張のステージをひとつ上げたのは、水交会での講演から四か月後の二〇一三年一月に起きた事件だ。東シナ海で、中国海軍の艦艇が、周囲で警戒監視にあたっていた海上自衛隊の護衛艦に射撃管制レーダーを照射したのである。射撃管制レーダーは、砲弾やミサイルを発射するにあたって、相手に照準を合わせるために使用される。それを照射するということは、敵対意図を明確にする行為だ。前年末には中国国家海洋局所属の航空機が領空侵犯した。同局公船も尖閣諸島周辺を日常的に遊弋《ゆうよく》しており、沖縄は文字どおり「第一線」になった感がある。

先日、この第一線の様子を知ろうと、沖縄へ取材に赴いたのだが、航空自衛隊那覇《なは》基地では、中国機への緊急発進＝スクランブル対応が急増しているという。元々配備されている戦闘機だけでは足りなくなり、茨城の百里基地所属の戦闘機が支援に入っていた。海上自衛隊では、最前線で中国公船と向き合っている海上保安庁と連携を密にするため、ホットラインが設けられていた。

驚いたのが、地元ＦＭラジオで「ＳＤＦアワー」という自衛隊のＰＲ番組が帯で放送されていたことだ。ＳＤＦはセルフ・ディフェンス・フォース、つまり自衛隊の略。在沖縄の陸海空自衛隊各部隊の指揮官や隊員が交替で出演し、過去の放送は、自衛隊沖縄地方協力本部のホームページでも聞けるようになっていた。

ＦＭ放送の時間を確保するとなると、それなりに予算もかかるはずだ。この放送について、ある防衛省幹部は「万が一の事態となったとき、スムーズに自衛隊が動けるようにするには沖縄県民の理解が不可欠。その環境作りをする意味がある。いわば〝宣撫《せんぶ》工作〟のようなものだ」とささやいた。

「宣撫」とは耳慣れない言葉だが、旧軍ではよく使われた軍事用語である。辞書の語釈では「①上意を伝えて民を安んずること②占領地区の住民に占領政策を理解させて人心を安定させること」（広辞苑）「占領地の人民に本国政府の方針を知らせ、人心を安定させること」（新明解国語辞典）などとある。

もちろん、現在の沖縄は占領地ではない。しかし、先の大戦時、日本国土で唯一《ゆいいつ》の地上戦が行われ、県民の四人に一人、二十万人が犠牲となった歴史があり、自衛隊、アメリカ軍を問わず、軍事的な存在に対する抵抗感が強い土地柄である。そこを基点として万一、作戦行動をすることになったら……。そう考えて、防衛省・自衛隊の幹部が布石を打ったとしても不思議はない。

ただ、その一方で、自衛隊も随分変わった、という危惧《きぐ》を抱いたのも確かだ。

今から十二年前、アメリカの対テロ作戦を支援するため、海上自衛隊の補給艦部隊がインド洋へと派遣されて間もない頃の話だ。派遣部隊は米海軍の武力行使と一体化しないよう、戦闘地域（海域）での活動をしないことを厳しく求められていた。だが、現場に行ってしまえば、そんな制約など本当に守れるのかという疑問もわき上がっていた。

質問をぶつけると、ある海上自衛隊幹部は、

「五十年にわたって自衛隊が積み上げてきたものは〝命令は絶対守る〟ということだ。

現場指揮官がそれを破れば、昔で言えば〝軍法会議〟ものだ。世間はなかなかわかってくれない。先の大戦時の関東軍のイメージがいまだにあるのかもしれない」とこぼした。

さらに、反戦・反安保運動などが盛んだった一九七〇年代に任官したこの幹部は、こう言葉を継いだ。

「私たちは自衛隊が〝当たり前の存在でない時代〟に自衛官として過ごしてきた。だからこそ、抑制的な姿勢を取り、世の中に理解してもらいたい、という気持ちを強く持ってきた。〝命令絶対〟という原点もそこにある。しかし、今や自衛隊が〝当たり前の存在となった時代〟だ。こうした時代しか知らない自衛官がやがて幹部となったとき、どうなるか。そこを今、一番心配している」

いまの自衛隊が命令を守っていないわけではない。ただ、前時代の余韻を残した十二年前の幹部のある種の「堅さ」に比べると、いま現場に与えられている裁量や権限は、随分大きくなったように感じるのだ。これは単に感覚だけの問題ではない。例えば、時間の余裕がない「弾道ミサイル防衛」の任務では、防衛大臣はあらかじめ部隊に迎撃を命じておくことになっている。つまり〝その時〟の判断は部隊指揮官に事前に一任されているのだ。以前なら想像もつかなかったことである。

任務が拡大し、現場も柔軟に動かなければならない。こんな時代だからこそ、自衛隊という実力部隊を統制する政治の責任も極めて大きくなっている。

ことし一月、関東地方のある陸上自衛隊の部隊の訓練展示を取材したときのことである。訓練の規模は大きく、来賓《らいひん》として地元選出の国会議員が十人近く訪れていた。訓練後の小宴で彼らが挨拶《あいさつ》に立ったのだが、中国や韓国との緊張状態が高まっていることに触れ、「領土・領海・領空」「国民の生命・財産」を守ってくれて感謝する、という内容が大半だった。「今ほど軍人的精神が求められている時代はありません」と隊員たちを称える議員さえいた。この訓練の取材には、ここ十年ほど毎年訪れているが、来賓の国会議員の挨拶からこれほど「勇ましい」印象を受けたことは、これまでなかった。

訓練展示の現場は自衛隊の駐屯地内である。日頃厳しい任務や訓練に励む隊員たちへの感謝や慰労の意味もあるだろう。訓練を見学に来ている隊員の家族へのリップサービスという側面もあったかもしれない。だが、政治家として投げかけるべきは、異なる言葉ではなかっただろうか。

「皆さんが戦火を交えずに済むように食い止めるのが我々の仕事です。皆さんの命を守るのが政治の役割です」

誰かからそんな言葉が出てくるのを期待したのだが、結局、そうした言葉を紡《つむ》ぎ出す人は一人もいなかった。

NHKスペシャル「日本海軍400時間の証言」の放送から五年。単行本が出版されてから三年。この間の出来事を、日記風に振り返ってきたが、ここまでお読みいただいた読者にも、この歳月をせき止め、今一度思い返してほしいと思う。日本を取り巻く状況は、どう変わっただろうか。

周辺諸国との間で高まる「緊張」。日本への「包囲網」。国内では、より強硬な論が支持されるような「空気」。どこかあの頃に似たところはないだろうか。悲観的に過ぎるかもしれないが、後世の歴史家が「ターニングポイントだった」と評価・分析する時代を、生きているように思えてならない。

そんな時、報道の最前線にいる私たちが陥ってはならないのは「やましき沈黙」（第三章参照）だろう。読者の皆さん、そして、NHKの視聴者の皆さんには、私たちが「やましき沈黙」に陥っていないかどうか、常に厳しく吟味し、ご意見、叱咤《しった》をいただきたいと考えている。それは、私を含めスタッフ全員の思いでもある。

最後になりましたが、今回の文庫化にあたっては、新潮文庫編集部の青木大輔さんに大変、お世話になりました。「日本海軍４００時間の証言」に新たな生命力を吹き込んでいただきました。きっとまた新たな「後日談」が生まれそうな予感がします。

二〇一四年六月

「NHK スペシャル　日本海軍400時間の証言」　制作スタッフ

テーマ音楽	加古　隆	音響効果	小野さおり
キャスター	小貫　武	編集	高橋寛二
語り	柴田祐規子		小澤良美
撮影	宝代智夫		金田一成
	佐々倉大	編集助手	米澤恵太
音声	山田憲義	取材	吉田好克
美術進行	庄司　薫	ディレクター	右田千代
照明	森山正太		横井秀信
	伊藤尊之		内山　拓
	益田雅也		黛　岳郎
	福田　晋	制作統括	藤木達弘
映像デザイン	岡部　務		高山　仁
CG 制作	髙﨑太介		
VFX	藤野和也		
リサーチャー	土門　稔		
	山田功次郎		
	楊昭		

社会部デスクを経て、報道局副部長。

主な担当番組は「海上自衛隊はこうして生まれた～全容を明かす機密文書～」（二〇〇二年、ギャラクシー賞選奨）、「“よど号”と拉致（前後編）」（〇三年、ABU情報番組賞）、「陸上自衛隊イラク派遣～ある部隊の4か月～」（〇四年）、「密使　若泉敬～沖縄返還の代償」（一〇年、受賞内容は内山の項参照）、「“核”を求めた日本～被爆国の知られざる真実～」（同年）、いずれも『NHKスペシャル』。

化基金賞本賞)、「NHKスペシャル　職業“詐欺”～増殖する若者犯罪グループ～」(〇九年、放送文化基金賞番組賞)。

吉田好克（よしだ・よしかつ）

一九七一年生まれ。九五年入局。鳥取放送局、広島放送局、報道局社会部を経て、沖縄放送局放送部副部長。

主な担当番組は「陸上自衛隊　イラク派遣の一年」(二〇〇五年)、「脱談合　きしむ“最後の日本型システム”」(〇七年)、「日本とアメリカ　第1回　深まる日米同盟」(〇八年、ギャラクシー賞奨励賞)、「“核”を求めた日本～被爆国の知られざる真実～」(一〇年)、いずれも『NHKスペシャル』。「クローズアップ現代　岐路に立つ海上自衛隊」(〇八年)。

内山拓（うちやま・たく）

一九七六年生まれ。二〇〇一年入局。沖縄放送局、首都圏放送センター、報道局社会番組部を経て、福島放送局に在籍。

主な担当番組は「沖縄　よみがえる戦場～読谷村民2500人が語る地上戦」(〇五年、日本ジャーナリスト会議賞JCJ賞、地方の時代映像祭特別賞、放送文化基金賞番組賞)、「ライスショック～第2回　危機に立つコメ産地」(〇七年)、「密使　若泉敬～沖縄返還の代償」(一〇年、文化庁芸術祭賞大賞、ギャラクシー賞月間賞)、いずれも『NHKスペシャル』。「クローズアップ現代　変わる巨大メディア・新聞」(同年)、「追跡！ A to Z　“疑惑の遺骨”を追え～戦没者　遺骨収集の闇」(同年)。

小貫武（おぬき・たけし）

一九六七年生まれ。九〇年入局。金沢放送局、名古屋放送局、報道局社会部記者（警視庁警備公安、防衛庁担当)、千葉放送局デスク、

争～スミソニアン展示の波紋～」（九五年、世界テレビ映像祭長崎・地球の時代賞推奨）、「サラエボの光～平山郁夫・戦場の画家を訪ねて～」（九六年、日本テレビ技術賞、ギャラクシー賞奨励賞）、「原爆投下10秒の衝撃」（九七年、文化庁芸術祭優秀賞、科学放送賞（高柳賞）グランプリ、ギャラクシー賞優秀賞、マルチメディアグランプリ・インダストリー賞）、「隣人たちの戦争～コソボ・ハイダルドゥシィ通りの人々～」（九九年、受賞内容は藤木の項参照）、「被曝治療83日間の記録～東海村臨界事故～」（二〇〇一年、文化庁芸術祭賞優秀賞、モンテカルロ国際テレビ祭ゴールドニンフ賞、バンフテレビ祭ロッキー賞、イタリア賞ショートリスト入選、ギャラクシー賞優秀賞）、「海上自衛隊はこうして生まれた～全容を明かす機密文書～」（〇二年、受賞内容は小貫の項参照）、「子どもたちの戦争～戦時下を生きた市民の記録～」（〇四年、ギャラクシー賞奨励賞）、「コソボ　隣人たちの戦争～憎しみの通りの６年～」（〇五年、ニューヨークフィルムフェスティバル銅賞）、いずれも『NHK スペシャル』。『クローズアップ現代』「国旗国歌　卒業式で何が起きているのか」（〇五年）、『追跡！ AtoZ』「密約問題の真相を追う～問われる情報公開～」（一〇年、ギャラクシー賞奨励賞）など。

一〇年、「放送ウーマン賞2009」受賞。

横井秀信（よこい・ひでのぶ）

一九七五年生まれ。九九年入局。広島放送局、首都圏放送センターを経て、報道局社会番組部ディレクター。

主な担当番組は「最期に綴ったヒロシマ～ある韓国人被爆者の遺言～」（二〇〇二年）、「にんげんドキュメント　家族の記憶を求めて～広島・追悼平和祈念館～」（〇三年）、「NHK スペシャル　復興～ヒロシマ・原子野から立ち上がった人々～」（〇四年、放送文化基金賞本賞）、「NHK スペシャル　被爆者　命の記録」（〇五年、放送文

執筆者プロフィール（執筆順）

藤木達弘（ふじき・たつひろ）

一九六一年生まれ。八五年入局。名古屋放送局、報道局社会番組部、大型企画開発センターを経て、報道局エグゼクティブ・プロデューサー。

主な担当番組は「隣人たちの戦争〜コソボ・ハイダルドゥシィ通りの人々〜」（九九年、文化庁芸術祭賞優秀賞、モンテカルロ国際テレビ祭シルバーニンフ賞、アメリカ国際フィルム・フェスティバルシルバー・スクリーン賞）、「マリナ〜アフガニスタン・少女の悲しみを撮る〜」（二〇〇三年、イタリア賞共和国大統領賞、FIFA=Festival International du Film sur l'Art=ベスト・ルポルタージュ賞、ベネチア宮殿アートフェスティバル最優秀賞、日本賞文部科学大臣賞、日本映画テレビ技術協会映像技術奨励賞）、「靖国神社〜占領下の知られざる攻防〜」（〇五年、放送人グランプリ2006特別賞）、「立花隆最前線報告　サイボーグ技術が人類を変える」（同、バンフテレビ祭ロッキー賞、ワールド・メディア・フェスティバル銀賞、放送文化基金賞テレビドキュメンタリー番組賞、ギャラクシー賞奨励賞）、「ワーキング・プア〜働いても働いても豊かになれない〜」（〇六年、ギャラクシー賞大賞、新聞協会賞）、いずれも『NHKスペシャル』。

右田千代（みぎた・ちよ）

一九六五年生まれ。八八年入局。報道局、衛星放送実施本部、広島放送局、編成局衛星放送センターなどを経て、大型企画開発センターチーフプロデューサー。

主な担当番組は「ヒロシマ・女の肖像〜写真家・大石芳野と被爆女性〜」（九四年、ギャラクシー賞奨励賞）、「アメリカの中の原爆論この作品は二〇一一年七月新潮社より刊行された。
文庫化にあたり改訂を行った。

城山三郎著
落日燃ゆ
毎日出版文化賞・吉川英治文学賞受賞
戦争防止に努めながら、A級戦犯として処刑された只一人の文官、元総理広田弘毅の生涯を、激動の昭和史と重ねつつ克明にたどる。

城山三郎著
指揮官たちの特攻
—幸福は花びらのごとく—
神風特攻隊の第一号に選ばれた関行男大尉、玉音放送後に沖縄へ出撃した中津留達雄大尉。二人の同期生を軸に描いた戦争の哀切。

吉村昭著
戦艦武蔵
菊池寛賞受賞
帝国海軍の夢と野望を賭けた不沈の巨艦「武蔵」——その極秘の建造から壮絶な終焉まで、壮大なドラマの全貌を描いた記録文学の力作。

吉村昭著
零式戦闘機
空の作戦に革命をもたらした〝ゼロ戦〟——その秘密裡の完成、輝かしい武勲、敗亡の運命を、空の男たちの奮闘と哀歓のうちに描く。

吉村昭著
陸奥爆沈
昭和十八年六月、戦艦「陸奥」は突然の大音響と共に、海底に沈んだ。堅牢な軍艦の内部にうごめく人間たちのドラマを掘り起す長編。

吉村昭著
遠い日の戦争
米兵捕虜を処刑した一中尉の、戦後の暗く怯えに満ちた逃亡の日々——。戦争犯罪とは何かを問い、敗戦日本の歪みを抉る力作長編。

井伏鱒二著

黒い雨

野間文芸賞受賞

一瞬の閃光に街は焼けくずれ、放射能の雨の中を人々はさまよい歩く……罪なき広島市民が負った原爆の悲劇の実相を精緻に描く名作。

井上ひさし著

父と暮せば

愛する者を原爆で失い、一人生き残った負い目で恋に対してかたくなな娘、彼女を励ます父。絶望を乗り越えて再生に向かう魂の物語。

野坂昭如著

アメリカひじき・火垂るの墓

直木賞受賞

中年男の意識の底によどむ進駐軍コンプレックスをえぐる「アメリカひじき」など、著者の〝焼跡闇市派〟作家としての原点を示す6編。

城戸久枝著

あの戦争から遠く離れて

―私につながる歴史をたどる旅―

大宅壮一ノンフィクション賞ほか受賞

二十一歳の私は中国へ旅立った。戦争孤児だった父の半生を知るために。圧倒的評価でノンフィクション賞三冠に輝いた不朽の傑作。

加藤陽子著

それでも、日本人は「戦争」を選んだ

小林秀雄賞受賞

日清戦争から太平洋戦争まで多大な犠牲を払い列強に挑んだ日本。開戦の論理を繰り返し正当化したものは何か。白熱の近現代史講義。

青木冨貴子著

731

―石井四郎と細菌戦部隊の闇を暴く―

731部隊石井隊長の直筆ノートには、GHQとの驚くべき駆け引きが記されていた。戦後の混乱期に隠蔽された、日米関係の真実！

NHKスペシャル取材班編著

日本人はなぜ戦争へと向かったのか
—外交・陸軍編—

肉声証言テープ等の新資料、国内外の研究成果をもとに、開戦へと向かった日本を徹底検証。列強の動きを読み違えた開戦前夜の真相。

NHKスペシャル取材班著

少年ゲリラ兵の告白
—陸軍中野学校が作った沖縄秘密部隊—

太平洋戦争で地上戦の舞台となった沖縄。そこに実際に敵を殺し、友の死を目の当たりにした10代半ばの少年たちの部隊があった。

NHKスペシャル取材班著

老後破産
—長寿という悪夢—

年金生活は些細なきっかけで崩壊する！ 誰もが他人事ではいられない、思いもしなかった過酷な現実を克明に描いた衝撃のルポ。

NHKスペシャル取材班著

超常現象
—科学者たちの挑戦—

幽霊、生まれ変わり、幽体離脱、ユリ・ゲラー……。人類はどこまで超常現象の正体に迫れるか。最先端の科学で徹底的に検証する。

NHKスペシャル取材班著

未解決事件
グリコ・森永事件
捜査員３００人の証言

警察はなぜ敗北したのか。元捜査関係者たちが重い口を開く。無念の証言と極秘資料をもとに、史上空前の劇場型犯罪の深層に迫る。

NHK「東海村臨界事故」取材班

朽ちていった命
—被曝治療83日間の記録—

大量の放射線を浴びた瞬間から、彼の体は壊れていった。再生をやめ次第に朽ちていく命と、前例なき治療を続ける医者たちの苦悩。

太田和彦著

超・居酒屋入門

はじめての店でも、スッと一人で入り、サッときれいに帰るべし——。達人が語る、大人のための「正しい居酒屋の愉しみ方」。

太田和彦著

居酒屋百名山

北海道から沖縄まで、日本全国の居酒屋を訪ねて選りすぐったベスト100。居酒屋探求20余年の集大成となる百名店の百物語。

太田和彦著

ひとり飲む、京都

鱧《はも》、きずし、おばんざい。この町には旬の肴と味わい深い店がある。夏と冬一週間ずつの京都暮らし。居酒屋の達人による美酒滞在記。

太田和彦編

今宵もウイスキー

今こそウイスキーを読みたい。この琥珀色の酒を文人たちはいかに愛したのか。「居酒屋の達人」が厳選した味わい深い随筆&短編。

久保田 修著

ひと目で見分ける287種 野鳥ポケット図鑑

この本を持って野鳥観察に行きませんか。精密なイラスト、鳴き声の分類、生息地域を記した分布図。実用性を重視した画期的な一冊。

久保田 修著

ひと目で見分ける580種 散歩で出会う花ポケット図鑑

日々の散歩のお供に。イラストと写真を贅沢に使い、約500種の身近な花をわかりやすく紹介します。心に潤いを与える一冊です。

小西慶三著

イチローの流儀

オリックス時代から現在までイチローの試合を最も多く観続けてきた記者が綴る人間イチローの真髄。トップアスリートの実像に迫る。

小山鉄郎著
白川静監修

白川静さんに学ぶ 漢字は楽しい

私たちの生活に欠かせない漢字。複雑で難しそうに思われがちなその世界を、白川静先生に教わります。楽しい特別授業の始まりです。

星新一著

人民は弱し 官吏は強し

明治末、合理精神を学んでアメリカから帰った星一（はじめ）は製薬会社を興した——官僚組織と闘い敗れた父の姿を愛情こめて描く。

星新一著

明治・父・アメリカ

夢を抱き野心に燃えて、単身アメリカに渡り、貪欲に異国の新しい文明を吸収して星製薬を創業——父一の、若き日の記録。感動の評伝。

星新一著

明治の人物誌

野口英世、伊藤博文、エジソン、後藤新平等、父・星一と親交のあった明治の人物たちの航跡を辿り、父の生涯を描きだす異色の伝記。

最相葉月著

星新一（上・下）

—一〇〇一話をつくった人—
大佛次郎賞・講談社ノンフィクション賞受賞

大企業の御曹司として生まれた少年は、いかにして今なお愛される作家となったのか。知られざる実像を浮かび上がらせる評伝。

佐藤優著

国家の罠

―外務省のラスプーチンと呼ばれて―

毎日出版文化賞特別賞受賞

対ロ外交の最前線を支えた男は、なぜ逮捕されなければならなかったのか? 鈴木宗男事件を巡る「国策捜査」の真相を明かす衝撃作。

佐藤優著

自壊する帝国

大宅壮一ノンフィクション賞・新潮ドキュメント賞受賞

ソ連邦末期、崩壊する巨大帝国で若き外交官は何を見たのか? 大宅賞、新潮ドキュメント賞受賞の衝撃作に最新論考を加えた決定版。

「新潮45」編集部編

殺人者はそこにいる

―逃げ切れない狂気、非情の13事件―

視線はその刹那、あなたに向けられる……。酸鼻極まる現場から人間の仮面の下に隠された姿が見える。日常に潜む「隣人」の恐怖。

「新潮45」編集部編

凶悪

―ある死刑囚の告発―

警察にも気づかれず人を殺し、金に替える男がいる――。証言に信憑性はあるが、告発者も殺人者だった! 白熱のノンフィクション。

清水潔著

桶川ストーカー殺人事件

遺言

「詩織は小松と警察に殺されたんです……」悲痛な叫びに答え、ひとりの週刊誌記者が真相を暴いた。事件ノンフィクションの金字塔。

西岡常一
小川三夫著
塩野米松

木のいのち木のこころ

〈天・地・人〉

〝個性〟を殺さず〝癖〟を生かす――人も木も、育て方、生かし方は同じだ。最後の宮大工とその弟子たちが充実した毎日を語り尽す。

宮部みゆき著

ほのぼのお徒歩《かち》日記

江戸を、日本を、国民作家が歩き、食べ、語り尽くす。著者初のエッセイ集『平成お徒歩日記』に書き下ろし一編を加えた新装完全版。

神田松之丞著
聞き手杉江松恋

絶滅危惧職、
講談師を生きる

彼はなぜ、滅びかけの芸を志したのか――今、最もチケットの取れない講談師が大名跡を復活させるまでを、自ら語った革命的芸道論。

角幡唯介著

漂　流

37日間海上を漂流し、奇跡的に生還しながらふたたび漁に出ていった漁師。その壮絶な生き様を描き尽くした超弩級ノンフィクション。

須川邦彦著

無人島に生きる十六人

大嵐で帆船が難破し、僕らは太平洋上のちっちゃな島に流れ着いた！『十五少年漂流記』に勝る、日本男児の実録感動痛快冒険記。

椎　名　誠著

わしらは怪しい雑魚釣り隊
―マグロなんかが釣れちゃった篇―

雑魚を愛して早7年。椎名隊長率いる雑魚釣り隊にも、まさかのブランド魚に挑むチャンスがやってきた！抱腹絶倒の釣り紀行。

椎　名　誠著

「十五少年漂流記」への旅
―幻の島を探して―

あの作品のモデルとなった島へ行かないか。胸躍る誘いを受けて、冒険作家は南太平洋へ。少年の夢が壮大に羽ばたく紀行エッセイ！

小林秀雄
岡潔 著

人間の建設

酒の味から、本居宣長、アインシュタイン、ドストエフスキーまで。文系・理系を代表する天才二人が縦横無尽に語った奇跡の対話。

筑波昭 著

津山三十人殺し
—日本犯罪史上空前の惨劇—

男は三十人を嬲り殺した、しかも一夜のうちに——。昭和十三年、岡山県内で起きた惨劇を詳細に追った不朽の事件ノンフィクション。

檀ふみ 著

父の縁側、私の書斎

煩わしくも、いとおしい。それが幸せな記憶の染み付いた私の家。住まいをめぐる様々な想いと、父一雄への思慕に溢れたエッセイ。

国分拓 著

ヤノマミ
大宅壮一ノンフィクション賞受賞

僕たちは深い森の中で、ひたすら耳を澄ました——。アマゾンで、今なお原初の暮らしを営む先住民との150日間もの同居の記録。

「選択」編集部編

日本の聖域《サンクチュアリ》 アンタッチャブル

「知らなかった」ではすまされない、この国に巣食う闇。既存メディアが触れられないタブーに挑む会員制情報誌の名物連載第二弾。

「選択」編集部編

日本の聖域《サンクチュアリ》 ザ・コロナ

行き当たりばったりのデタラメなコロナ対策に終始し、国民をエセ情報の沼に放り込んだ責任は誰にあるのか。国の中枢の真実に迫る。

豊田正義著

消された一家
―北九州・連続監禁殺人事件―

監禁虐待による恐怖支配で、家族同士に殺し合いをさせる――史上最悪の残虐事件を徹底的に取材した渾身の犯罪ノンフィクション。

「週刊新潮」編集部編

黒い報告書

いつの世も男女を惑わすのは色と欲。城山三郎、水上勉、重松清、岩井志麻子ら著名作家が描いてきた「週刊新潮」の名物連載傑作選。

「週刊新潮」編集部編

黒い報告書 エロチカ

愛と欲に堕ちていく男と女の末路――。実在の事件を読み物化した「週刊新潮」の名物連載から、特に官能的な作品を収録した傑作選。

「週刊新潮」編集部編

黒い報告書 エクスタシー

「週刊新潮」の人気連載が一冊に。男と女の欲望が引き起こした実際の事件を元に、官能シーンたっぷりに描かれるレポート全16編。

「週刊新潮」編集部編

黒い報告書 インフェルノ

色と金に溺れる男と女を待つのは、ただ地獄のみ――。「週刊新潮」人気連載からセレクトした愛欲と官能の事件簿、全17編。

「週刊新潮」編集部編

黒い報告書 肉体の悪魔

男と女を狂わせるのは、肉の欲望か、心に潜む悪魔か。実在の事件を読み物化した「週刊新潮」連載からセレクトした14編を収録。

新潮文庫最新刊

原田ひ香著
そのマンション、終《つい》の住処《すみか》でいいですか？
憧れのデザイナーズマンションは、欠陥住宅だった！ 遅々として進まない改修工事の裏側には何があるのか。終の住処を巡る大騒動。

仁木英之著
君に勧む杯 文豪とアルケミスト ノベライズ
―case 井伏鱒二―
それでも、書き続けることを許してくれるだろうか。文豪として名を残せぬ者への哀歌が胸を打つ。「文アル」ノベライズ第三弾。

江戸川乱歩著
青銅の魔人
―私立探偵 明智小五郎―
機械仕掛けの魔人が東京の街に現れた。彼が狙うは、皇帝の夜光の時計――。明智小五郎と小林少年が、奇想天外なトリックに挑む！

群ようこ著
じじばばのるつぼ
レジで世間話ばば、TPO無視じじ、歩きスマホばば……あなたもこんなじじばば予備軍かも？ 痛快&ドッキリのエッセイ集。

池田清彦著
もうすぐいなくなります
―絶滅の生物学―
生命誕生以来、大量絶滅は6回起きている。絶滅と生存を分ける原因は何か。絶滅から生命の進化を読み解く、新しい生物学の教科書。

稲垣栄洋著
一晩置いたカレーはなぜおいしいのか
―食材と料理のサイエンス―
カレーやチャーハン、ざるそば、お好み焼きなど身近な料理に隠された「おいしさの秘密」を、食材を手掛かりに科学的に解き明かす。

日本《にほん》海軍《かいぐん》400時間《じかん》の証言《しょうげん》
—軍令部・参謀たちが語った敗戦—

新潮文庫　え－20－3

平成二十六年八月一日発行
令和四年一月三十日七刷

著者　NHKスペシャル取材班《しゅざいはん》
発行者　佐藤隆信
発行所　株式会社新潮社
郵便番号　一六二―八七一一
東京都新宿区矢来町七一
電話　編集部(〇三)三二六六―五四四〇
　　　読者係(〇三)三二六六―五一一一
https://www.shinchosha.co.jp
価格はカバーに表示してあります。
乱丁・落丁本は、ご面倒ですが小社読者係宛ご送付ください。送料小社負担にてお取替えいたします。

印刷・錦明印刷株式会社　製本・錦明印刷株式会社

ISBN978-4-10-128373-9　C0195